塑料输血器材

主编◎郎洁先 姜跃琴 万 敏

□ A □ B □ O □ AB

上海交通大学出版社
SHANGHAI JIAO TONG UNIVERSITY PRESS

内容提要

本书共分五篇十五章,第一篇简要介绍了输血器材的发展历史,第二至第五篇系统阐述了塑料输血器材的材质、化学组成、制备工艺中的关键技术与特点、使用方法与注意事项、当前尚存在的瓶颈问题以及今后发展的方向。本书内容丰富翔实,语言通俗易懂,具有较强的实用性和科学性,是一本兼具理论和实践指导意义的专业参考书。

本书可供从事输血器材研究、生产的科研院所、企业作为工作中的参考书,也可供医院从事相关检验检测、维修的工作者以及医学院校师生阅读参考。

图书在版编目(CIP)数据

塑料输血器材/郎洁先,姜跃琴,万敏主编.—上
海:上海交通大学出版社,2022.9
ISBN 978-7-313-27150-1

Ⅰ.①塑… Ⅱ.①郎…②姜…③万… Ⅲ.①输血—
塑料制品—器材 Ⅳ.①TH789

中国版本图书馆 CIP 数据核字(2022)第 131135 号

塑料输血器材

SULIAO SHUXUE QICAI

主　　编：郎洁先　姜跃琴　万　敏
出版发行：上海交通大学出版社　　　　　　地　　址：上海市番禺路 951 号
邮政编码：200030　　　　　　　　　　　　电　　话：021-64071208
印　　制：苏州市古得堡数码印刷有限公司　经　　销：全国新华书店
开　　本：787mm×1092mm　1/16　　　　　印　　张：13
字　　数：321 千字
版　　次：2022 年 9 月第 1 版　　　　　　印　　次：2022 年 9 月第 1 次印刷
书　　号：ISBN 978-7-313-27150-1
定　　价：98.00 元

编　委　会

主 编 简 介

郎洁先

主任技师，享受国务院政府特殊津贴，曾任上海市血液中心制剂室主任、医用高分子研究室主任、塑料输血器材经营公司技术顾问、全国医用输液器具标准化技术委员会委员。

1964 年进入上海市血液中心，分配至上海塑料血袋大协作组，是我国最早"输血（液）用软聚氯乙烯、血袋配方研究攻关"小组成员之一，该项目于 1967 年由中华人民共和国科学技术委员会组织鉴定通过。鉴定结论为"软聚氯乙烯塑料输血输液袋是具有当前世界水平的一项新产品，用它代替传统的玻璃瓶是医药卫生方面具有创新意义的大事……"填补了我国第一代塑料输血用具的空白。此后，大力宣传塑料血袋优越性，使塑料血袋应用从上海开始、辐射至全国，淘汰了落后的玻璃乳胶输血用具，使我国输血用具面貌焕然一新。

毕生从事医用塑料输血（液）器材新材料、新工艺、新品种的研究、生产和推广应用以及改进提高工作。撰写论文 14 篇，获得专利授权 10 项（其中 6 项为第一作者），并取得多项研究成果，获得全国科学大会奖、卫生部医药卫生科技进步二等奖和上海市科技进步三等奖等。以第一起草人的身份参与制订了第一版的《一次性使用塑料血袋》（GB 14232）国家标准，并获得优秀标准化项目奖。

姜跃琴

研究员，1987 年进入上海市血液中心工作，曾任医用高分子研究室主任，曾在上海市血液中心投资的上海市血液中心血制品输血器材经营公司担任研发部经理，在上海输血技术有限公司担任质保部经理、总工程师等。曾被国家标准化管理委员会聘为全国医用输液器具标准化技术委员会委员、全国医用注射器（针）标准化技术委员会委员。

2002 年起享受国务院政府特殊津贴，2003 年晋升为研究员。

长期致力于一次性使用塑料输血器材领域的材料研发、产品设计、质量管理、工艺规范，企业认证（GMP、ISO、医疗器械）、标准制订（国家、行业、企业）、实验室检测、临床应用等科研工作。近年来，在血型检测中心免疫血液学参比实验室从事 HLA 基因检测和免疫血液学相关检测、咨询、指导、培训、质控等,协助临床解决免疫血液学及稀有血型相关疑难问题等工作。

30多年来共撰写论文29篇、获得专利授权17项,其中国家发明专利9项,实用新型专利8项(第一发明人6项、第二发明人2项);参与制订、修订国家和行业标准17项,其中第一作者6项、第二作者4项、第三作者2项,并取得多项研究成果。获得卫生部医药卫生科技进步二等奖、医药标准化优秀项目三等奖。

万敏

正高级工程师。现任山东省医疗器械和药品包装检验研究院副院长,为全国输液器具标准化技术委员会副主任委员、国家药品监督管理局医疗器械技术审评专家咨询医用材料工程专家委员会委员、中国食品药品鉴定研究院监督抽验专家库成员、国家级检验检测机构资质认定评审员、中国合格评定技术委员会技术评审员、国际标准化技术委员会(ISO/TC 76、ISO/TC 84)工作组专家等。

长期从事无源医疗器械的检验、评价研究、标准化及质量管理工作,有长期从事医用输液输血器具、植入材料、介入器材、注射穿刺器械、医用卫生材料及敷料、医用高分子材料等无源医疗器械产品检验和评价工作经验;多次参加国家药品监督管理局组织的高风险医疗器械产品的专项检查和飞行检查工作。

参与多项国家科技部重点研发项目和山东省科学技术厅课题;以第一起草人的身份主持完成或参与完成多项国家及行业标准,多年来致力于输液、输血器具的质量评价工作,多次主持制订、修订《人体血液及血液成分袋式塑料容器》(GB 14232)系列国家标准;主持制订一项国际标准;以第一作者或研究参与者身份发表多篇学术论文;获国家发明专利或实用新型专利多项。

序

　　人们对于通过输血拯救生命的探索和努力，经历了漫长又曲折艰辛的历程。1665 年，英国医生 Richard Lower 首先进行了动物间输血的尝试。1667 年，法国御医 Jean Baptiste Denis 与 Lower 先后尝试将动物血液输给人类，最终因付出了惨痛的生命代价，使输血成为禁区，并被打入冷宫。直到 1818 年，英国妇产科医生 James Blundell 为抢救失血过多而濒于死亡的产妇，利用自行设计的输血器材，为其输入异体人血侥幸获得成功。但是，输血成为实用的临床治疗方法，是在 1900 年奥地利学者 Karl Landsteiner 发现人类 ABO 血型之后才得以实现。1907 年，Reuben Ottenberg 开始将血型用于输血前配型。1914—1915 年，比利时的 Hustin、阿根廷的 Aguta、美国的 Lewisohn 和 Weil 四位科学家几乎同时发明了血液抗凝剂，至此，输血才真正成为临床治疗的有效技术，并为此后建立血库奠定了基础。

　　早期和之后的临床输血实践表明，输血器材是实施临床输血治疗的基础条件之一，也是直接影响输血安全性、有效性、便利性、经济性乃至输血成败的重要保障性因素之一。自 Blundell 设计的重力输采血器材开始，输血器材在输血方法方面，经历了从直接输血到间接输血，直到当代向智能化输血过渡的变革历程。输血器材的形式经历了从开放式到半开放式，直至目前的全封闭式的发展过程。从材质上说，输血器材从反复多次使用的金属、玻璃、乳胶、橡胶，到 20 世纪 50 年代逐步过渡实现了向一次性使用的全塑料化的历史性转变。输血器材的每个发展阶段，都标志着临床输血技术前进的不同阶段和进步，显示了输血器材的创新对推动输血技术的变革与进步所具有的不可替代的重要作用。特别是 20 世纪 70 年代，由于全封闭式的塑料采、分、输血装置的研发成功和广泛应用，实现了临床输血从输全血时代向成分输血的划时代变革。

　　郎洁先教授是我国塑料输血器材的开拓者之一，她与合作者所撰写的《塑料输血器材》一书，是我国首部塑料输血器材的专业著作。该书介绍了输血器材的发展历程，清晰地阐述了塑料输血器材的材质、化学组成、制备工艺中的关键技术及特点、正确使用方法与注意事项、当前尚存在的瓶颈问题以及今后的发展方向。本书内容丰富翔实、通俗易懂,是一本具有理论和实践指导意义的专业参考书。该书对于本领域的使用者、研究者和生产者,必将起到良好的指导作用。

此外,该书的"后记",令我感触至深。作者记述了从事我国塑料输血器材研发和应用推广的同仁们,在工作中所表现出的强烈责任感和实干、苦干、顽强拼搏、坚忍不拔、不达目的决不罢休的坚定毅力与可贵精神,令我由衷感佩敬仰! 当时年仅 22 岁的李桂英,在实验中手部不幸被夹入 180℃的滚筒中,五指挤碎,肌肉烫焦,但她咬牙忍痛,毫无抱怨;苗惠英主管技师等在成果转化和推广应用早期,克服各种习惯阻力与技术障碍,使广大使用者对塑料输血器材的态度由"拒绝"逐渐转变为"欢迎",并最终全面推广应用。如此事例,不胜枚举。正是这些默默无闻的坚强的工作者们,为我国塑料输血器材从无到有,不断进步,直至全面普及,做出了可歌可泣的无私奉献。他们是当之无愧的"中国塑料输血器材的开拓者"!

借为该书作序之机会,谨向他们表达深深的敬意与谢忱!

杨成民 研究员

原中国红十字血液中心主任

原中国医学科学院输血研究所所长

二〇二二年二月八日

前　　言

我国的一次性使用塑料输血器材于 1967 年由大协作研制成功,开创了国内塑料输血器材取代玻璃输血瓶的新纪元。之后不断地对塑料输血器材的材料、工艺、结构等进行深入研究,研究范围涉及医学、生物学、化学、物理学等多学科,成功地研制了吹塑花纹薄膜、聚氯乙烯改性材料、塑料多联血袋、血小板保存袋、耐低温弹性材料、深低温(—196℃)保存袋、血液透疗容器、去白细胞滤器,病毒灭活器材、机采血液成分分离器、多功能新材料新结构的输血(液)器,开发了各种连接组件、防霉和灭菌技术、相关应用技术及相关生产设备等。这些研究和开发,使得血袋、输血(液)器产品的性能、功效、品种得到进一步完善,并应用于医学领域,为安全输血、血液成分分离和血液综合利用奠定了基础。

上海市血液中心以科技与经济一体化为宗旨,在全国广泛开展了骨干培训、技术指导、学术交流、发表论文等工作,逐步将血袋产品和相关技术辐射到全国 28 个省、市、自治区的 800多家医疗卫生单位,把传统的玻璃-乳胶输血用具送进了历史博物馆。随着这些成果的推广,使我国输血面貌焕然一新,由此于 1995 年获得卫生部科技进步二等奖(塑料输血器具大面积推广应用研究)1 项、上海市科学技术进步奖 3 项,获得发明专利 8 项、实用新型专利 7 项、标准化优秀项目奖(GB 14232—1993《一次性使用塑料输血袋》)1 项等。

山东省医疗器械和药品包装检验研究院的前身是 1987 年筹建的国家医药管理局医用高分子产品质量检测中心,并在 1988 作为秘书处挂靠单位成立 SAC/TC 106 全国医用输液器具标准化技术委员会,成为全国医用高分子标准化技术归口单位;1997 年挂国家医药行业医用高分子产品质量检测中心牌子;2001 年通过中国实验室国家认可委员会复评审,同年更名为"山东省医疗器械产品质量检验中心",2021 年又更名为"山东省医疗器械和药品包装检验研究院",是国家药品监督管理局、中国合格评定国家认可委员会批准和认可的 10 个国家级医疗器械检测中心、4 个国家级药品包装材料检验中心之一,多年来积累了丰富的医用高分子产品检验能力。

　　尽管塑料输血器材早已在全国扩大生产并推广使用，其产品结构、品种、生产工艺等也在不断提高，新材料的研究也有了很大的发展，对促进输血事业的发展和满足日益提高的临床需求发挥了重要的作用，但有关输血器材的知识或专著尚很少，为此，我们编写了《塑料输血器材》这本书，旨在介绍输血器材使用的原材料、品种、结构、生产工艺、应用技术及质量检测等。本书具有理论结合实际、通俗易懂、实用性强等特点，希望能对有关生产企业、临床医护工作者、医学院校师生提供参考。

　　由于编者水平有限，资料查新做得不够好，编写主要侧重在过去的一些研究的结果和实践的总结。特别是本书初稿，写成于多年前，使某些统计数据落后于现实，难免有错误和不当之处，恳请读者批评和指正。

郎洁先　　姜跃琴　　万敏

二○二二年五月九日

目　　录

第三篇　塑料输血器材分类及性能

第四篇　塑料血袋中的血液抗凝剂和（或）保存液及生产工艺

第五篇　塑料输血器材应用技术和质量检测

第一篇
输血器材的发展历史

第一章

古代输血器材

第一节　古代人萌发了输血技术

输血作为重要的临床救治伤病员的治疗方法,已有两个多世纪的发展历史。在此前,人类经历了漫长的道路才认识并尝试输血这一专门的技术,并开始在临床应用输血救治伤病员,为此甚至付出了生命的代价。

古代人到深山老林猎取食物,被野兽咬伤流血,生病吐血,妇女生产大出血等,都会引起疾病甚至死亡。人们便不断认识到血的重要性,认为"血是生命的源泉""饮血治百病""输血可挽救生命",他们用了很多方法给患者输血,虽然有时候也会获得成功,但更多的是出现严重的输血反应,甚至导致患者的死亡。如 1667 年法国御医 Jean 用羊血治疗精神病患者,导致患者死亡。因此"输血杀人""输血犯罪""禁止输血"等种种法令接踵而来,使得古代人萌发的输血技术一度夭折。此后的 100 多年间,输血技术毫无进展。

输血发展史上具有里程碑的进展发生在 1900 年,奥地利维也纳大学科学家 Karl

Landsteiner 发现了 ABO 血型系统,这一发现使得安全输血成为可能。他和他的同事其后于 1940 年又发现了 Rh 血型,进一步增加了人类对血型系统的认识,进一步提高了输血的安全性。输血发展史上的另一项重要进展是 1914 年 Hustin 发现枸橼酸钠能起抗凝作用,从而防止血液在体外凝固。翌年,Lewisohn 也报告用枸橼酸钠可以抗凝血,为体外保存血液提供了进一步支持。1943 年,Loutit 和 Mollison 等研究后配制成含有葡萄糖的枸橼酸钠血液保存液 (ACD),解决了输血时存在的血液凝固问题。以后又通过不断研究,成功地试制了更为优良的血液保存剂,使输血技术的发展得以顺利进行,并证明枸橼酸钠是一种安全有效的抗凝剂,从而使输血开始成为临床医学中的重要部分和常规疗法。

第二节　古 代 输 血 器

输血器是随着医学技术,特别是输血技术的发展而发展的。它起源于古代,最为原始的输血器是通过鹅毛管、银管、牛血管、三通接管等,分别连接健康人和患者或动物和患者,将健康人或动物的血液输入患者体内(图 1-1)。

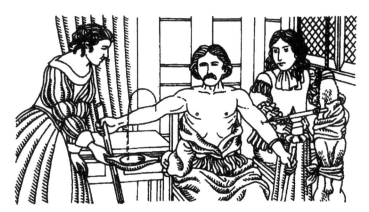

图 1-1　1627 年动物血输至人体情况

(摘自 Kilduffe RA & DeBakey ME. The blood bank and the technique and therapeutics of transfusion. St Louis：Mosby, 1943：558)

1774 年 Priestley 及 1777 年 Lavoisier 在呼吸实验氧的作用研究时发现,血液可以从肺部将氧带到组织中。这一科学发现进一步确认输血是一个合理的手段。1817—1824 年,Blundell 设计了一套输血器材(图 1-2 上部),由一个漏斗、一副注射器和管子将健康人的血液输给严重大出血后的产妇,获得了成功。1827 年,Blundell 又用金属杯、周围有温水保温,杯子下端连接在一个推进器上,再由管子通向受血者静脉(图 1-2 下部左)。此后 Blundell 还首创了重力输血器,利用重力来做输血时的推动力,这种输血方法一直沿用了 100 年左右。

Blundell 发明的直接输血法,是将供血者的动脉用管子直接与受血者的静脉相连接。由于这些古老的器具在穿刺、连接、灭菌等方面都存在严重的问题,加之当时对关系患者生死存亡的血液学技术毫无认知,因而很难扩大应用这些输血器。

进入 20 世纪后,随着输血技术的发展,特别是人类红细胞血型的发现和抗凝液的应用,输血器材也相应地有了很大发展。黄铜输血注射器、唧筒（能够汲取和排出流体的装置，一般类似往复式或活塞式针筒）、带有球塞的橡胶注射器等先后制成，并开始将血液采至含枸橼酸盐的烧杯内，再将烧杯中的血液直接倒入涂石蜡的玻璃量筒，并立即使其输入受血者的静脉。这是人类为了解决直接输血法带来的弊端（易伤害供血者手臂和无法知晓输入的血量）开始研究的间接输血法。那时，为适应输血技术的发展而设计的输血器材不下百余种。其中一类由多副注射器和量筒、活瓣注射器等组成。1915 年，Henry 和 Jouvelet 设计了一套有四个活塞栓，可将献血者的血液经管子抽到注射器里，再开启四通管，将血液注射至受血者静脉（图 1-2 下部右）；另一类输血装置则由吊筒、梨形瓶、玻璃瓶等组成（图 1-3）。

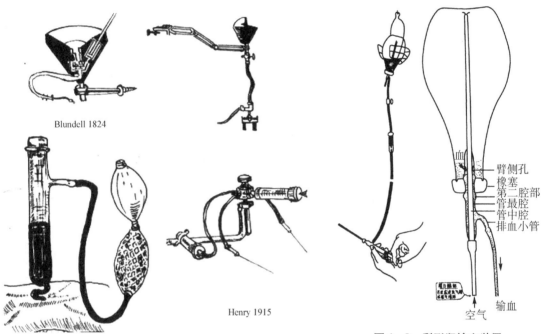

Blundell 1824

Henry 1915

图 1-2 不同时期的输血器材

血
臂侧孔
橡塞
第二腔部
管最腔
管中腔
排血小管

空气
输血

图 1-3 梨形瓶输血装置
（摘自肖星甫《输血与血库》）

第二章

近代输血器材

第一节　玻璃-乳胶输血器材的结构

以密闭式的玻璃瓶和乳胶材料为主制成的输血器材,是 20 世纪中叶的标准输血器材,一直被应用了 50 多年。该类器材具有很多优点,可基本满足临床输血的要求,并为现代输血器材奠定了基础。其结构如下:

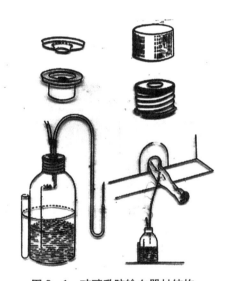

图 2-1　玻璃乳胶输血器材结构

一、玻璃瓶

玻璃瓶用优质玻璃制成,它是采血、保存血、输血、制备血浆的主要工具。玻璃瓶的形状一般为圆柱形,内表面较光滑、平整,瓶体直径较大,瓶颈直径较小,以有利于血液的长途运输;同时要求玻璃无色、透明、中性(不易腐蚀)和能耐高温高压灭菌,瓶壁厚薄均匀,不得有裂隙或小气泡存在。玻璃瓶的上端配有瓶螺旋盖、外套盖(图 2-1 上部)。

玻璃瓶的容积(即内装血液量)由单位采血量来决定,其参考公式为:

玻璃瓶的容积＝采血量＋抗凝液＋10% 空间。

二、乳胶管采血器

乳胶管用胶乳,以凝固挤出法或固化浸渍法制得,用以制作采血管、排气管、输血管、分血管、保护套等,乳胶管和采血针、插瓶针、排气针组成采血器(针管用不锈钢制成;针座内管由铜质制成,表面涂铬,易被腐蚀生成铜锈)。由于乳胶管配方复杂,造价成本高,反复使用后又很容易老化、发黏,使致热原等微生物代谢产物很难被洗净,是输血后产生热原反应的重要因素。

三、瓶塞、盖

瓶塞、盖是天然橡胶加适当的助剂经热硫化加工而成。要求能耐高压蒸汽灭菌,不含可溶解杂质,弹性好,能保证穿刺前和穿刺后的密封,但不能保证无碎片脱落,可能会导致血液抗凝剂液体中产生异物,影响质量。

第二节　玻璃-乳胶输血器材的特点

随着科学技术和输血事业的发展,传统的玻璃-乳胶输血器材存在的很多不足被表现出来。如体积大、分量重、配件多、结构复杂(图2-1)、易破损(在抗美援朝时期,运到战地采有血液的玻璃瓶破损率高达70％以上);在采(输)血过程中必须通入和(或)排出空气,易引起细菌污染而造成严重输血反应,甚至危及患者的生命;乳胶管采(输)血后(特别是反复使用后)发黏,不易洗净,成为在输血过程中普遍发生发热反应的主要原因。表2-1列出了1984年6月和12月上海市部分医院使用上述乳胶管输血器和新型塑料输血器输血发生发热反应的调研结果比较。

表2-1　上海部分医院用不同输血器输血反应调查结果

日期	单位数	乳胶管输血器			塑料输血器
		检查人数:	阳性数(有发热反应)	阳性率(％)	
1984年6月	大、中、小医院10家	50	46	92	全部阴性
1984年12月	区以上医院17家	81	56	69	全部阴性
	合计	131	102		

特别值得一提的是,玻璃-乳胶输血器材很难进行血液成分分离,一般只能单一地分离血浆,其他血液成分的分离则十分困难。即使在分离血浆时,操作也很复杂,从采血至最后的输血,仅采血针、插瓶针,排气针就需11根,操作时需反复抽气,如图2-2所示。

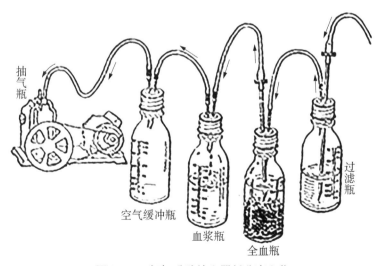

抽气瓶　空气缓冲瓶　血浆瓶　全血瓶　过滤瓶

图2-2　玻璃-乳胶输血器材分离血浆

第三章

现代输血器材

第一节　传统型塑料输血器材（采全血技术）

　　早在 20 世纪 50 年代初,国外发达国家轻便、柔软、化学性能稳定、使用安全的塑料输血器材就已问世。1951 年,美国海军血液研究室应用塑料输血器材采集全血。此后,在此基础上开发了血库用采集和制备浓缩血小板和单采血浆的塑料袋及采血技术。这都显示了塑料输血器材大大优于传统使用的玻璃-乳胶输血器材,因而得以迅速发展,很快形成工业化生产,并在医疗单位普遍应用。

一、塑料输血器材

　　塑料输血器材可分为血袋、采血器、输血器、机采血液成分分离器、去白细胞过滤器、病毒灭活器材等,血袋类输血器材最大的特点是集采血导管、组合采血针、输血插口、血袋和转移袋等为一体,全套相连成一个完整而密闭的系统,如图 3-1～图 3-4 所示。在采血、分离和处理血液成分、输血时,其软性血袋内腔不需与外界空气相互交流,不仅操作简便,更重要的是在使用过程中,能避免血液被细菌污染的风险。因此它成为安全输血、现代化血液成分分离技术和血液综合利用的关键技术。

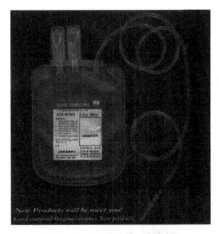

图 3-1　塑料血袋(单联袋)

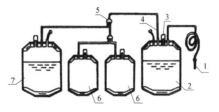

图 3-2　塑料多联袋

1—采血针;2—采血袋;3—输血插口;4—折通式内通管;5—三通;6—转移袋;7—含红细胞保存液的转移袋

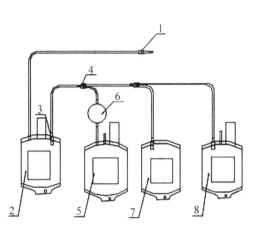

图3-3　含去白滤器的塑料多联袋

1—采血针；2—采血袋；3—折断式内通管；4—三通；
6—去白细胞滤器；5，7，8—转移袋
注：采血-血液成分离用去白细胞滤器应用示例

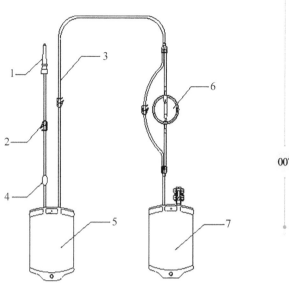

图3-4　亚甲蓝病毒灭活器材

1—穿刺器；2—止流夹；3—管路；4—亚甲蓝释放件
（简称 MB 释放件）；5—光照袋；6—吸附滤器；7—贮
血袋

二、国产塑料输血器材的开发过程

早在我国开发输血器材前，国外医疗工作代表团曾来参观，认为我国的输血器材远远落后于当时的医疗技术。为改变我国输血器材这一落后面貌，1963 年由国家科委、化工部、卫生部、总后勤部卫生部联合下达研制塑料输血器材的任务，在上海市科委、化工局、卫生局领导下，由中国医学科学院输血研究所杨成民教授领衔，组成了由输血研究所、上海市血液中心、上海化工厂、上海天原化工厂等 26 家单位参加的大协作组进行了攻关研究，于 1967 年试制成功了我国最早的塑料输血器材（图 3-5）。

塑料输血器材的开发和使用涉及医学、生物学、化学、物理学等多种学科，是医学等基础学科与高分子化学发展相结合的产物。国产塑料输血器材的开发过程，完全是从一张白纸开始，条件十分艰苦，资源极其匮乏。但是，因为有上级领

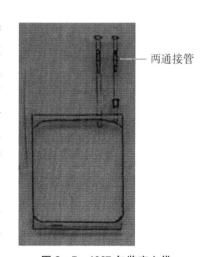

两通接管

图3-5　1967 年鉴定血袋

导的重视，有杨成民教授的卓识，有"大协作组"各成员的集体智慧和团结协作精神，以及大家夜以继日的艰苦奋斗与实干，用时近 3 年，终于完成了塑料输血器材的开发，并取得满意的成果。该项研究所投入的人力、物力和财力之大，可谓是中国医学研究史上的一大奇迹。

开发工作从聚氯乙烯树脂配方、树脂聚合原材料的质量选择开始，研制初期开展了大量的物理、化学、生物学试验。为形成小规模生产，"大协作组"对血袋成型工艺、灭菌工艺、有关的配件、外包装材料开展了大量研究，最终取得成功，并完成了临床试用。但是，由于当时处于特

殊的历史时期,导致此后的进一步研究、改进提高、转化成生产力和大面积推广应用等都遭遇了一定的困难,经历了漫长的岁月。

三、国产塑料输血器材的发展历程

1967—1975年,塑料血袋在发达国家已经工业化生产,但在这一时期我国塑料血袋的技术相对比较闭锁。1967年研制的塑料血袋是不含采血器的(图3-5),使用时,必须在无菌室条件下通过一个两通接管连接采血器,操作不方便,且易再次被细菌污染。

又因为当时处于众所周知的特殊年代,使这一在医学领域中的重大创新项目无法得到进一步的改进和提高,更不能顺利地批量生产。由于产品不能列入国家生产计划,不能稳定供给生产所需的聚氯乙烯原材料,也没有配套的生产加工设备,灌装抗凝液也只能手工操作;同时应用技术也缺失,没有采血计量仪,等等。推广使用塑料血袋十分艰难,国内只有上海市血液中心是利用研究时留存的一些原材料制成血袋在少数医院作为示范性应用。

此阶段上海市血液中心试制了小型高频热合机。使血袋上的采(输)血管能用高频焊接封口,改变了过去用两通接管封闭,保证了采血前后的密封性,使血袋输送到医院途中不再出现漏血;同期还试制抗凝液半自动灌装机和采血自动称量仪,并积极争取聚氯乙烯原材料列入国家计划等。

1975—1985年,国外已普遍使用能分离血液成分的塑料多联血袋、血小板保存袋、低温保存袋等。而在这一时期,我国塑料血袋尚存在高温灭菌后袋内表面粘连、空袋无法高温灭菌因而不能生产多联袋、血袋外表面长霉、血袋低温保存严重破损,以及抗凝剂与采血针(针柄部分)接触后产生绿色(铜锈)等诸多尚未解决的生产技术难题。随着国家形势日益好转和领导的进一步重视,国家提出了坚持科技经济一体化、将科研作为第一生产力的宗旨,这些都对塑料输血器材的生产、推广应用起着先导与支撑作用,因而我国塑料输血器材的推广应用状况才得以改观。

这一历史时期,上海市血液中心主攻研究了吹塑花纹技术(所谓的吹塑花纹技术就是在吹塑血袋筒膜的模具上刻制规则凹陷的条纹,使血袋内表面形成规则凹凸竖条纹,以降低血袋内膜间的黏力,这个技术在当时是国内、国际首创,详见本书第十章第二节《聚氯乙烯吹塑花纹薄膜研究》。同时开发了环氧乙烷、钴60辐照两种空袋灭菌工艺,研究并找到了血袋长霉的原因并提出解决方法,试制成塑料针柄的采血针,使采血器与袋体能直接连在一起(单联袋),而不再有灌装抗凝液后产生“铜锈”之忧。同时采取了编写操作细则、培训技术骨干、开展学术交流、发表论文等一系列措施加大了推广塑料输血器材的宣传力度,通过以点带面扩大应用范围,从上海市一家医院增加到全市160多家医疗单位,并从华东地区逐步向全国辐射。

1985—1995年,主要攻克血袋多联袋。多联袋制作的难点有两个方面:高温灭菌后的空袋粘连变形和联袋之间的连接配件渗漏。上海市血液中心应用吹塑花纹薄膜技术,制作多联袋中的转移袋,较好地解决了空袋高温灭菌存在的粘连问题;并寻找合作单位提高PVC塑料的热稳定性,以适应于连接配件的注塑工艺。在这一时期,以温州海尔输血器材有限公司(现为康德莱集团)为主,研究试制成PVC塑料配件。如三通管、输血插口、保护套和一次性使用采血针等,保证了组装后的多联袋密封性。自此,我国制成了血袋多联袋。多联袋的使用,可使血液成分的分离能在一个密闭的系统中进行,操作十分简单(图3-6),实现了在普通环境下分离血液成分,从而大大促进了我国血液成分疗法的迅速发展。当时无论单联袋还是多联袋的采血袋灌注的均是 ACD-B 方血液抗凝液,多联袋中的转移袋是空袋。制成的红细胞悬液是红细胞悬浮在血浆中,又称少浆红细胞。至 20 世纪 90 年代,上海市血液中心率先引入日本 MAP 方红细胞保存添加液。以 MAP 添加液代替血浆制成红细胞悬液,以提高红细胞的存活力。MAP 添加液仍是目前国内广泛使用的红细胞悬液保存溶液,能使红细胞制品有效期达到 35 天。为使 MAP 添加液转化为国内产品,上海市血液中心开展了很多研究工作。由于 MAP 添加液中含腺嘌呤,按普通药液配方如 ACD 方配制 MAP 添加液,其他组分均能达到含量要求,唯独腺嘌呤难达标并且含量呈现无规律性,经过上海市血液中心和浙江嘉兴制药厂的共同研究,终于寻找到原因——药液配制中活性炭吸附腺嘌呤,且活性炭吸附的不可控性导致腺嘌呤含量的不稳定。通过配制工艺改进获得解决。详见本书第十三章第二节《含有腺嘌呤的血液抗凝剂和(或)保存液的生产》。

图 3-6 塑料血袋多联袋在普通环境下分离血浆
(摘自原上海市血液中心血制品输血器材经营公司宣传册)

这一时期江苏吴江双花企业、浙江嘉兴制药厂、温州康德莱已分别建厂生产塑料输血器材并供应市场。1985 年,天津从澳大利亚 TUTA 公司引进血液抗凝液 2 号配方和全套生产技术及先进设备,之后长春又引进日本泰尔茂公司的技术和设备,广州与山东也先后建成工业化生产厂以生产塑料输血器材。

1993 年,GB 14232—1993《一次性使用塑料输血袋》国家标准发布。从此玻璃-乳胶输血器材被彻底送进历史博物馆,我国输血器材面貌焕然一新。

上海市血液中心于 1989 年成功研制医用深低温保存袋,在液氮(-196℃)下保存骨髓细胞及其他生物细胞,袋体不破损,详见本书第十一章第三节《低温、深低温保存容器》。

上海市血液中心于 1992 年研制了国产血小板保存袋(代号 SX9207),其材料配方是依据二元增塑的理论,以偏苯三酸三(2-乙基己)酯(TOTM)和柠檬酸酯混合增塑聚氯乙烯(PVC),且用适量的乙烯-乙酸乙烯酯共聚物(EVA)作为改性剂等。SX9207 血小板保存袋使离体血小板浓缩液(PC)可保存5天,于1993年申请了专利。专利号:ZL93102095.6。详见本书第十一章第一节《关于血小板保存》。延长血小板的保存期,使用较多的方法是提高容器的透气性。因为血小板在贮存过程中正常代谢类型为有氧代谢,消耗氧气,释放二氧化碳;当血袋的透气性不佳时,氧气在保存初期将很快被消耗殆尽,氧气得不到及时补充,且二氧化碳也排不出去,代谢类型也将转变为无氧代谢,此时就会造成大量的乳酸堆积。血小板浓缩液的pH值也随之迅速降低,甚至可低至5以下。大量的研究报道:血小板保存的最佳pH值为接近生理水平的7.2,在pH值为6.5~7.0时,血小板三天内的失活率为30%~50%,而pH值一旦低至6.0以下,会导致血小板迅速失活。目前国内使用较多的是购买进口的血小板膜材制作的血小板袋,用丁酰柠檬酸三正己酯(BTHC)增塑的PVC膜材。国内2014年也有类似的发明专利,用BTHC增塑PVC作为血小板保存容器的主体材料,有效地解决了现有的以邻苯二甲酸二(2-乙基己)酯(DEHP)-PVC制作的血小板保存袋所存在的因DEHP大量迁移而产生毒性,以及血小板的保存期限较短的问题。2014年有专利发明使用超高分子量与中分子量悬浮法PVC树脂,选用迁移性较低的增塑剂TOTM,复配使用耐寒增塑剂DOS、DOA,并辅以具有热稳定作用的环氧植物油增塑剂,确保了产品的耐低温性及耐萃取性,具有较高的气体交换速率和高透氧性特性,适用于血液保存,特别适用于血小板保存。2014年有研究为改善血袋的透气性,在PVC树脂中加入环己烷-1、2-二羧酸二异壬酯(DINCH)、乙酰柠檬酸三正丁酯、乙酰柠檬酸三(2-乙基己)酯或偏苯三酸三(2-乙基己)酯(TOTM)中的两到三种,并加入功能性助剂乳酸钠在粒料的混合料中,当制成的血袋在血小板贮存过程当中,乳酸钠将逐渐被溶出,进入血小板溶液的乳酸钠为强碱乳酸盐,能起到部分缓冲液的作用,有利于进一步调节pH;同时乳酸钠的溶出在膜材上留下微孔,此微孔的存在又能提高气体通透性。

1995年上海市血液中心研制成功光量子血疗袋,并于2002年制订YY 0327—2002《一次性使用紫外线透疗血液容器》行业标准。详见本书第十一章第二节《光化学、光生物学在输血领域中的应用》。

1997年上海市血液中心研制成功耐寒弹性塑料血袋,极大地减少了低温运输、保存血浆和离心分离血浆的血袋破损率。详见本书第十一章第四节《医用耐寒弹性聚氯乙烯塑料(MCRE-PVC)及其血袋制品》。

上海市血液中心于20世纪90年代研制了一种新的血小板保存添加剂——酸化葡萄糖营养液(AGN)。在22℃水平振摇条件下比较悬浮于新的血小板保存添加剂中的血小板(PC)与从ACD全血制备的浓缩血小板血浆悬液(PC)保存效果,结果表明:悬浮于AGN保存5天的AGN-PC,其血小板计数、pH值、血小板聚集率及血小板低渗休克反应等指标皆优于对照组(未加AGN的ACD-PC);用新鲜血浆孵育2小时后,其聚集率和低渗休克反应有较明显的恢复。透射电镜显示,在保存过程中,血小板的形态完整、无伪足出现。用血小板保存添加剂保存120小时的AGN-PC,其保存效果与国外一些实验室用第二代血小板保存袋保存的CPD-PC的效果相似。

第二节　新型塑料输血器材(采成分血技术和病毒灭活技术等)

本节主要介绍20世纪90年代末和21世纪起的塑料输血器材及技术的发展。

一、采成分血技术

从 20 世纪末开始,特别是进入 21 世纪以后,传统的全血采集技术在国外已部分被成分采血(单采)技术所取代,以往患者输入多人份成分血方式改变为输入单人份成分血方式,从而大大降低了输血引入的风险。随着我国加入 WTO,我国血袋器材生产企业更多地参与了国际市场的竞争,也引入了能适应当代成分献血技术的密闭式血液分离器材系统。这样一个集血液的采集、血样采集、分离、成分回输、贮存和患者输注等多功能为一体密闭血袋系统,并与相应的血液成分(如血浆、血小板、红细胞等)采集分离机配套使用,使得成分采血成为了现实。在本书第十一章第十一节《机采血液成分分离器》有专节介绍。

二、血袋中特殊组件

为提高输血对患者的安全性,用于去除全血、血小板中白细胞的去白细胞滤器及相应的器材、血浆亚甲蓝病毒灭活技术及相应的器材也成功开发上市,并在各血液中心得到应用。与此同时,血袋系统中还出现了包括去白细胞滤器在内的各种有特殊功能要求的装置,如防针刺保护装置、有透气性要求的血小板贮存袋、采血前采样装置或称献血前采样装置、顶底袋等(图 3-7)。这些装置(如有)都与血袋系统集成为一体,成为系统的组成部分。2011 年发布的国家标准 GB 14232.3—2011《人体血液及血液成分袋式塑料容器 第 3 部分:含特殊组件的血袋系统》对此有专项规定。

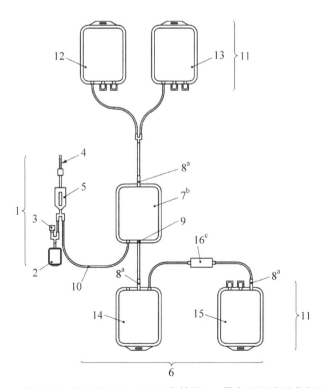

1—献血前采样装置(PDS);
2—献血前血样采集袋;
3—多次采样装置;
4—采血针;
5—防针刺保护装置(NPD);
6—血袋系统;
7—顶底袋(TBB);
8—顶部出口;
9—底部出口;
10—采血管;
11—转移袋;
12—空的转移袋;
13—血小板贮存袋(PSB);
14—空的下转移袋;
15—带添加液的转移袋;
16—去白细胞滤器(LCF)。

a 堵塞装置,可处于其他部位。

b 这种构型的顶底袋是采血袋并含抗凝剂。

c 这种构型的去白细胞滤器是红细胞浓缩液滤器。

图 3-7 GB 14232.3—2011 中的图 1 带有红细胞型去白细胞滤器、血小板保存袋、献血前采样装置和顶底袋等特殊组件的血袋系统组成示意图

(一) 献血前血样采集袋(pre-donation sampling collection bag, PDS)

血液的细菌污染是指血液和血液制品被细菌污染,细菌污染的血液输注人体后可引起患者发生严重反应,甚至导致患者死亡。1941 年,美国报道了由于输入被细菌污染的血液成分而导致死亡的案例。之后此类事件不断发生。此外,在室温条件下保存的血小板被细菌污染的报道也不断增加,且时有致死的病例发生。在输血相关传染病中,与血液被细菌污染相关的临床严重细菌性输血反应的发生率是最高的,其发生率超过输血相关病毒性传染病的发生率2 个数量级(几十倍至几百倍)。2004 年的文献报道,估计血小板制品的细菌污染率为1:(1 000~3 000),单采血小板和从全血分离制备的血小板两者的细菌污染率基本相似。血液和血液成分细菌污染源包括献血者、针穿刺处的皮肤、四周环境、空气、器材、人群以及采血过程。抛开采血过程中的无菌观念,细菌污染来源最主要有两个:①采血时细菌经采血针进入血袋,这些多为采血前未严格消毒和杀灭献血者皮肤上所有存在的细菌;这些细菌可能存在于皮肤深层、毛囊或皮脂腺中,靠皮肤消毒不可能被杀灭;采血过程中可能有皮肤损伤形成的皮肤碎片,带细菌的皮肤碎片随血液进入血袋。②献血者处于菌血症时期,细菌存在于献血者的血液循环中,采集的血液必然带有细菌。不过对于献血者菌血症造成的血液污染也有不同看法。如何预防和控制血液细菌污染,除规范采血过程的无菌操作和采血前的皮肤消毒及加强献血者问询以排除菌血症,将采血过程中最初采集的少量血液排除已被证明可以显著减少细菌污染率,可自 0.14%(25/18 257)降到 0.03%(2/7 087)。Klein 等在 1997 年指出,大多数细菌污染的血液出现在采血开始的 5~10 mL。因此欧洲一些国家已使用美国 Baxtre 公司生产的特制采血装置,将初采的 10 mL 血流入一个小血袋,弃去。GB 14232.3—2011 将这个特制采血装置称作献血前血样采集袋。献血前血样采集袋的形式有多种,有袋式的和管式的。图 3-8是一种小袋式样的。带献血前血样采集袋的多联袋在 2010 年左右已经批量生产。此外,也有许多专利用于传统型血袋和单采血液成分分离器去除细菌污染概率最大的前端血液,以减少血液被细菌污染的潜在风险,提高了输血的安全性。

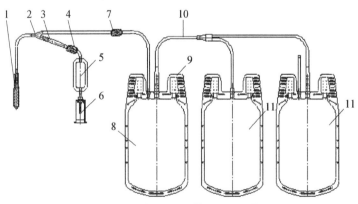

图 3-8　带采样小袋的塑料血袋

1—采血针;2—三通;3—易折式导通管;4—止流夹;5—留样小袋;6—手持护套和穿刺针;7—开关夹;8—采血袋;9—输血插口;10—转移导管;11—转移袋

(二) 防针刺保护装置(needle stick protection device, NPD)

针尖刺伤危害越来越受到医院和临床医护人员的重视,它极易造成细菌和病毒的感染。

由中华护理学会于 2015 年 5 月建立、2018 年 8 月发布的《针刺伤防护专家共识》提到,据统计数据显示,护理人员在过去的 1 年内(2017 年)针刺伤发生率,印度为 67.4%,韩国为 70.4%,英、日、澳大利亚为 10%～46%,美国为 64%;在我国,护理人员针刺伤的发生率也一直居高不下。目前,针刺伤已成为护理人员所关注的重大安全问题。据统计,健康的医务人员患血源性传染病中 80%～90% 是由针尖刺伤所致,被刺伤的医务人员中护士占 80%,医务人员的安全问题越来越受到社会和医院的重视,作为医疗器械制造商更应该在设计中考虑到针尖防刺伤。目前有关防止针刺伤医疗器械的研发也越来越多。有连在针尖旁的、可单手操作、简单易行的装置,保护穿刺完毕后的针头不裸露在外,有效防止因采血针等使用处置不当而刺伤护士、医废处理工作人员。《针刺伤防护专家共识》4.5.1 提出:宜选择带自动激活装置的安全型针具,宜使用无针输液接头、建议使用带有保护套的针头、安全型采血针、带有尖峰保护器等安全装置的静脉输液器及有自动回缩功能的注射器等。安全注射器、安全输血器和安全输液器已在防针刺方面有了很多设计和应用,也有了很多专利。

对于血袋系统,GB 14232.3—2011 这样定义防针刺保护装置:与血袋系统献血管路集成为一体、并含有采血针的组件。其设计是防止采血针使用后发生意外针刺。20 世纪时有一种防针刺帽套,是在采血针外设计了内外套管双层结构,内套管的管口与采血针针座黏合,内套管与外套管通过设在外套管内壁的两条对称的纵向凸筋插合,使内外套管紧密套合。双护套的最大优点是外刚内柔,既能保证采血针的密闭无菌,又能方便护士旋转双层套管拔出帽套,露出采血针,且使用完毕后因为设计的双层结构保护套有卡扣,仍然可以使双层套管重新套在针座上将采血针套住,使针尖不会刺伤操作人员的手,见图 3-9。但是这种防针刺帽套就目前来看是不符合要求的,尽管再回套帽套后是能防护后续的针刺伤,但在回套过程中又有一次刺伤的可能。《针刺伤防护专家共识》4.7.1 也明确提到"严禁针头回套针帽";在 21 世纪初有了简单的防针刺保护装置(图 3-10)。使用时旋转帽套并扭断,露出采血针,丢弃帽套,采血完毕后,热合采血管,在防针刺保护套的底部拉拽采血管,使采血针回缩到刚性管状的防针刺保护套内,保证采血针不裸露在外。既方便护士的操作,又保证护士和其他操作人员的安全。也有专利对这种管状防针刺保护套进行改进,即在防护管的管壁上设置弹片,弹片能随防护管相对移动;当采血针使用完毕后,医护人员拔出采血针,一手把持防护管,另一只手拉动采血软

图 3-9　双护套采血针

1—外护套　刚性塑料;2—内护套　软性 PVC
(摘自上海输血技术有限公司和长春泰尔茂公司产品)

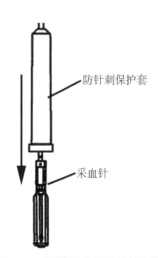

防针刺保护套

采血针

图 3-10　刚性管状的防针刺保护套

管,将防护管沿软管向采血针移动,弹片首先沿采血针的凸出件移动,然后弹片位于采血针凸出件的两侧,此时采血针卡于防护管中不会滑落,从而可起到有效的防护作用。但是上述专利的防针刺保护装置都是前端开口,不能有效地锁住针尖流出的血液,而且采血针有从前端滑出而扎伤采血人员的风险。有专利设计成前端封闭的防针刺保护装置(图 3-11)。使用时将上片翘起,当采血完毕后从后座拉软管,让采血针进入防针刺保护装置,针头在锁定筒中,下压上片与固定下片扣合,采血针固定在保护装置中,同时针尖残留的血液也不会滴出。

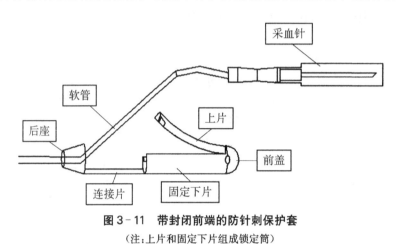

图 3-11 带封闭前端的防针刺保护套
(注:上片和固定下片组成锁定筒)

(三) 顶底袋(top and bottom bag, TBB)

传统概念的血袋无论其单袋或多联袋的结构都是软管在袋体的上端,为区别于以下袋体的结构,亦可称传统概念的血袋为"顶顶袋"。这种"顶顶袋"结构的袋体在分离两种血液成分时问题不显现,但在分离三种血液成分时就存在分离不佳的情况。如多联袋用白膜法分离血小板,采血袋经过离心后最上层为血浆,最下层为红细胞,当需要中间层的白膜层进一步分离出血小板时,"顶顶袋"结构只能通过上端出口先分离出血浆,仍通过上端出口将中间层转移到另一转移袋,由于中间层血液成分很少、又黏滞,有很大部分残留在导管和采血袋中,造成所需的血液成分(如血小板)大量损失。为此 2008 年出现了一种上下均有导管的袋体(图 3-12)。这种有上下进出导管的血袋,称之为"顶底袋",能使血液成分分离时血浆和红细胞分别从上下不同导管进出,互不干扰。余下的中间白膜层留在顶底袋内,进一步分离血小板,这样的"顶底袋"结构在提高血小板回收率的同时,也最大限度减少了红细胞的损失。2015 年,又设计出现了另一种顶底袋,见图 3-13。有文献报道应用含顶底袋的多联袋制作白膜法血小板并与传统的顶顶袋多联袋作比较。含顶底袋的多联袋示意图见图 3-14。一份 2014 年的比较结果显示:顶底袋血小板回收率为(72.5±1)%,传统袋(顶顶袋)血小板回收率为(56±1)%。造成这种差异的主要原因是白膜具有较强的黏附性,手工挤白膜层会使部分白膜黏附在原血袋或内壁从而进入不了转移袋,且人工分离具有不确定性;而用顶底袋不存在白膜转移的过程,人为操作的影响极小。另一份 2020 年的比较结果显示:顶底袋血小板回收率为 91.0%,传统袋(顶顶袋)血小板回收率为 69.9%,差异有统计学意义($P<0.01$)。在欧洲及加拿大顶底袋已经使用多年,尽管我国以单采血小板居多,但手工制备血小板因血液来源丰富,成本较低,仍然有很大前景。使用顶底袋可使血液成分的回收率增高,血液成分质量提高,并减少宝贵的血液资源浪费。

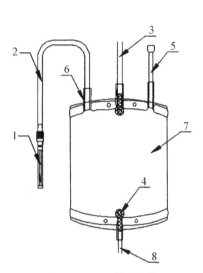

图 3-12　一种顶底袋

1—采血针；2—采血管；3—上导管；4—阻塞件；5—工艺管；6—套管；7—顶底袋；8—下导管

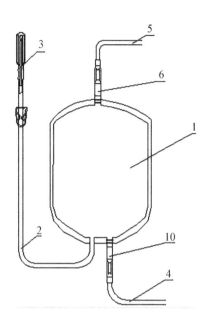

图 3-13　一种顶底袋

1—顶底锥形双通袋；2—采血管；3—采血针；4—下导管；5—上导管；6、10—易折件

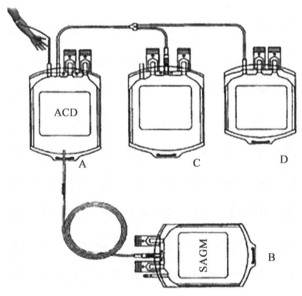

图 3-14　含顶底袋多联袋示意图

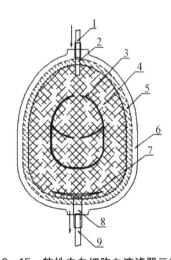

图 3-15　软性去白细胞血液滤器示意图

1—进口导管；2—进口接头；3—加固部位；4—内层过渡膜；5—滤芯；6—软包装膜；7—狭缝；8—出口接头；9—出口导管

注：使用过程：采集全血 400 mL 于 A 袋，整套袋离心，A 袋上层血浆至 C 袋，距白膜层 10 mm，A 袋下层红细胞挤入 B 袋，B 袋中含 SAGM 或 MAP（红细胞保存液）制成悬浮红细胞。热合分离 B 袋。A 袋中层为富含血小板的白膜层和少量血浆，自 C 袋返回血浆 50 g 进入 A 袋，热合分离 C 袋，A 袋和 D 袋一齐静置解聚，再第二次离心将上层富含血小板的血浆约 30 mL 转移到 D 袋，下层为残留的红细胞、白细胞。也可以将同型的白膜和血浆混悬液 3 袋或 4 袋无菌汇集在一个 A 袋中，离心将上层富含血小板的血浆转移到 D 袋或血小板保存袋中。

（四）去白细胞滤器（leucocyte filter，LCF）

20世纪90年代，国内开展了去白细胞滤器的研究工作，当时更多地被称为"去白细胞输血过滤器"。起初研制的是床边输血用去白细胞滤器，后为血库用去白细胞滤器。为开展血液保存前过滤，又研制多联袋型采血-全血分离用去白细胞滤器和采血-血液成分分离用去白细胞滤器。2002年制订了YY 0329—2002《一次性使用去白细胞滤器》行业标准。传统的去白细胞血液/血液成分滤器，采用的是硬质ABS、PVC、PC等高分子材料制成的塑料外壳，滤材紧配合放在壳内，外壳采用超声波焊接或黏合剂黏合的方法密封成一体。其外形轮廓一般为直径40～100 mm的正圆形，厚度在6～25 mm这样结构的过滤装置，与整套塑料血袋一起放置。但在低温保存的过程中，会损害塑料血袋，更不能与塑料血袋一起进行低温高速离心来分离血液成分，且这种硬壳的过滤装置由于壳体是刚性的，不能收缩，在高压蒸汽灭菌过程中因巨大的蒸汽压力和高温，在有限空间中的热胀冷缩等因素会导致壳体焊接面开裂、滤材受损等，破坏了整套血袋的密闭性。为解决上述不足，2006年有专利报道了一种耐高压蒸汽灭菌、无侧漏，白细胞去除率高、血液成分回收率符合标准要求，且可离心的软包装去白细胞血液过滤装置，滤器的外形从刚性硬壳型发展为柔性软体型（图3-15）。为提高去白细胞后血小板制品的血小板活性和回收率，又研究了去白细胞的专用血小板滤器，主要方法是从过滤材料上进行改进，选用无纺布通过辐照接枝、化学接枝、等离子体或表面涂层的方法作表面处理，以提高血小板过滤材料的生物相容性。所用亲水单体为纤维素类、糖类、肝素、丙烯酸及其衍生物或它们的混合物等。引入的亲水基团有羧基、氨基、羟基等。处理后血小板滤材的表面张力为50～200达因/平方厘米。这种高效过滤材料可实现在达到较高白细胞滤除率的同时，最大限度地降低血小板的黏附和活化程度，提高血小板的回收率，保持血小板的活力和功能。这种材料制成的过滤部件与过滤全血或红细胞悬液的过滤部件不同，仅单一成分的过滤层，能最大限度降低血小板与材料的接触，提高血小板回收率，防止血小板活化。通过阻挡层截留引起输血反应的主要白细胞成分——淋巴细胞，能更有效地防止白细胞引起的输血不良反应。白细胞去除率和血小板回收率接近或超过进口滤器，过滤后白细胞去除率大于99.99%；血小板回收率大于80%。

（五）血小板贮存袋

详见本书第十一章第一节《关于血小板保存》。

三、病毒灭活技术

上海市血液中心安全输血-血浆病毒灭活课题组自1997年开始研究亚甲蓝光化学单袋血浆病毒灭活工作。1998年12月通过上海市卫生局组织的专家科技成果鉴定。鉴定结论：国际先进、国内领先，并申请了发明专利《血浆病毒灭活的方法及其装置》，专利号ZL98121328.6。2000年获得上海市科技进步二等奖。率先在国内使用病毒灭活血浆。有关亚甲蓝病毒灭活技术详见本书第十一章第八节《亚甲蓝病毒灭活器材》。

四、负压采血器

上海市血液中心于2001年研制了负压采血器，详见本书第十一章第六节《负压采血器》。

五、塑料输血器材新配方研究

（一）改善化学性能

上海市血液中心于 2003 年研制成功了新塑料血袋配方，主要解决还原物质超标问题、醇溶出物超标问题和运用高、低聚合物 PVC 树脂混合技术解决加工温度高等问题，并申请了专利。专利号：ZL03142093.1。详见本书第十一章第五节《塑料血袋配方改进》。在解决醇溶出物超标问题时采用了非 DEHP 增塑剂全部或部分代替 DEHP，可使醇溶出物减少。这里也要注意的是虽然 DEHP 有毒性，但毕竟用了近 70 年。根据美国血液协会的研究结果，DEHP 在血袋产品中具有优势，其可有效地抵抗溶血和钾泄露，其他增塑剂如 TOTM 能否达到这一保护水平并未见报道。也有观点认为关于 DEHP 对人的影响以及 DEHP 的风险需要有一个理性、全面和客观的认识。现在不断有其他增塑剂和替代产品出现，但其他增塑剂或替代产品是否存在风险，目前也无定论，所以为保证一次性医疗用品的安全使用，必须从使用者、生产者、管理者等多方面进行监督。替代 DEHP 的增塑剂和替代 PVC 的新材料，其风险需要经过充分的毒理研究和严格安全评估，如欧盟规定新开发的材料都要经过欧盟 791/931 条例所规定的程序评估。如果未经严格的风险评估，新材料未知的风险可能大于目前 DEHP 潜在的风险。

（二）提高安全性

由于一次性医疗用品中溶出的 DEHP 直接进入人体，其毒性不容忽视。欧盟、美国、日本等发达国家已开始逐步限制 DEHP 增塑的 PVC 材料用于医疗用品、食品包装等领域。我国虽未禁止 DEHP 增塑的 PVC 材料用于医疗器械，但也要求进行明确标示与警示，我国在《一次性使用输注器具产品注册技术审查指导原则》中也指出增塑剂不再局限于 DEHP，更安全的医用增塑剂可以使用。因此，选择安全、低毒、性能良好的非 DEHP 增塑剂的 PVC 材料，已成为医疗器械制造商的必然趋势和社会责任。近年来，一些新型的输血材料如 TOTM 增塑的聚氯乙烯（PVC）已经在中国上市，并有全部或部分取代传统 DEHP 增塑的聚氯乙烯（PVC）的可能和趋势。TOTM 全称是 1,2,4-苯三甲酸三（2-乙基己基）酯或称偏苯三酸三辛酯。有报道显示，①TOTM 增塑的输液器和 DEHP 增塑的输液器，在通过硝酸甘油、头孢他啶、替硝唑、地西泮、脂肪乳几种药液模拟临床的情况下，PVC 中 TOTM 增塑剂的溶出量小于 DEHP 的溶出量，且 TOTM 的溶出总量均远低于其安全限值 $[0.0526\ mg/(kg \cdot d)]$ 范围，特别是在脂肪乳溶液中的溶出量远远低于 DEHP 在脂肪乳溶液中的溶出量。②比较了 TOTM 与 DEHP 增塑的 PVC 材料对硝酸甘油、头孢他啶、替硝唑几种药物的吸附性，结果显示，TOTM 与 DEHP 增塑的 PVC 材料对药物的吸附作用基本相同。其中材料对硝酸甘油的吸附较强、对替硝唑有少量吸附，而对头孢他啶类别的药物基本没有吸附。也有报道显示，采用硝酸甘油、单硝酸异山梨酯两种药物及 45% 乙醇水模拟药液，模拟临床使用。药液经过输液器后采用 HPLC 进行测试，测量两种药物及模拟药液中的 TOTM 和 DEHP。结果：两种药物中均未检出两种增塑剂；在乙醇水模拟药液中，检出两种增塑剂，且 TOTM 的溶出量较 DEHP 高。但药物种类繁多，现在新兴的单克隆抗体药物及重组药物份额提高，这些药物是否会引起 TOTM 迁移未见报道。模拟药液或几种特定药品评价增塑剂的溶出性能存在局限性，不足以评价 TOTM 的安全性，应进行更多、更大量的试验，进行更为严谨的毒理学评价。应该加强 TOTM 的相关研究并对其安全使用性进行评估，才能为 TOTM 代替 DEHP 使用在医用器材中铺平道路。

(三) 其他

国内其他新材料也在不断地研究开发,一般有以下几种:

(1) 选用合适的增塑剂取代 DEHP、制成非 DEHP - PVC(包括前面提到的 TOTM - PVC 和柠檬酸酯类- PVC)。

2007 年,有研究非邻苯类和非偏苯类医用软聚氯乙烯塑料,选择合适的增塑剂,以用于制备不含邻苯二甲酸盐的医用软聚氯乙烯塑料,如己二酸丙二醇酯、己二酸二乙二醇酯、癸二酸丁二醇酯、癸二酸丙二醇酯或己二酸丁二醇酯的一种或几种作为取代 DEHP 增塑 PVC。其性能符合 GB/T 15593《输血(液)器具用聚氯乙烯塑料》。

2010 年,有研究一种血袋专用的非邻苯类增塑的软氯乙烯塑料,选用 GOMGHA、ATBC、DINCH、DOA、BTHC、TOTM、DOTP 中的一种或几种增塑剂取代 DEHP 组成新的增塑剂体系,可用于制作血袋和输血器具。

(2) 选用聚氨酯弹性体和耐寒增塑剂部分取代 DEHP,改善耐寒性。

2014 年,有研究聚氯乙烯/聚氨酯弹性体医用材料,其组成是聚氯乙烯树脂,聚氨酯弹性体(TPU)、增塑剂和己二酸酯类耐寒增塑剂等。这种聚氯乙烯/聚氨酯弹性体材料具有优越的耐寒性,在 −50~−60℃下可以长时间使用,可以用于制造血袋或者其他血液制品包装材料及其他用途的医用材料。

(3) 完全摒弃 PVC,制成非 PVC 材料。

2003 年,有研究用多功能性乙烯 α 烯烃共聚物作为基料,脂肪酸金属皂盐和酰胺的混合物或脂肪烃和树脂混合物作为塑料加工助剂,构成一种医用高分子新材料。其构成(重量%)为:基料 96.0%~99.9%,塑料加工助剂 0.1%~4.0%。多功能性乙烯 α 烯烃共聚物系用茂金属催化剂生产而成。新材料具有低硬度、高挠度、透明度、光泽度、弹性等性能良好特性。适合于做输液器、注射器、过滤器、滴斗、三通、血袋、导管等医用器具,而且加工和成型容易。

2015 年,有研究医疗输注器械用聚乳酸基聚氨酯弹性体材料,由于热塑性弹性体(TPE)和热塑性聚氨酯(TPU)虽具有优异的生物相容性,但不具有生物降解能力,使用后易形成生物污染和长期的环境污染。但这种聚乳酸基聚氨酯弹性体材料能克服上述不足,不会造成环境污染。

2015 年,有研究输血器用聚丙烯改性材料,常用的输血器为聚氯乙烯材质,虽有价格低、生产工艺简单、机械性能良好等优点,但存在很多问题;普通聚丙烯是无毒、无臭、无味的乳白色高结晶聚合物,具有结晶度高、耐热性好、化学稳定性好等优点,但存在与血液的相容性问题,难以直接用作输血器材料,从而限制了聚丙烯在输血材料领域中的应用。通过对聚丙烯树脂进行改性和表面处理,得到综合性能优异、生物相容性好的聚丙烯改性材料,可制备出安全、环保的输血器。该技术原理为:采用聚乙烯树脂、ABS 树脂、聚甲基丙烯酸甲酯、聚异丁烯和聚酯对聚丙烯进行改性,提高聚丙烯树脂的抗拉强度、耐老化和耐低温性能。使用有机溶剂对聚丙烯复合材料溶解,再结晶,改变聚丙烯材料的表面组织结构,改善聚丙烯复合材料与血液的生物相容性,安全无毒,适用于生产安全输血器。

需要说明的是,尽管在一次性输液(输血)器材方面已有不少研究和专利用非 PVC 材料替代聚氯乙烯,也有开发成功并商业化的热塑性弹性体(TPE)、热塑性聚氨酯(TPU),但由于成本、力学性能、加工性能等的综合影响,聚氯乙烯的替代品至今没有大量使用,距成功开发可成熟应用的非 PVC 材料还有一些距离。

六、输血(液)器的发展

输血器也是重要的输血器材,由于不含有药液,往往和输液器在同一企业中生产。输液器和输血器从材料、配件、生产、管理都有很多相似之处。近几十年来输液器和输血器有了很大变化,从传统的最基本的一般重力输液器(仅有瓶塞穿刺器、滴管、滴斗、液体通路(透光)、药液过滤器(孔径 15 μm)、流量调节器、注射件和圆锥接头等),发展成后续的专用输液器:

(1) 有微孔过滤器又称精密过滤器。微米级:孔径 1.2 μm、2.0~5.0 μm;除菌级:孔径 0.22 μm,以适用临床不同药物的使用要求和对输液质量有较高要求的患者;

(2) 在液体通路中和滴斗的上方带刻度滴定管,按滴定管的公称容量确定最大刻度间隔 (50 mL:间隔 1 mL;$\geqslant$50 mL:间隔 5 mL),使得输液计量和读数到毫升级别,适用于小儿输液和需要精确控制输液剂量的患者。

(3) 有避光的滴斗和液体通路,避光性要求在 290~450 nm 连续波长范围内滴斗的透光率$\leqslant$35%、管路的透光率$\leqslant$15%。由于临床中有些药物化学性能不稳定、遇光分解、降解、变质、变色,甚至发生光敏反应、光毒性等,这些光化学反应降低了药物的疗效,甚至产生不良反应等问题,对患者产生不良影响。如硝普钠、硝酸甘油、维生素 B_2、山道年、可待因等,为保证其治疗的安全性和可靠性,均需在输注过程中加以避光,才能满足其治疗效果和要求。

(4) 适合靠压力输液装置产生压力的输液,由于压力较大,泄漏要求比普通输液器高(普通输液器:50 kPa,15 s;压力输液设备用输液器 200 kPa,15 min);由于压力输液装置(多为蠕动泵)往往流速需要精确控制,其管路多采用高弹性材料制造才能胜任。

(5) 在液体通路中和滴斗的上方带贮存容器(吊瓶或液袋),主要用于对某些大容量药液进行分装输液且对输液剂量精度要求不高的场合。

(6) 在液体通路中带刻度流量调节器(带有刻度标志并可按刻度设定流量的与药液接触的组件),与普通流量调节器相比,具有能使流量保持稳定并可实现按刻度设定流量优势。流量在零和全畅之间连续可调,在最大刻度数、最小刻度数和中间刻度数适宜的一点处的流量稳定性均应不超过 10%,起到输液流速的控制稳定作用。

以上的输液器均有相应的国家和行业标准规范。如传统的一次性使用输液器标准 GB 8368—2018《一次性使用输液器 重力输液式》,专用输液器:YY 0286.1—2019《专用输液器 第 1 部分:一次性使用微孔过滤输液器》、YY 0286.2—2006《专用输液器 第 2 部分:一次性使用滴定管式输液器 重力输液式》、YY 0286.3—2017《专用输液器 第 3 部分:一次性使用避光输液器》、YY/T 0286.4—2020《专用输液器 第 4 部分:一次性使用压力输液设备用输液器》、YY 0286.5—2008《专用输液器 第 5 部分:一次性使用吊瓶式和袋式输液器》、YY/T 0286.6—2020《专用输液器 第 6 部分:一次性使用刻度流量调节式输液器》。

除了上述输液器,2006 年又研究一种安全输液器,设计一个套在输液软管上的保护套,该保护套为管状结构件,其管孔的大小、长度及后端设计能使输液完毕后,可将输液针的针管收藏屏蔽于保护套中,可防止输液针的针管因暴露在外,医护人员及患者在清理、废弃输液针时受针刺伤害而引起感染,大大提高了输液器使用的安全性。2013 年又研究一种安全输液器,滴斗体分内滴斗、外滴斗两部分,具有自动排气、自动止液的功能,为输液的安全、有效提供保证。

国内避光输液器研究开始于 21 世纪初。实现避光的方式有:用避光粒料制造的单层结构;用避光层和非避光层制造的复合结构;局部采用遮光装置(如滴斗上加遮光罩)遮挡。其中应用较多和有效的是制造避光粒料和多层复合结构。

早期的避光方式选用外层包裹遮光膜和遮光罩:滴斗和输液通路的内层为医用级塑料,将黑色或棕色等不透明的避光塑料制成避光外层分别套在相应部位的内层外部,采用过盈紧配合固定或用胶黏剂黏接固定;或将避光外层分别加工成薄膜,热塑收缩固定在相应的内层外部。2009 年后发展为双层共挤,采用复合双层共挤出管材工艺,内层是与药液接触的医用管材(聚氯乙烯或聚氨酯医用高分子)、外层是不与药液接触的避光医用管材(着色的聚氯乙烯医用高分子)。两层通过双层共挤的方式实现双层之间无间隙粘连,两层胶接不含任何黏胶剂。2010 年后有多层复合型避光结构,输液导管、滴斗和药液过滤器分别由内层、外层和避光中间层复合制成,内层和外层为医用级塑料,避光中间层为黑色或棕色等不透明的避光塑料,内层、外层和避光中间层采用三层共挤复合制成。还有一种安全型复合避光医用管材也是三层复合材料,内层材料采用热塑性聚氨酯弹性体(TPU)或聚四氟乙烯(PTFE)或聚乙烯(PE)或聚丙烯(PP)或聚酯(PET),中间支撑层采用聚乙烯或聚丙烯惰性高分子材料,外层材料采用添加有着色剂的聚氯乙烯或热塑性聚氨酯弹性体或聚四氟乙烯或聚乙烯或聚丙烯或聚酯,通过共挤的方式实现多层之间的无间隙粘连,层与层胶接不含任何黏胶剂,从而提高该医用管材既避光又安全的特性。

2001 年有研究用避光的黑色或棕色聚氯乙烯材料制成输液导管制成避光输液器;2004 年研制成一种医用避光塑料,塑料基料是聚氯乙烯或者聚丙乙烯或者聚苯乙烯或者工程塑料,添加了有色母素 0.1%~10%,钛白粉 0.1%~10%,医用酒精 0.1%~1%,制品的透光率低(<30%),避光剂色母素不易脱落;然而,早期常用的方法是使用"遮光剂",但是若大量使用遮光剂,可能会带来少量溶出甚至是脱落问题。2009 年有研究选择合适的"遮光剂"和表面活性剂,利用表面活性剂的亲水亲油特性使增塑体系分散更均匀、结合更牢固,从而减少"遮光剂"的使用量(色粉 0.1~3.5 份),色粉不易析出;比较好的避光塑料应在 220~450 nm 内避光,而又有一定的可见光透光率。2015 年,有研究选用氧化铁红、氧化铁黄和碳黑的复合物作为避光剂,这种避光剂具有较强的协同效应,能有效地吸收 220~550 nm 不同波长的紫外光,同时采用超细研磨乳化复合工艺有效地降低避光剂的颗粒直径,提高避光剂的分散性,有效地提高可见光透过率,从而制得一种宽波避光的透明医用 PVC 材料;也有在避光塑料配方中加入迁移抑制剂如 e-环糊精(1~20 份),能够有效抑制增塑剂、色粉等小分子物质的迁移或脱色。

前面提到输液器和输血器从材料、配件、生产、使用、管理都有很多相似的部分。很多研究如新材料、新工艺都是同步研究、一起融入使用,只是一个用于患者的输液,一个是用于输血,甚至也有将二者放入一体的产品输血输液器。上述输液器很多研发结果均可以在输血器产品引用,同样输血器的研究成果也可以在输液器产品引用。比如有安全型输血器,2006 年有设计防针刺的安全型输血器,其设计在输血完毕后,可将输血针的针管收藏屏蔽于保护套中,因而可防止意外发生。大大提高了输血器使用的安全性。2016 年有设计在输血器的滴斗内放置一个齿轮状塑料安全阀,当输血接近完成时,安全阀随着液面下降至密封件与出液口接触位,在大气压和安全阀自重压力下,密封件就会严密封堵住出液口,使空气不进入到出液口下的输血导管,血液停止流动,自动结束输血,防止空气进入人体,实现安全输血。2014 年有设计一种精密型输血器,在输血管路上加了一个计量筒,利用输血管路上的计量筒可准确控制输入的血量,对于儿童及老年患者,以及合并心功能不全等疾病需要严格控制输血量的患者有很大的帮助。2019 年有设计新生儿专用输血器,通过三通开关来调节工作方式,结合注射器式的结构来完成小剂量输血,可准确输入小剂量的血液,提高了对新生儿输血的精确性。也有设计多功能采输血器,适合患者需要输液或输血以及进行血液治疗过程中的采血等功能。传统的输血器用的是 DEHP-PVC 材料,同样,有新材料和新工艺技术不断地应用于输血器上,有 TOTM-PVC 等材料替代 DEHP-PVC;有用非 PVC 材料替代 DEHP-PVC,如聚丙烯改性材料;有多层共挤技术制备输血器管路、滴斗等。如 2009 年有一种复合管材输血器,滴斗采用聚丙烯(PP)材料,输血器管路采用复合双层共挤出管材,与血液接触的输血管路内层为聚氨酯(PU),厚度为 0.03~0.6 mm,不与血液接触的输血管路外层为 PVC,厚度为 0.03~0.6 mm,使得输血过程中,无 DEHP 迁移,提高了输血的安全性。2010 年有一种输血管设计也为双层复合,内层为聚氨基甲酸酯材料,外层为 PVC 材料包紧在内套管外周壁上,这种新型输血管在使用过程中,与血液直接相接触的不是聚氯乙烯材料,而是由聚氨基甲酸酯材料制作而成的内套管,聚氨基甲酸酯的稳定性通常都比较好,因此,不会有 DEHP 迁移,不会产生有毒气体而危害患者的健康。

在输血器材发展的同时,我国也为各类采血器材和原材料建立了标准,保证了这些器材的安全使用。

第二篇
塑料输血器材所用原材料及其基础知识

第四章

高分子科学与塑料基础知识

第一节 高分子科学概述

一、高分子科学的由来和高聚物特征

高分子科学是从有机化学中独立出来的一门科学,起源于 20 世纪 30 年代,是近代发展最迅速的学科之一,其主要研究对象是三大合成材料即塑料、橡胶和化学纤维。

高分子的含意、组成、共同特征是什么呢? 20 世纪 20 年代,德国人 Staudinger 首先提出了链型高分子概念,即无论是天然还是人工合成高分子都是由很多相同的小的化学单元,借化学共价键重复连接而成的大分子长链,从而奠定了高分子化学理论的基础。因此他获得了1953 年的诺贝尔化学奖。

高分子化合物又称高聚物,其分子量一般为 103 万～107 万,而普通低分子物质的分子量只有几十到几百,高分子链的长度一般为$(104～105) \times 10^{-10}$ m,而一般 C—C 单键的长度为

$1.5\,\text{Å}(1\,\text{Å}=10^{-10}\,\text{m})$，高分子的巨大分子量、原子基团本性、空间排列、分子形态及聚集态结构，构成了共聚物的特性：高弹性，溶胀性，高黏度，能形成坚韧的薄膜和纤维等。

二、高聚物分子量的多分散性

高分子化合物的化学组成，例如聚乙烯：

$$n\text{CH}_2 = \text{CH}_2 \xrightarrow{\text{一定条件}} \text{[CH}_2\text{—CH}_2\text{]}_n$$

乙烯$(\text{CH}_2 = \text{CH}_2)$为低分子，称单体，通过加聚反应成为高分子聚合物（聚乙烯）其中$[\text{CH}_2\text{—CH}_2]$为链节，重复单元 n 为链节数，即聚合度(DP)。

高分子形成过程：首先是由单体分子活化，活化了的单体分子继续与单体分子反应，链增长，不断的链增长直至活性失去，随着形成过程的环境、反应机制和条件的不同，每条链的引发、增长、终止、降解等多种因素，决定了在同一体系中合成出来的高聚物分子量是多分散性的，因此通常所称高聚物的分子量都是统计平均值。

三、高聚物的平均聚合度、平均分子量及分子量的分布曲线

高聚物具有分子量的多分散性，因此分子量聚合度都是统计平均值。

$$M = DP \times S$$

$M=$平均分子量；$DP=$平均聚合度；$S=$链节分子量。

同一聚合物根据统计方法的不同，所得平均分子量的数值也不相同，常分为数均分子量 $m(M)$ 和重均分子量 $w(M)$。$w(M)/m(M)$ 越接近 1，分子大小越整齐，即分子量分布窄 $w(M)/m(M)=1$ 则为单分散性；$w(M)/m(M)$ 越偏离 1，则分子量分布越宽。图 4-1 和图 4-2 是聚合物分子量的两种分布曲线。

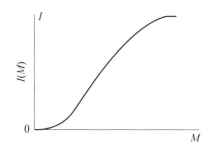

图4-1　聚合物分子量的质量积分分布曲线

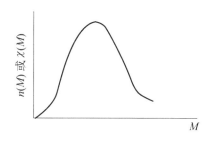

图4-2　聚合物分子量的数量微分分布曲线

平均分子量和分子量分布与加工工艺和产品性能有较大的关联，一般来说低分子量尾端含量影响加工性能，高分子量尾端含量影响机械强度。

四、高聚物的结构

高聚物的结构分为一次、二次、三次结构。一次结构即指高分子分子链中的原子类型和排列、结构单元的键接顺序、结构的成分、高分子的变化交联与端基、分子量和分子量分布以及在空间的排列规律，即高分子的链结构（构型）；二次结构是指单个高分子在空间所存在的形状即

023

高分子的形态(构象);三次结构是指高分子的聚集态结构,即指大分子与大分子间的几何排列,一次结构是决定高聚物基本性质的主要因素,一次、二次结构只是间接地影响产品性能,而三次结构才是直接影响产品性能的因素,它强烈地受成型加工过程的影响。

五、高聚物的反应类型

高聚物合成反应类型一般分为两大类型:加聚反应和缩聚反应。

所谓加聚反应是指不饱和乙烯类单体及环状化合物通过自身的加成聚合反应而生成的聚合物,如 $nCH_2=CH_2 \longrightarrow \text{[}CH_2-CH_2\text{]}_n$。加聚反应绝大多数是连锁反应,特征是不产生小分子副产品。

所谓缩聚反应是指两个或两个以上官能团通过缩合聚合反应而生成的聚合物,如: $nCH_2N_2 \longrightarrow \text{[}CH_2-CH_2\text{]}_n + nN_2$。缩聚反应绝大多数是逐步反应,特征是有小分子副产品产生。

此外还有共聚合反应和共缩聚反应。

所谓共聚合反应是指两种或两种以上单体进行加聚反应。如:

$$nCH_2=CH_2 + nCH_2=CH-O-\overset{\overset{\textstyle O}{\|}}{C}-CH_3 \longrightarrow \text{[}CH_2-CH_2-CH_2-CH\text{]}_n \underset{\underset{\textstyle CH_3}{|}}{\overset{\overset{\textstyle O}{|}}{\underset{\textstyle C=O}{}}}$$

所谓共缩聚反应是指两种或两种以上单体进行缩聚反应。如:

$$nHOCH_2CH_2OH + n \underset{COOH}{\overset{COOH}{\bigcirc}} \longrightarrow \text{[}\overset{\overset{\textstyle O}{\|}}{C}-\bigcirc-\overset{\overset{\textstyle O}{\|}}{C}-OCH_2CH_2O\text{]}_n + (2n-1)H_2O$$

第二节　塑　料

一、塑料的基本知识

塑料是三大合成材料之一。

(1) 塑料:一般是指以合成树脂为基本成分的高分子有机化合物,在一定的温度和压力下可塑制成一定形状,当外力消除后,在常温下仍然能够保持其形状不变的材料。因此塑料具有两大特点,一是在一定温度下具有可塑性,二是塑料的全部或主要成分是高分子合成树脂。

(2) 树脂:一般是指具有受热软化、冷却变硬特性的高分子物质,可分天然树脂和合成树脂两大类。

1) 天然树脂:是指一些从自然界的动物、植物身上分泌出来的一种无定形有机物,如松香、虫胶以及橡胶树上的乳胶等。

2) 合成树脂:是人们用化学合成的方法,将低分子有机物在一定条件下聚合成的高分子化合物。

二、塑料的组成及分类

塑料的主要成分是合成树脂,占塑料总量的 $40\%\sim100\%$,因此塑料的组成可分为简单组分和复杂组分两类,简单组分的塑料是以 100% 树脂或基本成分为合成树脂,仅加少量辅助材料组成;复杂组分的塑料,除树脂外还加入增塑剂、稳定剂、填料、色料、润滑剂、防霉剂等。塑料品种很广,分类方法很多(表 4-1)

表 4-1　塑料品种的分类

分类依据	类别	特　性	常用塑料
按合成树脂受热后性能	① 热塑性塑料	受热后软化熔融,冷却后定型,并可多次反复,具有可塑性。加工时仅起物理变化。树脂为线形或支链型结构	PVC、PE、PP、PS、ABS、有机玻璃、聚甲醛、PC、PA、EPA 等
	② 热固性塑料	树脂为网结构,受热后先软化,固化成型,变硬后再加热也不再软化。加工时起的是化学变化	环氧树脂等
按塑料用途	① 通用性塑料	指产量高,用途大,价格低	聚烯烃、PVC、PS、酚醛、氨基等
	② 工程塑料	指能代替工程材料和金属材料来制造各种机械设备或零件的塑料	PC、聚甲醛、聚苯醚、聚酰胺等
	③ 特殊用途塑料	用途特殊,如用于火箭的耐高温塑料,用于医用方面的生物相容性塑料等	氟塑料、硅橡胶* 等

注: * 也有人将硅橡胶分类为热固性弹性体,而归属于橡胶类。

三、塑料的特性

(1) 主要特性:在常温常压下一般并无显著塑性,而是在一定的温度、压力下变得有流动性和可塑性,这时可以任意加工成型,当恢复平常条件时,它保持加工时的形状。

(2) 塑料比较于一般的天然材料具有以下特性:质轻、绝缘、耐化学腐蚀,不易传热、机械强度高、易成型加工等。人们常形象地比喻它像木材一样轻,像钢材一样坚固,像玻璃一样透明,像花朵一样鲜艳,像黄金一样稳定。当然并不是每一种塑料都同时具备上述属性的。塑料的缺点,如易受大气中的氧、热、日光和机械作用的影响而发生老化,从而失去原有的优良性能等。

四、塑料的老化

塑料制品在使用或贮存过程中,质量会逐渐下降,以致失去使用价值,这就称之为塑料的老化。其原因可分外因和内因两种。外因是大气中存在的臭氧、水分、光、热以及微生物、高能射线、机械作用等。内因是合成树脂化学结构上的弱点。

老化过程一般分为两种：一种为高聚物裂解，使分子变小导致制品发黏变软、丧失机械强度；另一种为高分子发生交联、支化和环化，产生体型结构导致制品僵硬、发脆丧失弹性。有时这两个过程同时进行。此外，还有增塑剂的挥发或渗出导致制品变硬等。

为防止塑料的老化，除尽量避免外因条件的作用，还可以在塑料配方中添加一些热稳定剂、防氧剂、紫外线吸收剂，以及开发塑料新品种等。

第五章

医 用 高 分 子

第一节　医用高分子性能

　　医用高分子就是应用于医学领域的合成高分子材料,包括医用塑料、医用橡胶和医用纤维三种,按用途可分为机体内应用与机体外应用两大类。如要进一步将医用高分子进行分类,则需要根据其特点分别归类,从不同角度、不同的医疗器具进行不同的分类。

　　医用高分子是一门年轻的综合性强的学科,要将高分子化学的理论、研究方法、材料等根据医学的需要来研究生物体内的结构、器官的功能以及解决人体器官的应用等,其学科内涵博大,包括化学、物理学、高分子工艺学、生物物理学、药理学、制剂学、解剖学、病理学,以及临床医学等众多学科。

第二节　医用高分子现状、发展趋势与展望

　　我国的医用塑料发展起步较晚,从 20 世纪 50 年代才开始进行医用塑料制品研究,包括人工器官、医疗器具、包装材料、药用高分子、口腔材料,输血材料及制品等方面的研究。自 1987 年卫生部颁发《关于推广使用一次性塑料输液器、输血器及注射器的通知》后,鼓励和刺激了我国医用塑料的开发生产。据有关资料统计,截止到 2003 年,全国已注册的生产一次性医用塑料企业已达 9 000 家,但品种特别是高技术品种不多,我国医用塑料注册产品主要集中在输血(液)器具、注射器、引流器和排污器具,化验检查用品等领域,而氧合器、透析器、各种插管、导管等数量相对较少,与发达国家先进水平的差距还比较大。

　　在医学上应用的材料,已有 90 多个品种和 180 多种制品,目前比较常用的医用塑料如表 5-1。

表 5-1　部分医用塑料产品用途、功能及使用的材料

用途	功能	主要使用的高分子材料
人工肾(血液净化器)	肾功能衰竭患者肾功能的替代	聚碳酸酯、聚砜、聚丙烯腈、醋酸纤维素、聚乙烯中空纤维、聚合氨纤维素、聚碳乙烯、吸附树脂、聚乙烯醇等
人工肺(氧合器)	替代肺进行血液气体交换	聚碳酸酯、聚氯乙烯、硅橡胶*、聚丙烯中空纤维、聚砜中空纤维、聚氨酯等

用途	功能	主要使用的高分子材料
人工关节	置换病变及损伤的关节	甲基丙烯甲酯与聚苯乙烯共聚物、多孔聚四氟乙烯、高分子量高密度聚乙烯
注射器	向人体输送液体药物	聚丙烯、聚乙烯、聚苯乙烯、聚氯乙烯
输血（液）器（袋）	向人体输血（液）	聚氯乙烯、聚丙烯、聚乙烯、ABS树脂、尼龙等
各种医用插管	治疗过程中的引流、检查、输液	聚氨酯、聚氯乙烯、聚乙烯、聚四氟乙烯
手术覆盖膜	用于手术覆盖膜，防止汗液感染	聚乙烯膜、聚甲基丙烯酸压敏胶
各种医用导管	诊断、介入治疗、排污、化验	聚氨酯、聚四氟乙烯、聚乙烯、尼龙、聚氯乙烯、聚丙烯、ABS、有机玻璃
齿科材料	齿修补、替代	尼龙、聚甲基丙烯酸四酯、环氧树脂、聚苯乙烯

注：＊也有将硅橡胶分类为热固性弹性体，而归属于橡胶类。

用于医用产品的塑料材料，主要集中在聚氯乙烯和聚烯烃类。据20世纪末资料统计，我国仅医用聚氯乙烯粒料的年耗量就有数万吨，主要用于输血（液）器及各种管路等产品上，但国内市场潜力巨大。

生物技术将是21世纪最有前途的技术，生物用高分子材料将在其中扮演重要角色，其性能将不断提高，在医用领域的应用也将进一步拓宽。

由于医用高分子材料在医学上有独特的功效和性能、广阔的应用前途，特别是对探索人类生命的奥秘，保障人体健康和促进人类文明的发展都相当重要，世界各国都十分重视并大力研究开发，正在形成新的高科技产业。我国各有关高等学院、科研机构等单位也在组织工程、药物控释和医用生物辅料等方面展开了新的研究，将使我国医用高分子材料的研究和应用呈现出更为欣欣向荣的景象。

第三节　医用高分子产品的技术特点

临床医学的发展进一步推动了医用塑料产品的开发，许多医用塑料产品都是医护人员和工程技术人员共同合作的结晶。虽然产品的制造加工过程归属于塑料工业，但产品的设计、开发都是在医学生物学、生物化学、材料及机、电、声、光等各学科的交叉渗透的基础上孕育而成的，这是医用塑料最突出的技术特点。

医用塑料的生产不但要求材料有良好的加工性能和力学性能，以及价格低廉、原材料易得，还特别重视材料的安全性，要求材料无毒、无刺激，具有良好的生物相容性。国际上较早的比较有系统的对医用材料进行生物学评价的是美国材料试验协会发布的ASTM（F748-82）标准。国际标准化组织ISO自1992年相继制订了ISO 10993《医疗器械生物学评价》系列标准。我国自1997年以来陆续将ISO系列标准等同转化为我国GB/T 16886系列标准。对我国医疗器械的生物学评价和审查具有重要的指导意义。医用塑料中大多数产品要求在净化的环境内完成生产，有许多医用塑料产品还需要围绕一个使用领域形成配套化、系列化等问题。

第六章

输 血 塑 料

　　输血塑料属于医用高分子材料的范畴,是医用高分子材料体外应用的一个重要方面,是用于制造塑料输血器材的原材料。

　　塑料输血器材属于一次性医疗器具,顾名思义,一次性医疗器具是指只能使用一次,英文名称为:single use 或 disposable,意指用后即弃、用后即处理掉的意思。一次性使用,为避免输血过程中引起医源性疾病及交叉感染的风险,以及为解决热原等输血反应提供了极为有利的条件。塑料输血器材是我国较早开始研究的医用高分子制品之一,分容器和管路两大类,血液要在其中贮存或流过它们最终到达患者体内,虽然与人体血液只是短期接触,较之植入体内的生物医药材料要求可低一些,但是由于输入的液体是直接流入人体血液系统,因此其安全性仍然是极其重要的。在选材时不仅要考虑不使材料的有害物质通过血液载体进入患者体内,还要考虑该塑料能否适应工业化生产和临床使用需要,例如医学上广泛使用的聚四氟乙烯,虽然化学性能、血液相容性、生物安全性都良好,但它的结晶度大、透明度不好,加工困难,价格较高,因而无法大规模临床应用。为此必须综合考虑,选用合适的医用塑料,作为输血器材的原材料。

第一节　塑料输血器材原材料性能要求

　　塑料输血器材原材料应具有以下性能要求(以制作血袋为例):

　　(1) 符合医用高分子材料要求,保证生物学评价安全。

　　(2) 具有良好的物理性能:①材料应能使制品具有一定的透明度,在灌装药液后能检查药液澄明度,保证制品中可能被污染的细小纤维、白点等杂质可一一被剔出;②有较好的机械强度,使制品能适应各种条件下运输不破裂,胜任离心处理过程,低温保存不脆裂等;③吸水率小,保证制品在湿度较大的环境保存过程中仍透明、不发雾(无吸湿溶胀发白)、使药液中水蒸气透出量尽可能小,以保持药液浓度在一定范围内;④能保证制品柔软、可折叠、在使用过程中无须施加压力,特别是在采血和输血过程中无须与外界空气相交流,而血液流速仍能符合要求;⑤材料的热稳定性好,可适应制品加工、使用和保存,并能耐高压蒸汽灭菌;⑥有些特殊应用(如血小板保存)还需要有较高透气性。

　　(3) 具有稳定的化学性能:使制品水浸液 pH 值变化、还原物质、金属元素、增塑剂等析出能符合国家标准规定。

　　(4) 有良好的血液相容性,使制品尽可能不向抗凝液、保养液、血液或血液成分中释放任何能产生热原、毒性或溶血反应的物质。

　　(5) 材料半成品配方力求简单,原材料来源方便,价格便宜。

第二节　聚氯乙烯塑料输血器材常用原材料

一、聚氯乙烯树脂

聚氯乙烯树脂是人工合成的高分子化合物,为常见的通用塑料,是塑料输血器材的主要原材料,能较好地满足塑料输血器材性能要求,因而目前被国内外普遍采用,主要是制作血袋、管路以及配件等。

(一) 聚氯乙烯树脂的一般性能

聚氯乙烯树脂为液态氯乙烯单体(vinyl chloride monomer, VCM)于反应釜中,在一定条件下聚合而成的大分子的聚合体,它的分子量(M)为 3 万～15 万,其平均聚合度通常为 500～2 000,单体分子量(M_0)为 62.5,分子结构式:

$$\left[\text{CH}-\text{CH}_2\right]_n \qquad n=\text{聚合度}$$
$$\quad\ |$$
$$\quad \text{Cl}$$

聚氯乙烯树脂呈白色粉状,比重为 1.4 左右,20℃折光率为 1.544,粒径一般为 20～150 μm。不溶于水,仅溶于少数有机溶剂(如环己酮、四氢呋喃等),并有良好的化学稳定性。由于结构的不对称而具有较强的极性,在强光和强热作用下,会微量释放氯化氢(HCl),并随温度升高和辐射剂量增加而增多,其比较稳定的温度为 60℃以下。

聚氯乙烯树脂本身无毒,亦不为生物体吸收或降解。但合成过程中所采用的悬浮剂、引发剂、残留的氯乙烯单体等杂质,会引起有害作用,应严格控制。

(二) 聚氯乙烯树脂成型性能

1. 平均分子量

聚氯乙烯按合成条件不同,平均分子量大小不同。而平均分子量大小又与性能有极大的关系。一般来说,分子量越大,机械性能越高,耐寒性越强,热稳定性越好,玻璃化温度越高,导致成型温度也越高,在溶剂中的溶解度越小。为满足输血器具的物理性能,特别是机械强度和易加工成型,塑料输血器具用 PVC 树脂,聚合度最早为 1 050～1 100,目前大多用 1 000～1 300,黏度为 1.7～1.8。20 世纪 90 年代起趋向于采用高聚合度 PVC 树脂以提高制品强度、耐低温性和弹性。

2. 分子量的多分散性及关于"鱼眼"

(1) PVC 树脂有高聚物的共同特性,即分子量的多分散性。由于分子量多分散性,使 PVC 树脂无明显的熔点,只有范围较宽的软化温度;制品表面常常出现一颗颗毛粒(像"鱼眼"般的亮点,称为"晶点"或"鱼眼"),就是树脂中因分子量较大而不易塑化的部分。在加工时由于 PVC 树脂分子量的多分散性,使低分子量的树脂已经塑化时,高分子量的树脂尚未塑化,这种未塑化的树脂颗粒掺杂在已经塑化的树脂中,即成为鱼眼。PVC 树脂由于聚合时因单体中高沸点物质存在和聚合时搅拌功率选择不当、分散剂表面张力较低、聚合时散热不均匀使局部过热等原因,造成树脂颗粒分子量分布不均匀,形成紧密型、似玻璃状的颗粒或粗大颗粒,使加工时塑化较为困难而形成鱼眼。同时聚合用水中阴阳离子含量、单体含水量、杂质等均与鱼眼形成有关。此外,由于物理、化学引起的黏釜,黏釜的树脂再次聚合时也就掺杂在新的树脂中易形成"鱼眼"。

(2)鱼眼不仅影响制品的外观,还影响制品的物理机械性能,制品如受外力作用首先在这个部位破裂,并且这部分因吸收稳定剂不足而较周围树脂易分解、变色。

(3)减少鱼眼的方法:最主要是针对鱼眼的成因,调整好树脂颗粒形态使其颗粒规整多孔、疏松,加工时选用分子量分布和粒径分布较窄的 PVC 树脂;捏和工序前后的生熟料严格分开;加工过程适当延长塑化时间或提高塑化温度,但要注意低分子量树脂的分解;另外制品加工时多加一层铜丝布,加强过滤也有利于减少鱼眼。

3. 稳定性

PVC 树脂化学稳定性良好,但它受光、热作用时,其稳定性较差,PVC 树脂对 280～400 nm 波长的光非常敏感,加热到 100℃ 即开始分解,到 130℃ 迅速分解,颜色也由白→粉红→浅黄→红→棕→黑渐变。其分解机制比较复杂,一般认为:PVC 受光、热作用,释放 HCl,构成了双键,双键旁的 C—Cl 即被激活,并与旁边的 H 离子结合而脱出 HCl。从而在大分子链中形成了有色的结构—C═C—C═C—,如果继续受光、热作用,则这个活化、脱氯化氢形成双键的过程不断进行,颜色也越来越深,直至全部碳化。随着树脂的分解老化,其优良性能丧失。同时放出的 HCl 气体具有腐蚀性,因此加工用的设备凡是与 PVC 树脂接触部分应镀铬或用耐腐蚀性材料制造。

4. 成型温度

PVC 是非晶体塑料,挤出成型温度应控制在玻璃化温度到熔融温度之间,由于它的熔融温度高于分解温度,因而很难成型,需加入增塑剂以降低熔融温度,加入稳定剂以提高热分解温度,使其变得易加工成型。但是 PVC 塑料的熔融温度毕竟仍然接近分解温度,成型温度范围仍较小,加工时需特别注意。

5. 水分及挥发物含量

塑料输血器材加工,首先是挤出(管路或膜),而挤出成型为密闭操作,树脂中水分及挥发物含量过高,会使制品产生气泡并使树脂的流动性变差,影响输送。此外 PVC 树脂中若含有过多亲水性悬浮剂,则制成的膜袋吸水率高,使血袋灌装药液后,血袋吸水不易恢复透明。

6. 熔融黏度

PVC 树脂的熔融黏度较大,流动性较差,要求成型设备表面光滑,流道无死角,以减少PVC 树脂在成型设备中的溶胀滞留、分解。

7. 树脂的颗粒形状和结构

树脂的形状分疏松型(棉花球)和紧密型(乒乓球)。前者表面粗糙,粒子直径较大,颗粒外形不规则,疏松多孔,干流动性较好、吸油性好、易塑化、成型时间短、制品性能较优良,适用于制作输血器材,后者无孔实心球状,表面光滑,性能较差。

二、医用级聚氯乙烯树脂 M - 1000

我国于 1997 年由上海氯碱化工股份有限公司开始医用级 PVC 树脂的工业化规模生产。之前国内是将通用型 PVC 树脂升级使用于医学、药用塑料制品等制造领域。而通用型 PVC 树脂的生产过程中,大多使用有毒有害的化学品,如偶氮类引发剂和甲苯溶剂,在这种工艺条件下生产的树脂中残留着一定数量的有毒有害物质,如果不进一步地改进和提高,将该树脂继续应用于医药或其他绿色制品领域,对人类的健康是极为不利的。在国外,不仅要求树脂中不存在有毒有害物质,而且对树脂中的残留 VCM 控制也很严。医用 PVC 树脂与通用型树脂的主要差异在于医用级 PVC 树脂中 VCM、甲苯和腈基团的残留指标相当小或没有。上海氯碱化工股份有限公司根据医用 PVC 树脂日趋增长的市场需求,于 20 世纪末研制成医用级树脂 M-1000(简称 M-1000 树脂),他们从引发剂体系、分散剂体系、防黏釜剂应用、气体干燥、检测方法等进行了系列研究,大胆地实施技术创新,历时 2 年多,完成了研制任务,并很快投入批量生产。

(一)降低聚氯乙烯树脂残留 VCM 的研究

VCM 具有致癌作用,减少树脂中的残留 VCM 不但可以降低 VCM 单耗,还可以减轻生产和 PVC 制品加工过程中的 VCM 挥发污染,以保障生产人员的身体健康不受损害。上海氯碱化工股份有限公司经研究试验后确立了新的三元复合分散体系,有效改善了 PVC 树脂的质量。使树脂的形态有很大的改进,颗粒变得均匀,异形条减少,树脂皮膜变薄等,同时采用先进的塔板技术,使浆料在塔内有足够的停留时间完成传热,使树脂中 VCM 含量由原来的 $3\,\mu g/g$ 下降至 $0.4\,\mu g/g$ 以下。

(二)彻底消除树脂中残留的甲苯

选用一种无毒等效的助剂取代甲苯溶剂,试验结果表明采用新溶剂的 LB 引发剂替代原甲苯溶剂的引发剂,所得到的 PVC 树脂的各项性能指标,如表观密度、粒径分布及增塑剂吸收等基本一致;聚合反应时间缩短,树脂中甲苯残留量大幅度降低。溶剂替代成功后,又对阻聚剂的配制溶剂作了替代,从而彻底消除了生产过程中甲苯的应用。

(三)彻底消除残留腈基团

成功筛选了能满足无毒要求又能替代腈类引发剂的新型过氧化类引发剂,并投入批量生产,经进一步验证取得了良好的效果。

(四)防黏釜剂体系改造

黏釜对 VCM 聚合生产来说始终是一个大难题。为减轻黏釜,提高树脂质量和设备效率,选用了一种活性相对比较稳定的防黏釜剂,同时制造了一套新的喷涂装置,使喷涂效果达到良好的预想目的,即尽量雾化、釜内涂布均匀等,该技术的应用解决了聚合釜及其他设备的聚合物黏结问题,既提高了树脂的质量和设备的运转率,又为选用新的分散剂体系和引发剂体系打好基础。与此同时又将聚合釜的搅拌桨叶改造成三叶后掠式桨叶,进一步提高了树脂质量。其特性与通用型树脂比较见表 6-1。

表 6-1 M-1000 树脂特性比较

项目	通用型树脂	M-1000 医用树脂
引发剂	过氧化物类、偶氮腈类引发剂	过氧化物类引发剂
分散剂	聚乙烯醇、纤维类分散剂	不同醇解度的氯乙烯醇类分散剂
防黏釜剂	JP-01	高效防黏釜剂
溶剂	甲苯	长链异构烷烃
生产工艺	引发剂、分散剂体系均为二元复合,搅拌桨叶形式为二叶平桨,每釜开孔	引发剂、分散剂体系为三元复合,搅拌桨叶形式为三叶后掠式,防黏釜剂喷涂装置得到改进,密闭进料

（续表）

项目	通用型树脂	M-1000 医用树脂
特性	树脂中含有相当量的残留甲苯和微量腈基团	不含任何有毒有害成分
用途	只能用于食品级或以下级别的制品领域,不能用于医学领域	除可以应用在医药领域外还可以广泛地应用到其他领域

M-1000 医用树脂试制成功后,进入批量生产,经广大用户试用,反应良好,得到一致好评。其技术指标相当于比利时 SOLVAY 公司医用级聚氯乙烯产品规格,SOLVAY 271GA (1998),见表 6-2。

表 6-2 医用级聚氯乙烯树脂 M-1000 技术指标

项　目		指　标
黏数(ml/g)		107～130
相应 K 值		66～72
平均聚合度		1000～1000
表观密度(g/ml)		0.47～0.57
挥发物(%)	≤	0.3
残留氯乙烯含量(μg/g)	≤	0.4
筛后残余物质(%)		
0.25 mm 筛孔	≤	2.0
0.063 mm 筛孔	≥	90
鱼眼数(个/400 cm²)	≤	10
杂质粒子数(个)	≤	16
1,2-二氯乙烷(μg/g)	≤	1.0
100 g 树脂的增塑剂吸收量(%)	≥	22
白度:160℃,10 min 后(%)	≥	74
甲苯含量		未检出
腈基团含量		未检出

注:M-1000 医用级聚氯乙烯树脂有关资料摘于上海氯碱化工股份有限公司资料。

医用级聚氯乙烯树脂 M-1000 的主要性能,优势和创新性在于树脂中残留 VCM 含量低、彻底消除了树脂中甲苯和腈基团含量、并具有优良的加工性能,可广泛用于输血(液)器具、食品包装等。

三、医用 PVC 塑料助剂

医用 PVC 塑料是由 PVC 树脂加入无毒助剂(增塑剂、稳定剂、抗氧剂和润滑剂等),经高温塑化而成,并在净化级别较高的条件下应用吹塑、挤出、压延、模压等方式加工制成各类制品,如各类医用管路、血袋、液袋、透析袋、引流袋、滤器等。

(一)增塑剂

增塑剂多数为高沸点酯类化合物,其增塑作用主要表现在将相互缠绕树脂大分子链松散展开,使坚硬的 PVC 树脂转变为柔软的塑料,同时由于 PVC 是一种强极性聚合物,分子间有着很大的作用力,使得 PVC 必须加热到一定的温度(160℃以上)才能显示出塑性,但是 PVC 树脂对高温极为敏感,当加热到 130~140℃就开始严重分解,因此单纯的 PVC 树脂加工几乎是不可能进行的。而增塑剂是一种低分子物质,它能穿过 PVC 大分子间,一方面减弱了大分子间的相互作用力,另一方面又起着润滑作用,促进了树脂大分子间或大分子键间的运动,使得 PVC 树脂的塑性温度降低。

PVC 塑料的柔软程度随增塑剂用量而变化,通常增塑剂用量增大,流动性增加,柔软性和低温性好,而抗拉强度下降,伸长率和吸水率增加,因此要依据使用要求合理选用增塑剂的量。在软质 PVC 塑料中,增塑剂量一般占 30% 以上。增塑剂本身不溶于水,而易被碱水解、被氧化性酸所氧化,溶于有机溶剂和脂肪类物质,可被生物体吸收。用于 PVC 树脂增塑剂种类较多,不同的增塑剂,对材料的性能也有较大的影响。如环氧四氢邻苯二甲酸二辛酯,作增塑剂又兼稳定剂,对薄膜的吸水有明显的改善,而且又能减少薄膜生长霉菌,但是它在加工初期易变色,在水中析出也较多,丁酰柠檬酸三己酯吸水很大等。

可用于输血器材的主要增塑剂有:

1. 邻苯二甲酸酯类

邻苯二甲酸二(2-乙基己)酯(DEHP)是邻苯二甲酸酯类增塑剂中的一种。

DEHP 是 PVC 塑料中广泛使用的增塑剂,是 PVC 塑料中除树脂以外的主要组分,因此,它关系着医用 PVC 塑料的主要质量水平及安全卫生性。DEHP 是 di(2-ethylhexyl)phthalate 的缩写,化学名称为邻苯二甲酸二(2-乙基己)酯,简称 DOP,属于苯二甲酸酯类增塑剂。

DEHP 的急性毒性:急性毒性通常以 LD_{50}(半数致死量)表示,LD_{50} 是经口给予受试物后,预期能够引起动物死亡率为 50% 的单一受试物计量,该计量为经过统计得出的估计值。其单位是每千克体重所摄入受试物质的毫克数、克数或毫升数,即 mg/kg 体重、g/kg 体重或 mL/kg 体重。LD_{50} 数值越小,表示毒性越强;反之,LD_{50} 数值越大,则毒性越低。DEHP 的 LD_{50} 数据为:大鼠口服:30.6 g/kg;小鼠口服:30.0 g/kg;家兔口服:34.0 g/kg;大鼠腹腔注射:30.7 g/kg;小鼠腹腔注射:14.0 g/kg。按我国国家标准 GB 15193.3—2003《急性毒性试验》中 LD_{50} 剂量分级,大鼠口服大于 15 000 mg/kg 时为无毒。因此一般认为,DEHP 属于无毒级。然而,DEHP 的毒性作用一直被大家所诟病。DEHP 被认为是环境内分泌干扰物的一种,易溶于有机溶剂中,对动物和人体的睾丸、卵巢、肝脏、肾脏、心脏等脏器均有毒性作用。美国食品和药品监督管理局(FDA)发表的关于 DEHP 增塑剂 PVC 医疗器械安全性评价的研究报告认为,人类可耐受 DEHP 的安全限量(telerable intake,TI)值为 600 μg/kg,日本厚生省发表的"医药和医疗用品安全"第 182 号信息通报认为,人体可耐受的 DEHP 日摄入量为 40~140 μg/kg,并在 2002 年发表的"医疗和医疗用品安全"通告中劝告医务人员不要使用含 DEHP 的 PVC 医疗用品。

由于增塑剂本身的特点,PVC 塑料在接触强氧化性化学物品时易被氧化,在碱性环境下会部分水解,析出絮状物质;接触有机溶剂如乙醚、丙酮、四氢呋喃、乙醇等易析出,使制品变硬;接触脂溶性药物会少量吸收(如四环素等)制品因而被染上色泽。

2. 柠檬酸酯类

低分子量的柠檬酸酯类无毒,早在20世纪50年代就开始被用作PVC增塑剂,但它的其他性能不够理想;80年代开发了分子量高的酰基化柠檬酸酯、环氧化柠檬酸酯等与PVC配合制成性能良好的塑料,这种塑料无毒或毒性很低,相容性、耐水性、耐油性及透氧性均明显比邻苯二甲酸酯类增塑剂好,因此较多用于食品包装塑料,近几年开始引入制备医用PVC塑料中。

据国外文献报道,DEHP对红细胞保存有利,但对血小板保存有害。为解决这一问题,很多学者做了大量的研究,并于20世纪80年代开发了性能较好的柠檬酸酯类增塑剂,如A-6/10/12(乙酰化柠檬酸三乙酯)、乙酰化柠檬酸三正丁酯、乙酰化柠檬酸三(正辛、正癸)酯、环氧柠檬酸苄辛酯、丁酰柠檬酸三正己酯(BTHC)等,均可单独或组合作为增塑剂与PVC相配,制成医用袋或医用导管,特别是适用于制作血小板保存袋。

3. 偏苯三酸三辛酯类

偏苯三酸三辛酯(TOTM)等为20世纪80年代初文献推荐使用的产品,可提高PVC血袋透氧性。用TOTM为主体增塑剂制成的PVC血袋,保存血液后不仅使增塑剂在血液中的抽出量减少(据文献报道TOTM抽出仅为DEHP的1/30),且制品透氧性能增大,适用于保存血小板,但对保存红细胞欠佳(仅21 d)。这一问题可以通过含有不同助剂的血袋组合成多联袋加以解决,即多联袋中除PVC-DEHP采血袋外,可以另接一只PVC-TOTM血小板保存袋,前者保存红细胞,后者保存血小板。

4. 环氧豆油

环氧豆油是一种新型增塑剂,由于它具有独特的环氧基团,因此又对PVC树脂具有良好的稳定作用,再加上它结构上的特点,还具有一系列作为增塑剂所需要的性能,如有极低的蒸汽压、优良的耐热、耐光及良好的相容性,还有一定的耐寒性等,因此是一种良好的兼具稳定与增塑作用的助剂,而且毒性极低,因此发展很快,广泛用于食品包装材料和医用材料中。

5. 复合增塑剂

国内外学者对组合增塑剂也做了很多研究,如PVC-DEHP/TOTM、PVC-DEHP/A-8柠檬酸酯等。两种或两种以上的增塑剂组合使用,可有效地起到取长补短作用,例如:以DEHP为主增塑剂或以TOTM为主增塑剂的两种制品,它们对水浸液pH值的变化呈相反的作用,即前者使pH下降而后者使pH上升,两者组合使用并调整用量比例,就能使pH变化控制在所要求的范围内。一些柠檬酸酯和TOTM混合增塑剂也能起到相似的作用。

(二)稳定剂

稳定剂是一种能减少PVC树脂降解的化合物。PVC树脂在光、热和射线作用下,释放HCl,该释放物又进一步促进PVC树脂分解,发生连锁反应,更多地释放HCl,而聚合物本身则形成不稳定结构,在氧的作用下不饱和碳双键氧化、断裂并形成有色化合物,随着聚氯乙烯分子破坏程度的进行,其色泽由浅变深。通常透明无色的PVC塑料,随降解程度的增加颜色由微黄、浅黄、深黄、棕黄、棕黑、黑色依次变深。

稳定剂可通过吸收PVC树脂释放的HCl而减少PVC的进一步降解。稳定剂的作用机制极其复杂,通常把稳定剂的作用机制归纳为:

(1)稳定剂吸收中和PVC释放的HCl,而抑制了HCl的自动催化分解作用。

(2)稳定剂置换PVC分子中不稳定的烯丙基氯原子。

（3）稳定剂与 PVC 分子中多烯结构发生加成反应，破坏大共轭体系的形成，减少着色。

（4）稳定剂捕捉自由基，阻止氧化反应等。

实验表明，稳定剂本身及其反应产物的性质直接涉及 PVC 塑料毒性和制品的其他性能。如工业上通常使用铅、钡、镉的有机酸盐、有机锡化合物等，它们本身是重金属，对人体有害。它们在塑料中与 PVC 树脂分解释放的 HCl 反应，生成相应的氯化物。这些有害金属氯化物本身毒性也很大。虽然它们被包裹在塑料中，但当与枸橼酸盐类等抗凝液接触后，就不断从塑料中迁移到溶液内。有人曾观察到在制成的 PVC 血袋外表面涂一层含有五氯苯酚汞防霉剂，结果袋内抗凝剂中汞含量随保存时间的延长而增加。如袋膜中含二月桂酸二丁基锡，则袋内抗凝剂中锡的含量也随保存时间的延长而不断增加。因此，作为输血用 PVC 塑料的稳定剂，不但要求其本身无毒，而且要求其在塑料内的反应产物（如它们的氯化物）无毒，以及在抗凝剂介质中被迁移的速率低等。不同稳定剂对制品其他性能的影响也是很明显的。试验结果提示，在配方中加入有机锡，可使树脂稳定性好，热分解温度提高。但如加入量太多，析出量也增多，制成的产品其水浸液的 pH 值明显下降。如以钙、镁的硬脂酸盐作稳定剂，则制品水浸液的 pH 值升高，制品如内装盐水经灭菌后，其透明度就难以恢复。这说明不同稳定剂不仅与制品的性能有关，而且与制品内装物有关。此外，有的稳定剂还可能会引起溶血以及使制品水浸液中还原物质增高。

稳定剂的协同作用：两种或两种以上稳定剂同时组合使用，其效果有时可超过单独使用时各品种的简单相加之和，此即是稳定剂的协同作用。例如亚磷酸酯类单独使用并无稳定作用，但和金属皂类、环氧化合物组合使用可明显提高对光、热的稳定性和抗氧性；硬脂酸锌与 PVC 共混其前期热稳定性好、透明度好，但加热时间过长时，其色泽很快变深；而硬脂酸钙加热初期对色泽无作用，但加工后期稳定性好，有明显的防止变色效果，当硬脂酸锌与硬脂酸钙组合使用时，即可达到相互取长补短的作用。硬脂酸铝、硬脂酸锌为两性金属，对调节制品水浸液的 pH 和提高加工后期热稳定性都有明显的效果，将它们适当地组合起来，用其所长避其所短，可达到十分理想的效果。目前输血用 PVC 塑料大都采用两性金属皂类，或钙/锌复合液体稳定剂，及环氧豆油、亚磷酸酯等，组合使用后效果令人满意。值得一提的是，在使用过程中对同类稳定剂中不同品种和同一品种的不同质量及数量上的配比，都有可能产生很大的差别，甚至可能成为成败的关键。因此，必须经严密的设计、反复实验、分析总结后才能选用。

（三）润滑剂

PVC 树脂在成型加工过程中存在两种摩擦，一种是加热熔融时聚合物分子间的内摩擦，另一种是聚合物熔体与加工机械表面的外摩擦，这两种摩擦的结果使熔体的流动性降低，并使制品外观毛糙等。因此，为了改善这些情况而加入的物质称为润滑剂。润滑剂按作用不同分为内润滑剂和外润滑剂两种（所谓内、外润滑剂之分是相对的）。内润滑剂是与 PVC 树脂有一定程度相容性的物质，该相容性在常温下小，而在高温下大，减弱了 PVC 大分子间的内聚力，减少内摩擦，使熔体黏度降低，流动性增加。外润滑剂是与 PVC 树脂相容性差的物质，在加工过程中，易于从聚合物内部析出到受热的金属加工机械表面，黏附于设备，形成一层很薄的"润滑"薄膜，这样，熔融的聚合物就不易黏在设备上，且制品外表光滑、漂亮。一般用硬脂酸、硬脂酸甘油酯作内润滑剂，石蜡、硅油作外润滑剂。加入石蜡稍有滑爽感，但存在使制品的水浸液中还原物质增多等问题。如加入聚乙醇，滑爽好，但其分子结构中含有大量—OH 基，使吸水性加大，制品很快发雾，且为水溶性，在水中析出增多。在输血用 PVC 塑料中大都加入硅油，一方面在加工过程中起润滑作用,另一方面也有利于减少制品在保存血小板时其表面对血小板的黏附。

(四) 螯合剂

螯合剂如亚磷酸三苯酯、亚磷酸苯二异辛酯等,虽然本身不是稳定剂,但是能"螯合"稳定剂产生的金属氯化物,抑制该金属氯化物对 PVC 的分解作用。因此它是抑制稳定剂的稳定剂,同时具有抗浊作用,能增加制品的透明度。

四、输血用 PVC 塑料存在的问题及解决方法探讨

PVC 树脂具有多种独特的性能而适于作输血器材,但存在低温易脆裂、高温易粘连、有增塑剂等助剂析出问题,值得深入研究。

(一) 低温脆裂

PVC 树脂由于其存在低温脆性大、弹性小等众所周知的缺点,不能适应医用低温技术发展的需要。特别是作为输血新技术的容器,在低温离心、保存、运输中破损多,造成了宝贵的血液资源浪费,阻碍了输血新技术的快速发展。国外学者曾研制了聚氨基甲酸酯与 PVC 共混、乙烯-醋酸乙烯酯共聚物(EVA)- PVC 接枝、改性聚乙烯等而解决了上述问题,但由于成本高等其他各种原因,至今未见生产应用。用聚乙烯(PE)制成的血浆瓶,虽理化性能很好,但存在结构复杂、加工困难、密封性不理想且体积大而硬、使用时需排气等问题。

高聚合度 PVC 树脂(简称 HP - PVC,聚合度大于 1 700),国外于 20 世纪 70 年代开始研制。我国起步稍慢,于 20 世纪 90 年代初有小批量生产。HP - PVC 是以其优良的高弹性、耐低温性、热稳定性而日益受到人们的关注,并首先开始应用于制冷器密封圈、电线、电缆中。

HP - PVC 树脂由于具有较大的结晶度和无规分子链间缠绕点增加而产生类似交联结构,使大分子间的滑动困难,压缩永久变形降低,弹性增加。由于分子量增大,分子间范德华力和分子内化学键结合力增加,而获得优良的耐寒性和热稳定等。20 世纪末上海科研技术人员将 HP - PVC 引入输血用 PVC 塑料中,对提高血袋的耐低温性和弹性取得了较为理想的效果。参见本书第十一章第四节《医用耐寒弹性聚氯乙烯塑料(MCRE - PVC)及其血袋制品》。

(二) 高温粘连

软质 PVC 塑料在加工、储存、受热等过程中,特别是经高温灭菌后,会出现严重粘连而无法应用的问题。其原因目前尚未完全清楚,有人认为是由于树脂或塑料中所含的低熔点物质扩散渗出到薄膜表面,受压受热后造成粘连;也有人认为粘连是由于静电或过于光滑的薄膜表面之间形成真空所致。普遍采用的解决方法是在制品内表面压花(条纹、网格等),这种方法虽然可基本解决粘连问题,但易影响薄膜厚度的均匀,易引起强度差异和血液有形成分的嵌入。20 世纪末,上海市血液中心开始研究,用改性 PVC 塑料解决其粘连问题。主要是采用共混(或混配)法,将两种或两种以上的高分子材料进行共混,使共混物具有新的性能,这是较为经济实用的方法。实验证明:在输血用 PVC 塑料加工配方中,加入聚烯烃类塑料,可使制品表面形成微细均匀凹凸状新材料,有望解决粘连问题。这是因为不同的高分子材料相容性不同,当加入量和品种适当时,可使 PVC 化学性能和其他主要的物理性能等保持不变;而制成的共混物可达宏观上均相,微观和亚微观上非均相,这时薄膜的表面将呈均匀雾状的微细凹凸,当其受高温作用时,介面不再呈均相重叠而达到抗黏,且薄膜厚度的差异可以忽略不计。详见本书第十一章第四节《医用耐寒弹性聚氯乙烯塑料(MCRE - PVC)及其血袋制品》。

为进一步解决血袋外表面的相互粘连问题,使血袋工序"一次灭菌"成为可能,除考虑表面改性、加入不同的高分子材料外,还可选用新型助剂制造新品种塑料加以改善。

(三) 增塑剂迁移(主要指 DEHP)

PVC 塑料原是一个很优良的品种,但用于制造输血器材,却是一个最有争议的品种,其主要原因是存在增塑剂迁移的问题。

(1) PVC 袋内水溶液经灭菌、保存,袋内液体 DEHP 含量很低,且不随保存时间的延长而增加,这主要是由增塑剂难溶于水决定的。

(2) 邻苯二甲酸酯类增塑剂在自然环境中广泛存在。

用邻苯二甲酸酯类增塑剂制成的 PVC 塑料广泛用于人类生产和生活各个方面。据有关资料报道,海洋表面的空气中含 DEHP $0.4\sim3.0\,\mu g/m^3$,安第斯山和纽约市空气中 DEHP 浓度达到 $10\sim17\,\mu g/m^3$,加拿大汉密尔顿市空气中浓度则高达 $300\,\mu g/m^3$,因此河水和许多食物均含有 DEHP。在日常生活中 DEHP 是墙壁涂料的溶剂也是墙纸的成分之一,室内空气中可达 $5\sim20\,\mu g/m^3$,室内放置 $8\sim10\,d$ 的蔬菜可累加到空气中浓度的 1 000 倍。研究人员经测试发现即使没有输过塑料袋装血的健康人,体内器官中也有 DEHP 的积累。

(3) 塑料血袋薄膜中 DEHP 对血液的污染:塑料血袋薄膜中的 DEHP 虽然在水溶液里的含量很低。然而 1970 年英国科学家 Jaeger 和 Rubin 指出输过塑料袋装血的人体组织中检测到 DEHP 的存在,即在全世界范围内掀起了对塑料输血袋安全性的疑问。此后世界各国科学家历经多年时间,投入了大量财力、物力研究了塑料输血袋中 DEHP 的迁移规律,以及毒理学、病理学等,积累大量的试验资料,主要的论点如下:

1) 据国外学者大量实验结果表明,血液保存在玻璃瓶中测不出 DEHP,但全血保存在塑料袋中能测出 DEHP,其量随保存时间的延长而增加(ACD-A 全血保存 14 d 平均为 23 μg/ml,21 d 为 46 μg/ml),其大部分进入血浆的 DEHP 有 80% 以上集中在各类脂蛋白成分上;经 4℃保存的血浆中发现有大量的 DEHP,而冰冻血浆中的含量明显较少,为 $[(7.4\pm2.8)\,\mu g/ml]$;且未发现随保存时间延长而增加,室温保存血小板和 4℃保存血小板,其结果也是前者明显增高;浓缩红细胞在保存过程中 DEHP 的积累比全血明显低。

综上所述,血液或血液成分保存在 PVC 血袋中发现有 DEHP 的迁移,并随保存时间的延长和温度升高而增加,一般在全血、血浆、浓缩血小板中 DEHP 量较高,而在其他血液成分中含量较低或极微。

浓缩红细胞在保存过程中 DEHP 的积累比全血明显降低,保存第 1 周后 DEHP 积累较低,甚至保持不变,到第 6 周时,全血中 DEHP 的含量(ACD-A 方抗凝液)为 $(7.06\pm0.71)\,mg/100\,ml$,$(7.26\pm1.39)\,mg/100\,ml$(CPD-A 方抗凝液),大约是浓缩红细胞[ACD-A 方 $(2.29\pm0.62)\,mg/100\,ml$,CPD-A 方 $(1.96\pm0.25)\,mg/100\,ml$]的 3 倍以上(Miripel,1977 年);也有报道浓缩红细胞保存 3 周 DEHP 为 $3.9\sim4.5\,mg/100\,ml$(Sasakawa,1978)。浓缩红细胞经洗涤以后,大部分的 DEHP 被洗除,在 4℃保存 24 h,DEHP 为 $(0.11\pm0.17)\,mg/100\,ml$、保存 3 d 为 $(0.2\pm0.16)\,mg/100\,ml$;如用红细胞连续流动离心机洗涤,经保存 33 d 的全血,大约 98% 的 DEHP 可以从全血中移去。冰冻保存的红细胞,在融化后的悬浮液中所得到的 DEHP 与冰冻以前相比没有明显的差异(Contrers,1974;Liotta,1978;Valeri,1976)。

2) 血小板中的 DEHP:DEHP 主要在富含血小板血浆和浓缩血小板的悬浮液(PC)中积聚,而在贫血小板的血浆(PPP)以及经洗涤的血小板中,仅含有微量的 DEHP(contreras,

1974；Liotta，1978；Valeri，1973/1976）。血小板保存在 PVC 血袋内于室温保存和 4℃ 保存的研究结果表明，室温保存的血小板的 DEHP 水平比保存在 4℃ 时要高得多（Josephsoh，1978）。

3）血浆中的 DEHP：ACD 和 CPD 两种抗凝液全血，经 4℃ 保存后制备血浆，发现在血浆中有大量的 DEHP 积聚，每天约为 1 mg，在冰冻血浆中 DEHP 为 $(7.4\pm2.8)\mu g/ml$，其量和保存时间未发现明显差异。

4）血浆衍生物中的 DEHP：在低温沉淀物中 DEHP 平均量为 $(6.7\pm4.6)\mu g/ml$，其量与保存时间无关，在冰冻低温沉淀物中 DEHP 水平很低（小于 $1\mu g/ml$）。

关于 DEHP 对人体是否存在潜在毒性问题，这始终是一个有争议的问题。不过，绝大多数研究者认为，PVC 血袋已经长期而广泛的使用，还未发现对人体健康有害。某些研究者认为，之所以未发现对人体健康有害，主要与动物模型模拟的试验方法所采用的给药剂量、方法和途径不符合临床输注的真实情况有关（Josephson，1978；Kevy，1978；Peck，1978）。同时由实验证明，塑料袋血中的 DEHP 有少量分布于红细胞膜上，对膜有增塑作用，能降低膜的脆性而延长了红细胞的体外保存。然而也有学者认为，塑料袋血中的 DEHP 对血小板保存不利，降低了血小板的低渗休克反应和聚集反应（这个问题，目前已能较好地解决）。总而言之，人们期待有更先进的科学技术，进一步证明其对动物、机体有无潜在毒性，同时人们终究还是希望有更新、更好的材料来取代含有 DEHP - PVC 的医疗制品。

第三节　其他常用的塑料输血器材原材料

一、乙烯-醋酸乙烯酯共聚物(EVA)

结构式 $\left[\left(CH_2-CH_2\right)_X\left(CH_2-CH\right)_Y\right]_n$
$$\begin{array}{c}\big|\\ O\\ \big|\\ C=O\\ \big|\\ CH_3\end{array}$$

据有关资料报道，瑞士红十字血液中心采用 EVA 作输血器而避免了增塑剂析出的问题。国内用 EVA 作液氮中保存容器，也可制成经化学灭菌的机采血浆、血小板保存容器、紫外线透疗血液容器等。EVA 透明度好，有一定的柔软性，化学性能更好，非常适用于作输血器材。其最大的缺点是不耐高温蒸汽灭菌，使其扩大应用受到很大限制。目前只能采用环氧乙烷或射线辐照灭菌，灭菌后还可按其用途不同与 PVC 血袋组合使用。

EVA 以其 VA 含量的不同而分成不同的品种，含量越高，其透明度和柔软性越好。

二、聚烯烃

高密度聚乙烯（HDPE）、低密度聚乙烯（LDPE）、聚丙烯（PP）等化学性能优良，无增塑剂迁移之忧，HDPE 还能耐高温灭菌，主要缺点是硬，透明度不好。国外机采血浆大多用 HDPE 制成的塑料瓶，国内则普遍作外包装袋。血袋的外包装袋较多的是用聚酯/未拉伸聚丙烯复合膜制成。它一方面具有良好的热封性(由聚丙烯薄膜提供),另一方面又具有强度高、防潮阻隔性好(由聚酯薄膜提供)的特点,同时又可耐高温灭菌。这些材料除了用作外包装袋,还可制作输血器材的各种零配件及滤器的外壳等。此外尼龙、聚碳酸酯也常被选用制作外包装袋或配件。特别是聚碳酸酯,它是用于制作离心杯、滤器外壳的优良材料。

改性聚丙烯作为五大通用合成树脂之一,具有机械性能好、无毒、相对密度低、耐热、耐化学药品、容易加工成型等优点,且成本低,为五大通用合成树脂中增长最快、新品开发最快、最活跃的品种。而常用聚丙烯的卫生性能不能满足医用要求,而且透明性差。透明性差主要是入射可见光的散射和折射造成的。散射是聚丙烯中结晶相与非结晶相共存的结构不均匀性造成的;而折射是由于聚丙烯熔体冷却过程中结晶的晶粒尺寸较大,当大于可见光的波长时就会造成入射光的折射。提高聚丙烯的透明性主要是通过控制和诱导聚丙烯熔体在冷却时的结晶过程,减小球晶尺寸,改善结构的均匀性来实现的。另外,将成核剂等有助于透明的助剂预先制成母料,通过特定工艺制成,使聚丙烯的透明性、光泽度、刚性、热变形温度及成型温度和成型周期等都可得到显著的改善,从而大大拓宽了聚丙烯的应用领域,使其可广泛应用于医用注射器、食品容器、家用储藏器、各类包装等方面。目前有专家和科研技术人员正在应用茂金属、改性橡胶、聚乙烯、增韧剂等进一步应用物理、化学方法(如共混、接枝等)来改性聚丙烯,有望在输血器材领域得到更为良好的应用。

三、复合薄膜

输血(液)塑料用量大,品种多,性能差异大。例如,PVC 塑料性能好,但对助剂的安全性还存在一些争议。聚乙烯塑料无论是原材料价格还是加工成本都有很大的优越性,但透明性和阻隔性尚有不足等。为此有的公司生产三层或五层聚烯烃塑料复合膜,如:Otsuka Pharmaceutical Factory(大塚制药工场)制成的输液容器为五层复合膜。该膜的中间层聚丙烯,内外两层为中密度聚乙烯,两个夹层为共聚型低密度聚乙烯。成形后的五层复合膜兼具几种塑料的优点,具有较好的热稳定性、阻隔性、强度、透明性和密闭性。20 世纪末,国内开始应用多层共剂复合薄膜制作大输液袋,且发展十分迅速。但是血袋的性能要求更高。由于保存红细胞、血小板必须有较好的透气性,不适宜使用上述复合薄膜。

第三篇
塑料输血器材分类及性能

·第七章

塑料输血器材分类

第一节　塑料血袋分类

一、传统型血袋系统和新型血袋系统

　　血袋系统按适用于传统的献全血和适用于现代的献成分血分为传统型血袋系统 和新型血袋系统两类。传统型血袋系统用以将献血者的一个单位的全血一次性采入血袋系统中,然后经分离杯分离,储存后输注给患者。而新型血袋系统是将献血者的全血采入血袋系统中,在不"离体"的条件下进行分离,再把不需要采集的成分回输给献血者,如此经多个循环,共采集一个单位的成分血。新型血袋系统设计成与血液成分分离机器配合使用。不管是传统型血袋系统还是新型血袋系统,其中包含的下列组件被称之为特殊组件:去白细胞滤器、献血前采样装置、顶底袋、血小板贮存袋、防针刺保护装置等组件。新型血袋系统采集的成分血也可能需要进行后续处理,如对血浆再进行病毒灭活等。

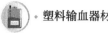

二、单联袋和多联袋

血袋根据连接袋体的数量又可分为单联袋和多联袋。前者是用于血液采集、储存、输注;后者为单联袋连有数个转移袋,除了血液采集、储存、输注外,主要用于血液成分的分离、转移、处理。多联袋按连接转移袋的数量分为:双联袋、三联袋、四联袋等。

三、按处理血液成分区分的血袋

主要有:含去白细胞滤器多联袋;含病毒灭活滤器的多联袋;紫外线透疗血液容器。

四、按储存血液成分区分的血袋

有一定透气性要求的血小板保存袋,用于室温保存血小板。

有一定耐寒性、弹性的塑料血袋,用于冰冻保存血浆和减少离心破损。

有强耐寒性的深低温(−196℃)保存袋、脐血保存袋,用于液氮保存骨髓细胞、脐血、组织细胞等。

第二节　塑料输血器分类

塑料输血器分类:

(1) 重力型输血器(按过滤器网孔大小或过滤面积规格不同可再分型):

有国家标准 GB 8369.1—2019《一次性使用输血器　第 1 部分:重力输血式》。

(2) 泵用型输血器:

有国家标准 GB 8369.2—2020《一次性使用输血器　第 2 部分:压力输血设备用》。

第八章

塑料输血器材结构

第一节 塑料血袋结构

一、塑料血袋的结构

塑料血袋结构特点是：袋体、采血管、采血针、保护帽、输血插口组成一体，连成一个完整的密闭系统。袋体由柔软的聚氯乙烯薄膜制成，袋内空气可在灭菌前排出，因而能保证采集、处理、分离、贮存和输注血液过程中，其内腔不需与外界空气相交流，采血袋内装血液抗凝剂。

（一）结构

根据袋体的个数又分为单袋、联袋；根据所携带的配件又分为含特殊组件的联袋等。

（1）单袋：结构比较简单。最初的单袋采血器与血袋是分开的。这种袋早年在我国使用了很长时间。之所以采血器和血袋分开，是由于受当时生产工艺条件和零配件材料及质量不符要求的限制，是一种权宜之计。它最大的问题是使用前要在无菌室连接采血器而破坏了容器的密封性。直到 20 世纪 90 年代初，血袋和采血器连接成一体的单袋（采血器和血袋相连的单袋称单联袋）才开始大面积生产和应用（图 8-1）。

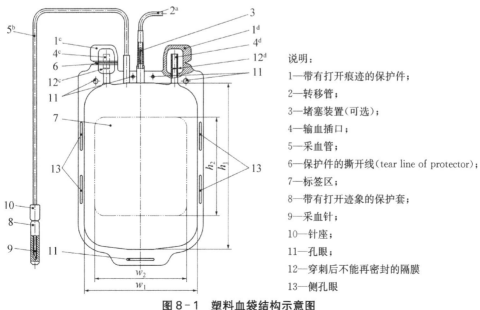

说明：

1—带有打开痕迹的保护件；

2—转移管；

3—堵塞装置(可选)；

4—输血插口；

5—采血管；

6—保护件的撕开线(tear line of protector)；

7—标签区；

8—带有打开迹象的保护套；

9—采血针；

10—针座；

11—孔眼；

12—穿刺后不能再密封的隔膜

13—侧孔眼

图 8-1 塑料血袋结构示意图

(摘自 GB 14232.1—2020)

（2）联袋：其结构见第十四章第一节《采血（包含血液成分分离）》中图示（图14-5、图14-6、图14-7、图14-9和图14-10）。为防止采血袋内抗凝液或转移袋内保养液外流，其转移管内设置有阻塞件。目前国内外使用较好的是一种折断即通阻塞件（俗称折断式内通管）。该管的结构有特定的要求，它一端为开口的管腔，另一端为一盲管。制造血袋时，将折断式内通管放置于血袋的转移管内（管腔向下）。它一方面要使管腔壁与转移管内壁紧密配合，以保证其在灭菌、保存、使用过程中均无渗漏；另一方面又要使盲管的外壁与转移管的内壁之间有足够的间隙，使盲管被折断后袋内血液或其他液体能畅通流出。这种管件的选材也十分重要，首先要有一定的脆性以保证产品在使用时易折断，又要有适宜的韧性，使产品在保存和运输过程中不得自动断开。

（3）含去白细胞滤器的多联袋，结构如图8-2示，系全血分离用去白细胞滤器应用示例图。这种多联袋是在四联袋转移管上（近采血袋）含有去白细胞滤器，这种高效率的滤器，大都用多层聚酯纤维无纺布制成，可滤除血液中99.9％的白细胞，最好的能滤除99.999％的白细胞。

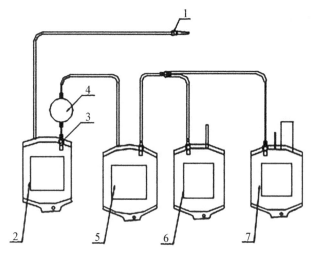

图8-2　含有去白细胞滤器的多联袋

1—采血针；2—采血袋；3—折断式内通管；4—去白细胞滤器；
5,6,7—去白细胞血液成分分离（贮存）袋

（二）血样识别

塑料血袋的设计还应具有为实验室检验提供正确无误的试样，并且取样后又不会破坏塑料血袋的密闭系统。目前通用方法是在采血管、转移管上标不会引起混淆的号码组，同一套塑料血袋，管路中号码组数字相同；不同套塑料血袋间管路上号码组不可相同。号码组字样经灭菌、贮存后仍应清晰完整。

（三）出口

塑料血袋为保证血液或血液成分的输注，应有一个或多个出口（即输血插口）。该出口由出口管和保护装置组成。出口管内具有一个可穿刺、穿刺后不能再密封的隔膜。出口管管口必须能与符合国家标准的输血器的瓶塞穿刺器连接，且插入处在使用条件下，包括加压排空条件下无泄漏。出口管隔膜下方长度应适当，以保证瓶塞穿刺器的尖端（或金属针尖）留在管内，而避免与血袋接触刺破袋壁。每一个出口管都必须有保护装置，使其保持密封、无菌，且使用时易无菌打开，一旦打开就留有打开的痕迹。

二、塑料血袋的规格

塑料血袋的规格主要参考早先的输血玻璃瓶的尺寸。玻璃瓶的容量由三部分决定：采血量＋抗凝剂量＋10％空间。如200 mL玻璃瓶容量的计算＝200 mL血液＋50 mL抗凝剂＋25 mL空间＝275 mL，因此玻璃瓶的尺寸定为：瓶高度＝158 mm，内径＝58 mm，外径＝63.5 mm，周长＝63.5×3.14 mm≈200 mm。200 mL采血袋的尺寸与上述玻璃瓶尺寸相近，其周长约为220 mm（即袋体宽度110 mm），高度160 mm（袋体的净高度140 mm）。200 mL采血袋袋体内部尺寸110 mm×140 mm，也是GB14232—93的推荐尺寸（按需要可适当加减）。

三、血袋上采血器管路内径

国家标准规定采血器管路内径不得小于2.7 mm，但是目前国内采血器管路内径通常为4.0 mm。根据管内流动液体，在压力相同的条件下，单位横切面的流量相同，流速取决于流路中横切面最小的部位。血液通过采血针经采血器管路进入袋内，这一连续流动液体流路中最小的横切面是采血针，因此采血流速主要取决于采血针内径。而目前国内外通用的采血针，其外径为1.6～1.8 mm，最大的也不超过2.0 mm。但采血器管路内径，国外通用2.7 mm（已大于采血针外径），国内仍用4.0 mm（主要是使用习惯使然）。虽然较小的管径对流体的阻力会有所增加，但却很小，对采血流速的影响可以忽略不计。实验及国外长期采血实践均已证明，采血器管路最小内径用2.7 mm较好。这一规格如能统一，那么使用国内外的所有输血器均可连接，十分方便。

第二节　塑料输血器结构

常用的塑料输血器的结构特点如图8-3所示。其功能是滤除血液中可能存在的血液小凝块、微聚体等。

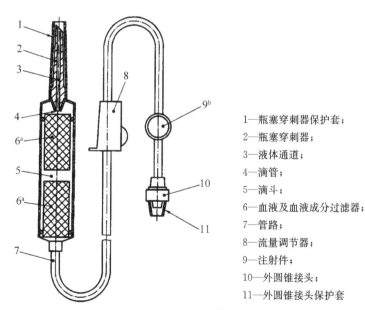

1—瓶塞穿刺器保护套；
2—瓶塞穿刺器；
3—液体通道；
4—滴管；
5—滴斗；
6—血液及血液成分过滤器；
7—管路；
8—流量调节器；
9—注射件；
10—外圆锥接头；
11—外圆锥接头保护套

图8-3　通用型输血器
（摘自 GB 8369—2005）

（1）输血器品种虽很多，但结构组成基本一致，使用方便。图 8-3 所示的输血器为通用型，这种输血器的滤网平均孔径为 $200\pm30\,\mu m$，面积为 $20\sim35\,cm^2$，一般只能滤除小凝块，如用平均孔径 $20\sim40\,\mu m$ 的滤网制成的过滤器，就能滤除血液中大部分微小凝块。此外可根据医疗需要，按过滤面积、网孔规格、穿刺器种类、结构和数量，进行新型的系列设计（过滤面积以大一些为好，但有效的过滤面积的加大是受滴管大小的限制）。

美国 Fenwal 公司生产的输血器有 40 多种。①Y 型：具有两只穿刺器（由一只三通连接）；②直型：只有一只穿刺器，网状滤网为大孔径（$170\sim260\,\mu m$）；③多枝型：由多只穿刺器组成；还有小儿输血器、快速输血器。

（2）特殊型塑料输血器，如美国 Fenwal 公司生产的特种微型过滤器，其滤网一般由三部分组成，第一部分为针织网，允许小于 $250\,\mu m$ 的颗粒通过；第二部分与第三部分为不同品种的泡沫塑料，分别允许大于 $150\,\mu m$、$20\,\mu m$ 的颗粒通过该滤器，如加压输血，每分钟的流速可达 100 毫升。如和多个注射接头相连接，可用于小儿输血及血液成分输血。

（3）国内新开发的输血器，有安全型输血器、精密输血器、新生儿专用输血器、输血/输液器和多功能采输血器。参见本书第三章第二节《新型塑料输血器材》。

第九章

塑料输血器材性能

第一节　塑料血袋性能

一、塑料血袋物理性能

（一）一般性能

塑料血袋通常呈无色或微黄色，单层薄膜厚度为 0.4～0.5 mm。为避免袋壁间粘连，其内表面有吹塑花纹和压延花纹两种形式。

（1）吹塑花纹：模芯刻花，吹塑成形，制成内表面纵向条纹花，其特点是制造过程内表面不直接与室内空气接触，因而较洁净，对不经清洗直接装药液的工艺很有利。

（2）压延花纹：压延薄膜辊压制花（圆点、网格等），其优点是薄膜厚度均匀。

（3）管路表面：塑料血袋上采血器管路和转移管内表面光滑，以确保与三通等接管黏接牢固。对管路的外表面是否制成花纹，可依据需要进行试制，以解决高温灭菌时管路表面与袋体粘连问题。

（4）强度：血袋薄膜的强度（按横断面计）室温下高达 160 kg/cm²，并随温度的升高而降低，当温度升高至 110℃ 以上时强度急剧下降。其柔软度随温度下降而降低。0℃ 以下时变硬、易破，但在静态条件下放置，即使温度降至 −40℃，也不会引起血袋破裂，−80℃ 静放也可以保持完好。制作血袋的塑料材料不像橡胶那样富有弹性，若被针刺穿后不能自行封闭。因此，使用时应注意，需防止尖刺物接触血袋（采血针、剪刀等）以避免刺破血袋薄膜。

（5）吸水率：国家标准 GB/T 15593—2020《输血（液）器具用聚氯乙烯塑料》规定输血用塑料：吸水率≤0.3%。对塑料材料而言，吸水率应尽可能小。因为吸水率大小直接涉及制品的透明度和机械性能，特别是对塑料血袋蒸汽灭菌后能否很快恢复透明、以及在高潮湿条件下能否保持基本透明至关重要。

（6）水蒸气透出：传统型血袋国家标准规定：无外包装的塑料血袋在(4±2)℃ 等规定试验条件下放 42 d，水分损耗应不大于 2% 的质量分数，这是对塑料血袋的要求。这项指标关系着采血后水分的挥发，如装有抗凝剂或保养液等药液时，更关系到药液内各成分含量是否稳定。

吸水量和水蒸气透出量是血袋在不同条件下的两个物理表现术语，是由材料的性质所决定，一般吸水量大，水蒸气透出量也大。吸水量是指规定尺寸（称重）的血袋薄膜片在恒温水浴中吸收水的量。当薄膜片浸入水中，水分子即进入薄膜，进入量随时间逐渐减小直至饱和（即水分子进入和释出的量达到平衡）。达到饱和后的薄膜片重量的增加（薄膜浸水后的总量减去浸水前的量）即为吸水量；水蒸气透出量是指血袋内表面装入水溶液后，或在某种条件下（灭菌等）已吸水后的血袋中水分子向空间扩散的量(也可用减重法测得)。血袋制品水蒸气透出量虽然主要由膜材决定,但还与其他因素,如外包装、保存温度和湿度、装量、放置状态等有密切关系。

(7) 空气含量:塑料血袋内空气含量应尽可能少(国家标准规定为 15 mL/袋)。如袋内空气含量太多时,将影响血袋的机械强度和采集流速。因为塑料血袋灭菌时,灭菌锅内温度逐渐升高(除袋内液体沸腾、内压升高外),袋内空气体积也不断增大、血袋膨胀、强度下降;当灭菌锅内温度升到 100℃后,如锅内压力不稳定(压力下降),则空气体积迅速增大,血袋内压进一步升高,血袋就很容易变形甚至破裂;同时由于袋内空气含量过高,也会使采血流速受阻等。

(二) 密封性

塑料血袋最大的优点是密封性好,因而在使用过程中,能较好地避免被细菌污染。塑料血袋的密封性好坏,其关键在于生产工艺,如高频热合、化学黏合、配件连接、高温灭菌等过程的操作是否符合要求。

(1) 高频热合:聚氯乙烯是极性分子,具有较高的损耗因子,能够在高频电场下发生极化取向,形成极化电流,聚氯乙烯分子随即发热,达到黏流态时,再通过上下模具紧压,使两层塑料薄膜熔融成一体(热合)。这时,通高频时间、电流强度、加压强度、加压时间、薄膜厚度及其均匀性等都成为十分重要的因素,稍有操作不当就会影响热合质量,因此必须严格控制。热合前,设定上模为高频输出点,下模(固定在热合机桌面上)为高频零位点,当上模向下模紧压时,即形成电位差,构成电场,使两层聚氯乙烯薄膜分子运动,产生高热呈熔融状态,完成热合。而管和薄膜间的热合原理是,当插有金属棒的管体插入两层薄膜间后,有高频输出的上模与处于低电位的金属棒之间形成电位差,从而使导管上壁与上层薄膜完成热合;然而,金属棒与下模之间在热合时没有电位差,无法对导管下壁与薄膜下层进行热合。为此,必须对金属棒进行"通电",使金属棒与下模间形成电位差,从而使导管下壁与下层薄膜完成热合。上下两部分的热合过程实际是分步进行的,先对上模"通电",不对金属棒"通电",进行上部分热合;再对金属棒"通电",不对上模"通电",进行下部分热合。

(2) 化学黏合:塑料血袋化学黏合主要用于血袋采血器管路,或采血器、输血器的管路、多联袋中转移管、三通连接管、输血插口中的隔膜管等和二层薄膜之间的黏接。其方法是用四氢呋喃或环己酮溶剂以及这些溶剂配成的聚氯乙烯溶液,涂在需连接部位,使溶剂分子进入聚氯乙烯分子间,发生溶解作用,被黏部位的聚氯乙烯分子互相流动、交联在一起,待溶剂挥发即完成黏合。化学黏合操作方便且洁净,但溶剂有低毒性并有特殊臭味,应设置适宜的通风橱,使空气中溶剂的含量符合要求;另外如操作不当,可能会影响到黏接牢度,造成制品渗漏,密封性不好。主要原因是被黏部位溶剂分布不均匀或滞留的溶剂量太少。为此在被黏部位,必须留有较大的空间。如在热合模具设计时,使热合管腔——即上下模合在一起时,中心的那个腔,呈"喇叭"形,在喇叭的上端空间较大,化学黏合时,可容纳较多的溶剂。

(3) 配件连接:塑料血袋与连接的配件,各连接点必须保持密封,在加压排空等条件下无泄漏。市售产品在接口处出现渗漏,主要原因是配件质量有问题,如表面光洁度不够、规格不符要求,造成匹配性不好等。

(4) 高温灭菌:含有抗凝剂或保养液的塑料血袋是无菌产品,强制实行 GMP 管理,产品最终灭菌。塑料袋的强度因随温度升高而降低,当温度升至 100℃以上时,强度急剧下降,同时袋内液体受热时,内压力增大。当温度达 121℃时,其内压可逐渐达到 3～5 大气压,这时如操作不当(特别是灭菌器内蒸汽压力不恒定时),血袋即迅速膨胀破裂。另外当灭菌结束进行反压降温时,如用压缩空气法,则空气压力要保持高于袋内压,使袋内液体不致汽化,否则血袋也立即膨胀破裂。有时上述过程结束时经检验,虽未见血袋破裂,但血袋在保存过程仍有渗漏,密封性不好,这多半是血袋存在薄弱环节,如热合、黏接质量不好、制作血袋的薄膜厚薄不均匀、有较大的晶点(鱼眼)等。这些缺陷在灭菌过程中又受到一定程度的破坏,使其处于临界断裂状态,经长期保存受压出现渗漏等。

(三)柔软性

聚氯乙烯树脂是一种强极性聚合物,分子间有很大的作用力,由于加入了高沸点的酯类化合物——增塑剂,将相互缠绕的大分子链松散展开,使坚硬的聚氯乙烯树脂转变为柔软的塑料。其柔软程度随增塑剂用量而变化,通常增塑剂用量越多柔软程度越好,输血用软质聚氯乙烯塑料中,增塑剂用量占 30% 以上,可使其制作的血袋可折叠。塑料血袋正因为有这种柔软性,在使用时可不与外界空气相交流。血液在灭菌前排出已进入血袋的空气,使其采集血液或输注血液时无须排除空气或进入空气,血液也能在静脉压和重力作用下进入袋内。同理,输血时血液在大气压和重力的作用下也能进入患者体内。传统型血袋是否能达到国家标准中有关"采集速度""加压排空"的要求,主要取决于塑料的柔软性。这一性能也是保证塑料血袋能简化结构、密封好、使用方便、减少细菌污染的先决条件。

二、塑料血袋化学性能

塑料血袋的化学性能比较稳定,一般都能符合国家标准要求。但当原材料质量不好,生产工艺有较大变动,特别是塑料配方有改变时,将不同程度地影响其化学性能。血袋的 pH 变化值、还原物质、增塑剂迁移等化学性能对这些波动比较敏感。

(一)酸碱度

聚氯乙烯树脂在加工受热或灭菌等过程释放 HCl,使制品水浸液的 pH 值下降。试验证明,辐照灭菌后其 pH 下降值大于高压蒸汽灭菌,且随辐照剂量的增加而增大。在 PVC 塑料配方研究中,为提高聚氯乙烯的热稳定性加入了稳定剂,所加稳定剂的品种、用量及品种间的组合对 pH 值的变化均有重要影响,如以硬脂酸锂为主的稳定剂引起 pH 值上升;以有机锡为主的稳定剂,则使 pH 值降低;用两性金属皂类(硬脂酸锌、硬脂酸铝等)或钙/锌混合液体稳定剂,再加环氧豆油可控制 pH 变化值在一定的范围内。

(二)还原物质

塑料血袋与还原物质关系较大的是塑料中助剂的质量,特别是稳定剂系统,最值得重视的是螯合剂的品种、质量、用量。参见本书第一章第五节《塑料血袋配方改进》。还原物质检测方法、指标在血袋标准 GB 14232—1993 版和 GB 14232.1—2004 版有较大变化,1993 版是用直接滴定法,其原理是:由于高锰酸钾是强氧化剂,在酸性介质中,高锰酸钾与还原物质作用,MnO_4^- 被还原成 Mn^{2+}。还原物质含量以消耗高锰酸钾溶液的量表示,指标是消耗(0.02 mol/L KMnO$_4$)溶液的量 ≤0.3 mL;2004 版是用间接滴定法,其原理是:水溶液中的还原物质在酸性条件下加热时,被高锰酸钾氧化,过量的高锰酸钾将碘化钾氧化成碘,而碘被硫代硫酸钠还原。还原物质含量以消耗高锰酸钾溶液的量表示,其指标是消耗$[c(1/5\ KMnO_4)=0.01\ mol/L]$溶液的量 ≤1.5 mL。GB 14232.1—2004 版化学性能还原物质等同采用国际标准 ISO 3826-1:2003 是经过大量验证的,参见本书第十五章第三节《血袋质量关键质控点》中的二、化学要求。(注:由于血袋标准自 2004 版起,有细分且总标题有变化。由"一次性使用塑料血袋"改为

"人体血液及血液成分袋式塑料容器"。这也是和 ISO 3826 同步修改)。

(三)醇溶出物

血袋中醇溶出物是一个综合指标,主要控制血袋中增塑剂 DEHP 的析出,其实醇溶出物也抽提了部分稳定剂和树脂中的不稳定单体等。醇溶出物的数值可反映血袋在贮血过程中 DEHP 的迁移,但醇溶出物的数值很敏感,与萃取剂乙醇溶液的浓度、浸提温度、浸提时间、薄膜面积与萃取剂的比值、血袋状态(灭菌前、灭菌后、空袋、液袋)等因素有关,萃取剂乙醇溶液的浓度越高(密度 ρ 越低),醇溶出物越多,《欧洲药典》规定使用萃取剂的密度为 $\rho=0.938\,9\sim$ $0.939\,5\,g/mL$,我国 1993 版血袋国际规定 $\rho=0.937\,3\sim0.937\,8\,g/mL$,比欧洲药典萃取剂乙醇溶液的浓度高;且《欧洲药典》醇溶出物指标是按袋体容量分段的($500\,mL$:$\leqslant10\,mg/100\,mL$;$300\,mL$:$\leqslant13\,mg/100\,mL$;$150\,mL$:$\leqslant14\,mg/100\,mL$),我国 1993 版血袋国际醇溶出物指标是不分袋体容量的,均 $\leqslant10\,mg/100\,mL$(与 ISO 3826:93 标准相同)。

上海市血液中心曾做过一项统计,将同样材料、同样容积的血袋加入不同体积的萃取剂检测醇溶出物,并换算成血袋单位面积萃取剂的量与醇溶出物的关系(表 9-1 和图 9-1)。可见:单位面积萃取剂的量越小(即同样薄膜面积加入的萃取剂量少),醇溶出物量越大。进一步的分析可以解释为什么大规格血袋的醇溶出物容易合格。见表 9-2,以 200 mL 和 400 mL 血袋为例,后者容积增大一倍,但薄膜面积未增大一倍[(414−306)/306=0.35]、萃取剂量却增

表 9-1 单位面积的萃取剂量与醇溶出物关系

样品 1 200 mL 袋加不等的萃取剂		样品 2 400 mL 袋加不等的萃取剂		样品 3 袋加不等的萃取剂		单位面积萃取剂的量
萃取剂(mL)/表面积(cm²)	醇溶出物(mg/mL)	萃取剂(mL)/表面积(cm²)	醇溶出物(mg/mL)	萃取剂(mL)/表面积(cm²)	醇溶出物(mg/mL)	
0.605	6.58	0.604	7.05	0.602	6.45	大
0.473	7.93	0.483*	7.99	0.483*	7.61	↑
0.408	8.92	0.423	8.78	0.325**	9.67	
0.326**	10.11	0.338	10.07	0.315	11.14	
0.229	12.06	0.242	11.32	0.253***	13.38	↓
0.163	19.01					小

注 1:样品 1 系 200 mL 血袋,内部尺寸 14 cm×11 cm 表面积 306 cm²,取 6 袋,分别加入 185、145、125、100、70、50 mL 萃取剂,萃取剂 mL/表面积 cm² 比依次为 0.605、0.473、0.408、0.326、0.229 和 0.163。其中 ＊＊者为 200 mL 血袋加入公称容量一半萃取剂 100 mL。

注 2:样品 2 系 400 mL 血袋,内部尺寸 18 cm×11.5 cm 表面积 414 cm²,取 5 袋,分别加入 250、200、175、140、100 mL 萃取剂,萃取剂 mL/表面积 cm² 比依次为 0.604、0.483、0.423、0.338、和 0.242。其中 ＊者为 400 mL 血袋加入公称容量一半萃取剂 200 mL。

注 3:样品 3 系三种规格血袋:

400 mL 血袋 2 个,内部尺寸 18 cm×11.5 cm 表面积 414 cm²,分别加入 250、200 mL 萃取剂,萃取剂 mL/表面积 cm² 比依次为 0.602、0.483;

200 mL 血袋,1 个,内部尺寸 14 cm×11 cm 表面积 308 cm²,加入 100 mL 萃取剂,萃取剂 mL/表面积 cm² 为 0.325;

100 mL 血袋 2 个,内部尺寸 11 cm×9 cm 表面积 198 cm²,分别加入 62.5、50 mL 萃取剂,萃取剂 mL/表面积 cm² 比依次为 0.315、0.253;

其中 ＊者为 400 mL 血袋加入公称容量一半萃取剂 200 mL。其中 ＊＊者为 200 mL 血袋加入公称容量一半萃取剂 100 mL。

其中 ＊＊＊者为 100 mL 血袋加入公称容量一半萃取剂 50 mL。

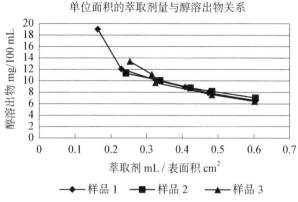

图 9-1　单位面积的萃取剂量与醇溶出物关系

表 9-2　按血袋公称容量一半加萃取剂的醇溶出物

袋体规格	内高*内宽 (cm)	内表面积 (cm²)	萃取剂 (mL)	萃取剂(mL)/ 表面积(cm²)	醇溶出物 (mg/mL)	袋体规格
400*	18*11.5	414	200	0.483	7.99	大
				0.483	7.61	
200**	14*11	306	100	0.326	10.11	
		308		0.325	9.67	
100***	11*9	198	50	0.253	13.38	小

注1：*、**和***同表9-1。
注2：取自表9-1数值。

大一倍,使得小规格血袋薄膜单位面积接触到的萃取剂量要少于大规格血袋(200 mL 为 0.326,400 mL 为 0.483),同样面积的薄膜接触的萃取剂量少,则析出的醇溶出物浓度就高。这表明相同材料制成的血袋,小规格的血袋加入公称容量一半的醇溶出物值要大于大规格的。

　　在 2003 年对 1993 版血袋标准中醇溶出物指标做了修改:300～500 mL:≤10 mg/100 mL;150～300 mL:≤13 mg/100 mL;≤150 mL:≤14 mg/100 mL。但萃取剂乙醇溶液的浓度没变,自 2003 年 7 月 1 日起执行。也就是醇溶出物指标参照了《欧洲药典》按袋体容量分段,但萃取剂乙醇溶液的浓度仍比《欧洲药典》要高,总体醇溶出物要求我国标准也高于《欧洲药典》。

　　随着对醇溶出物的不断认识,国际标准 ISO 3826-1:2003 对醇溶出物指标由≤10 mg/100 mL 改为 ≤15 mg/100 mL(不分袋体容量),方法同 ISO 3826:93(即萃取剂乙醇溶度 $\rho = 0.937\,3 - 0.937\,8\,g/mL$)。我国血袋标准 GB 14232.1—2020 经多方验证,醇溶出物指标也等同采用 ISO 3826-1:2013,为≤15 mg/100 mL(不分袋体容量)。

三、塑料血袋的生物性能

　　输血塑料的生物相容性和血液相容性是备受人们关注的问题。它所用原材料——聚氯乙烯树脂本身无毒,不为机体吸收或降解,但合成过程采用的引发剂、残留的氯乙烯单体等物质对人体有害,需要有关生产企业进行严格控制。随着科学技术的进步,树脂的生产技术也有了新的发展。上海氯碱化工厂已研制成医用级聚氯乙烯树脂 M - 1000;其他所用的助剂和制成的塑料均经国家标准规定的各项试验,证明其生物学性能良好。且由于其制品具有结构完整,密封性好,使血液及血液成分的采集、贮存、处理、转移、分离和输注可在一个密闭系统内完成等独特的优越性,而能在全国范围内取代了传统使用的玻璃-乳胶输血器材,大量的临床应用未发现对人体有害,使用安全。

上述塑料血袋的性能主要是指以 PVC - DEHP 制成的产品。而塑料血袋中的血小板保存袋、深低温保存袋、紫外线透疗血液容器等是在 PVC 中加入 TOTM、BTHC 及其他非DEHP 新型增塑剂或聚烯烃类塑料制成。鉴于这类容器对发展输血新技术具有更为重要的意义,且材料和性能都具有新的特性,故另作专题叙述。

第二节　塑料血袋长期保存研究

在 20 世纪 70 年代,我国对国产塑料输血输液袋进行了长期保存研究。选取 3 个国产配方制成的袋体分别内装 6 种内容物,分布在沈阳、广州、西藏拉萨、新疆乌鲁木齐等四个地区,经 5 年保存,测试保存前后的物理性能、化学性能、细菌学、血液保存、生物性能。结论是国产血袋长期保存后能够胜任安全采集和贮存血液成分,国产输液袋长期保存后能够安全输注药液。

一、研究内容

(1) 国产塑料袋内装 6 种内容物:5%葡萄糖、10%葡萄糖、糖盐水、生理盐水、6%右旋糖酐代血浆溶液和 ACD 液抗凝剂等静脉注射液。

(2) 包装、运输和贮存:外加聚乙烯薄膜袋(厚度 0.05~0.07 mm)包装。30 袋装一箱。于 1968 年分别运往沈阳、广州、拉萨和乌鲁木齐等 4 个地区,在一般仓库保存,保存时间5 年。

(3) 检测方法:主要根据《中华人民共和国药典》(1963 年版)和上海、天津两地区的《塑料输血输液袋质量暂行标准》有关规定进行。

二、检测项目和结果

1. 薄膜的物理性能

3 种配方塑料薄膜的扯断强度(现称作"拉伸强度")等物理性能,结果表明 3 个配方薄膜保存前、后的扯断强度差异不显著。

2. 袋装药液理化质量检查

3 个配方塑料袋所装药液在出厂前和保存后检查结果表明,药液的 pH 值、澄明度、浊度等均符合规定,尤以澄明度比瓶装的好。药物含量因袋内水分扩散而逐年增加,其速率按原标示量计算,液袋每年均升高 1.5%左右,各地区之间无显著差异,绝大部分仍符合相关标准要求,个别的超过 110%,但血袋因药液装量少(每袋 50 毫升),相对失重大,药物含量在广州地区每年升高 9.6%,在其他地区均为 4.5%~7.5%。

3. 塑料袋表面长霉情况

3 种配方袋抽样作药液需氧、厌氧和霉菌检查结果均为阴性,保存在广州和沈阳两地 4 年的样品同时送北京药品生物制品鉴定所、广州药检所、沈阳药检所及中国医学科学院分院做细菌学检查,均未发现细菌和霉菌生长;经肉眼抽样检查,发现部分输血输液袋的外表面有不同程度的发霉现象,其中大部为散在性的轻微霉点,也有少量长霉较明显,尤以血袋为重。表面长霉率为 20%～70%。

4. 袋内水分透湿情况

水蒸气一般均能穿透高分子薄膜,用软聚氯乙烯塑料袋所装药液也有蒸发现象。在广州和沈阳两个地区保存 4 年的检查结果显示,500 毫升液袋每年平均透失水分为原重量的 1% 左右。广州比沈阳地区为高,尤以血袋为显著。

5. 血液保存质量检查

3 个配方塑料血袋,不论是新制品或保存 3～5 年的制品,经采集健康人血,在(4±2)℃条件下保存 21 天,检查红细胞的酵解率和血浆游离血红蛋白含量,二者无显著差异,符合使用要求(国内经验酵解率在 78% 以上,相当于红细胞体内存活率在 70% 左右,认为合格)。

6. 生物学试验

对 3 种配方新制输血输液袋所盛装的 5% 葡萄糖液,6% 右旋糖酐液和 ACD 抗凝剂等,先后经过全国 8 个单位作小鼠和狗的急性毒性、家兔亚急性毒性和豚鼠抗原性试验,其热原鉴定均未见毒性、过敏性和热原反应。保存 3～5 年后的样品,经 2 家单位分别作家兔亚急性毒性和豚鼠过敏试验及热原鉴定,亦未发现毒性、过敏性和热原反应。

7. 运输冰冻等条件下的考验

对国产输血输液袋在运输、冰冻、日晒及 40℃ 保存等条件下进行考察。

(1) 运输:将输血输液袋整箱固定于卡车尾部,经上海、天津市区和郊区行驶 2 000～3 000 千米后,检查药液质量和塑料袋外观,均未见明显变化。但外包装袋因震荡有磨损及破裂现象。另外经火车自上海运至昆明以后,再改用汽车在山区施工公路上激烈颠簸运行 200 余千米,此后又原路运回上海(共行驶 4 000 余千米),发现药液产生轻度乳光;静置 3 天后肉眼检查又接近恢复原状。在实验室模拟运输情况,将输液袋置康氏震荡器上,连续震摇数小时,同样也发现药液有乳光。据中国科学院有机化学研究所初步定性分析认为,这可能是由于塑料袋表面增塑剂 DOP 和袋内盛装的液体经过强烈摩擦而造成的乳化现象。

(2) 40℃ 保存:将 3 个配方的输血输液袋,置于(40±2)℃ 温箱内保存 45～60 天,内装的药液质量仍符合相关标准,但 pH 值在开放 30 天内均有下降现象,以后趋于接近平衡;袋内水分透失速度较快,60 天失重平均 7.6%,约相当于一般室内保存 5 年左右。

(3) 阳光暴晒:将输血输液袋,置于上海室外 7 月初的阳光下(一般为 30～40℃,最高达 50℃)暴晒 24～32 小时,药液 pH 值下降较明显(0.3～0.6),但仍在《药典》规定范围之内。其他指标如金属稳定剂抽出量和药物含量等无明显变化。

(4) 冰冻保存:将内装生理盐水等 4 种液体的输血输液袋置于食品冷库内(-24～-28℃),冰冻保存 7～8 天后,在室温融化,药液质量未见变化,经临床输用(生理盐水 41 袋次、5% 葡萄糖生理盐水 50 袋次和 10% 低分子右旋糖酐溶液 49 袋次),除一例输右旋糖酐溶液后发生轻度过敏反应外,其他未见不良反应。

三、结论

（1）塑料输液袋从现有各项检查结果看，可以自然存放 5 年左右。塑料输血袋因水分透失比较大，长期保存应适当加强外包装，以减少水分透失。

（2）塑料袋内存的各种注射液，在现有包装和保存条件下，自然放置后每年透失水分 1％ 左右，在广州地区保存药液水分透失稍高。

（3）塑料输血输液袋经强烈震荡后，药液发生轻度乳光，故在运输中应尽量减少连续强烈震荡。

（4）塑料袋表面在长期保存中有不同程度的长霉现象，但药液经多次细菌和霉菌检查均为阴性。

（5）长期保存的塑料袋，袋膜自然老化现象不显著，强度变化不大，仍符合沪津两地《塑料输血输液袋质量暂行标准》的规定。

（6）极端条件保存：40℃保存条件下：输血输液袋内装的药液质量仍符合相关标准，但 pH 值均有下降现象；袋内水分透失速度较快，60 天失重平均为 7.6％，相当于一般室内保存 5 年左右（这为长期保存和加速反应提供了最初的实验数据）；阳光暴晒条件下：药液 pH 值下降较明显，但仍在《药典》规定范围之内。其他指标如金属稳定剂抽出量和药物含量等无明显变化；（−24～−28℃）冰冻保存条件下：药液质量未见变化。

第十章

塑料输血器材工艺技术研究

第一节　关于聚氯乙烯输血（液）器材辐射灭菌技术研究

利用 γ 射线进行消毒灭菌是现代发展较快的一门技术。它具有耗能低、穿透力强、灭菌效果可靠、不污染环境、操作方便、对热敏材料特别适宜等优点。自 1960 年澳大利亚和英国首先建立了商业规模的供医疗用品辐射灭菌的钴-60 装置以来，据 20 世纪末资料统计全球已有 40 个国家拥有 120 多个这样的机构，被批准的产品有 40 余种，并制定了相应的法规。国内在这方面的研究起步较晚。

国产聚氯乙烯塑料输血输液器材自 1967 年通过国家级鉴定后，其卫生指标被《中华人民共和国药典》(1977 年版)收载。由于该器材理化性能良好、使用方便、利于运输携带，故越来越受到生产者和用户的欢迎。该产品主要用高压蒸汽灭菌，压力为 $0.7 \, kg/cm^2$，温度 115℃，30 min，灭菌过程中因温度和内压增高，使袋体强度下降，致使血袋出现变形、破损、薄膜中助剂析出以及空袋内壁粘连等现象。若采用环氧乙烷灭菌，由于环氧乙烷易污染环境，并且残留的环氧乙烷具有毒性，会造成血液溶血、黏膜损伤、过敏和组织坏死等不良反应，因此不得不考虑发展更为安全的新灭菌方法。为此将钴-60 γ 射线灭菌研究提到了议事日程。20 世纪 80 年代由中国科学院上海原子核研究所和上海市血液中心联合开展了聚氯乙烯输血输液器材辐射灭菌技术研究。

一、材料与方法

（一）^{60}Co 装置

1964 年 6 月从加拿大进口，总强度为 120 kCi，12 支 ϕ20 mm×27 mm 的元件排列成 ϕ100 mm 的圆柱形。

（二）照射剂量

细菌繁殖体：0.4~0.5 kGy；细菌芽孢：1~8 kGy；聚氯乙烯材料及制品：7 kGy、10 kGy。

（三）照射方法

根据硫酸亚铁剂量确定位置，用 L 板作固定架将样品固定进行照射，每次照一小时，在总源强和照射时间不变的情况下，以距离确定照射剂量。

（四）聚氯乙烯制品

不装血液保存液的空袋，输血输液器。

（五）菌种选择与染菌样片的制备

（1）对象菌：大肠埃希菌(*Escherichia coli*)，甲型溶血性链球菌(α-hemolytic *streptococcus*)，卡他球菌(N. *Catarrhalis*)，白念珠菌(*Candida* albicans)，杂色曲霉菌(*Aspergillus* rersico)，

蜡状芽孢杆菌(Bacillus *cereus*)。

(2) 培养基与稀释液:营养肉汤、营养琼脂、血斜面、血平板、沙保培养基以及 0.03M 磷酸盐缓冲液(pH7.2),0.9%氯化钠溶液。

(3) 细菌悬液与染菌样片的制备:大肠埃希菌、白念珠菌分别通过营养肉汤和营养琼脂的常规培养后,用稀释液稀释后备用;甲型溶血性链球菌、卡他球菌分别通过营养肉汤和血斜面的常规培养,洗下菌苔,并配制成浓度为 $2×10^7$/mL 的悬液备用;杂色曲霉菌接种于沙保培养基上,置 22℃恒温箱,培养 5~7 天,洗下菌苔并配制成菌液浓度为 $2×10^6$ 的悬液备用;按《消毒杀虫灭鼠手册》中的方法培养后,用 0.03M 磷酸盐缓冲液(pH7.2)洗下菌苔,并配制成 $2×10^7$/mL 的芽孢菌悬液备用。

参考日本学者佐藤健二等介绍的生物指示剂制作方法,选用普通新华滤纸作载体,用 $50\,\mu L$ 进样器取 $2×10^7$/mL 芽孢菌悬液滴加在 $4×1.25\,cm^2$ 的纸上,使每张纸片含芽孢菌数量为 $1×10^6$,稍干后,移入消毒空皿中,置 37℃恒温箱 30 min 烘干备用。

(4) 对象菌辐照抵抗性试验:取一定浓度对象菌(10^6~10^7/mL 或 10^6 芽孢孢子数/片),置聚氯乙烯空袋内,密封,用不同剂量的 γ 射线照射,以剂量-对数生存率制作生存曲线,并求得 D_{10} 值。每次平行三个样品,重复 2~3 次;同时对聚氯乙烯输血(液)袋灭菌前是否有污染菌进行调查,即随机抽取不同批号未灭菌的空袋,直接进行细菌总数常规培养和菌落计数,对阳性结果以常规细菌镜检加以鉴别。

(5) γ 射线对聚氯乙烯输血(液)袋理化性能的影响:根据灭菌效果,选择 7 kGy、10 kGy 两种剂量对样品进行照射,分别在照射后 7 天及保存 2、4、6、8 个月按《药典》要求检测 pH 值、还原物质、氯离子、重金属、锌、吸水率、抗拉强度、断裂伸长率等。以上各项检测每次平行三个样本,重复三次并以蒸汽灭菌和环氧乙烷灭菌作对照。

(6) 急性毒性、血液保存、临床使用(分正常人试用和临床病人试用)。

二、试验结果

(一) 对象菌辐射抵抗性(*D* 值)

(1) 对象菌:对含菌量为 $1×10^7$ 的大肠埃希菌、甲型溶血性链球菌、卡他球菌、白念珠菌以及含菌量为 $1×10^6$ 杂色曲霉菌、蜡状芽孢杆菌芽孢,分别置于聚氯乙烯空袋内,用不同剂量的射线进行辐射杀灭试验,它们的杀灭剂量依次为 2.0 kGy、3.0 kGy、4.0 kGy、5.0 kGy 和 8.0 kGy(表 10 - 1)。

表 10 - 1　不同剂量对 6 株对象菌杀灭结果

菌名	结果	吸收剂量(kGy)								
		1.0	1.5	2.0	2.5	3.0	4.0	5.0	6.0	7.0	8.0
大肠埃希菌	未杀灭菌数	9.36	0.42								
	已杀灭菌数%	99.999 9	100								
甲型溶血性链球菌	未杀灭菌数	21 856.00	2 673.00	120.00	60.00	0					
	已杀灭菌数%	99.781 4	99.971 3	99.999 8	99.999 4	100					

（续表）

菌名	结果	吸收剂量(kGy)									
		1.0	1.5	2.0	2.5	3.0	4.0	5.0	6.0	7.0	8.0
卡他球菌	未杀灭菌数			56.7		0					
	已杀灭菌数%			99.9994		100					
白念珠菌	未杀灭菌数	20 000.0		524.70		54.70	0				
	已杀灭菌数%	99.9800		99.9943		99.9995	100				
杂色曲霉菌	未杀灭菌数			476.40	176.00	50.00	2.5	0			
	已杀灭菌数%			99.9524	99.9821	99.9950	99.9998	100			
蜡状芽孢杆菌芽孢	未杀灭菌数	1.31×10^5		4.87×10^4		1.45×10^4	1.55×10^3	1.13×10^2	2.57×10	0.83	0
	已杀灭菌数%	86.6000		95.1300		98.5500		99.9887	99.9974	99.9999	100

057

将照射剂量与对象菌的生存率的对数作图，得 6 株对象菌的辐射生存曲线（图 10-1、图 10-2）。

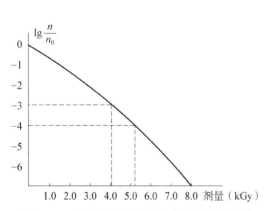

图 10-1　蜡状芽孢杆菌芽孢的照射生存曲线

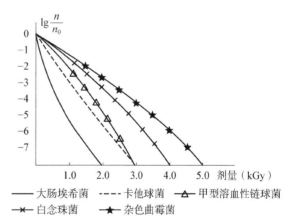

图 10-2　四种细菌繁殖体与杂色曲霉菌的照射生存曲线

（2）对象菌的 D_{10} 值　根据 $D_{10} = D_2 - D_1$，从生存曲线上求得各对象菌的 D_{10} 值，见表 10-1。

6 株细菌的 D_{10} 值：大肠埃希菌 0.2 kGy、甲型溶血性链球菌 0.4 kGy、卡他球菌 0.35 kGy、白念珠菌 0.5 kGy、杂色曲霉菌 0.75 kGy、蜡状芽孢杆菌 1.3 kGy。

从表 10-1 可见,6 株对象菌中,蜡状芽孢杆菌的抵抗最强,鉴于它便于制作、保存,故采用它作为辐射灭菌的生物指示剂是比较理想的。

(二) 聚氯乙烯输血(液)袋灭菌前污染菌调查和辐照剂量

抽样检查不同批号的聚氯乙烯输血空袋 155 只和采血器 30 套,结果输血空袋细菌培养结果:阳性 6 袋,阳性率为 3.9%,且阳性样本中检出菌落为 1~6,30 套采血器中亦发现有 6 套阳性,其阳性率为 20%,而检出菌落数仅为 1~2,对各菌落进行涂片镜检,发现被污染菌,多为革兰阳性杆菌和球菌,因而提示聚氯乙烯输血器材的原始污染菌数(现称为生物负载)n_0 上限为 10,

根据 $SD = D_{10} \times \log(n_0/n)$

式中 SD 为辐照剂量,D_{10} 为指示菌的 D_{10} 值,即将某种微生物杀灭 90% 时所需的剂量,n_0 为初始污染菌数,即辐照灭菌前自然存放污染菌数,n 为辐照灭菌后残存菌卫生安全度,(现称为无菌保证水平)。若以蜡状芽孢杆菌为指示菌,灭菌后要求达到 10^{-6} 安全度,所需的灭菌剂量为 8~9 kGy。

(三) 灭菌后的无菌检查和有效保存期

(1) 灭菌效果的监测:以蜡状芽孢杆菌为辐射灭菌指示菌片,与输血袋放在一起,每批 3 片采用 10 kGy 的剂量灭菌,灭菌后取出菌片作细菌测定,结果均为无菌。

(2) 随机取灭菌的输血袋 3 份作无菌试验,结果也均为阴性。

(3) 已灭菌的血袋在常温下贮存 2、4、6、8、10、12 个月后随机取样作无菌试验,结果也均为阴性。

(四) γ 射线对聚氯乙烯输血(液)袋理化性能的影响

(1) 色泽和透明度:样品经辐照后随保存时间的延长,其色泽有逐渐加深的趋势(浅黄),且其加深的程度与辐照剂量有关。输血袋辐照后装水保存,袋表面透明度也明显地差于对照组;当倒出袋内液体后也不易恢复透明,但不影响使用。

(2) 机械强度:塑料血袋(空)经辐照灭菌后保存 15 天及 6 个月,分别测定其机械强度结果如表 10-2。

表 10-2　不同灭菌方法后机械强度测试结果

灭菌方法	抗拉强度 kg/cm²		断裂伸长率(%)	
	15 天	6 个月	15 天	6 个月
未灭菌	191	241	375	318
高压蒸汽灭菌	181	/	410	/
环氧乙烷灭菌	198	/	360	/
辐照灭菌 7 kGy	188	228	380	315
辐照灭菌 10 kGy	162	232	380	295

样品经各种不同的灭菌方法后,其机械强度均无显著变化,且不影响使用。

(3) 吸水率:符合标准要求。

(4) 化学性能:辐照后,塑料空袋保存不同时间后其 pH 值、还原物质,辐照组的变化较大

（见表 10-3），氯离子、锌、蒸发残渣，均与蒸汽灭菌、环氧乙烷灭菌及对照组相近无明显变化。

表 10-3　同灭菌方法灭菌后保存不同时间其 pH、还原物质的变化结果

灭菌后保存时间	灭菌方法		ΔpH（标准±1.0）		还原物质
			空袋	有保存液,	
7 天 （同批蒸馏水：5.91）	对照组（未灭菌）		-0.41	-0.41	0.130
	高压蒸汽		-0.17	-0.17	0.069
	环氧乙烷		-0.19	-0.19	0.093
	辐照	7 kGy	-0.76	-0.76	0.190
		10 kGy	-0.85	-0.85	0.198
2 个月 （同批蒸馏水：5.97）	对照组（未灭菌）		-0.24	-0.94	0.119
	高压蒸汽		-0.14	-0.78	0.111
	环氧乙烷		-0.18	-0.67	0.101
	辐照	7 kGy	-0.43	-1.12	0.169
		10 kGy	-0.45	-1.18	0.183
4 个月 （同批蒸馏水：5.7）	对照组（未灭菌）		-0.16	-1.04	0.093
	高压蒸汽		-0.19	-1.02	0.094
	环氧乙烷		-0.16	-0.89	0.082
	辐照	7 kGy	-0.24	-1.30	0.120
		10 kGy	-0.30	-1.32	0.124
8 个月 （同批蒸馏水：5.91）	对照组（未灭菌）		/	-1.09	0.120
	高压蒸汽		/	-0.97	0.159
	环氧乙烷		/	-0.86	0.150
	辐照	7 kGy	/	-1.26	0.196
		10 kGy	/	-1.33	0.191

注：1. 还原物质为每 20 mL 样品，消耗 0.1 mol/L KMnO$_4$ 的毫升数，其标准≤0.3 mL。

2. "空袋"为灭菌后保存 7 天、2 个月、4 个月、8 个月后，分别装注射用水，装水后保存 24 小时做检测。

3. "液袋"为灭菌后即全部装注射用水后，分别保存 7 天、2 个月、4 个月、8 个月后做检测。

从表 10-3 可见：

1）辐照灭菌后，无论是空袋还是液袋，辐照后 7 天至 2 个月，其水浸液的 pH 的变化值都有较明显的下降，而装水的液袋，下降的幅度更大。但仍在标准要求的范围内。

2）pH 值下降的速度 7 天～2 个月较快，以后下降速度减慢并趋向稳定。

3）pH 值下降的原因可能是由于聚氯乙烯在造粒、吹塑等加工过程中，因受热而发生降解、交联，形成共轭双键，使其颜色发黄，强度下降并放出 HCl 等，这种反应经 γ 射线辐照，进一步加剧，由于释放的 HCl 不能全部被制品中的稳定剂吸收，游离部分的 HCl 就逐渐溶于水，使水浸液中的氢离子浓度增加。而当水浸液中 pH 值下降至一定程度，配方中两性稳定剂起

调节作用,同时促使聚氯乙烯进一步降解的受热或辐照作用也早已停止,因此,pH 值趋于稳定。另外,空袋保存较装水保存 pH 值下降小,其原因可能与空袋在保存过程中游离部分的 HCl 不断外逸挥发有关。

4)血液保存、生物学毒性试验结果:全部符合国家标准要求。

5)临床试用:取 200 袋,其中 100 袋装 100 mL 血浆保存于经环氧乙烷灭菌的空袋 1～3 周,另取 100 袋辐照灭菌的空袋同法处理,随机供上海市第一人民医院、上海市第六人民医院需输血浆的患者,输后观察患者有无局部或全身反应,结果试验组与对照组均正常,无明显不良反应。

三、结论和讨论

(1)辐照灭菌研究测得大肠埃希菌、甲型溶血性链球菌、卡他球菌、白念珠菌、杂色曲霉菌和蜡状芽孢杆菌的 D_{10} 分别为 0.2、0.4、0.35、0.5、0.75、1.3 kGy,故可把蜡状芽孢杆菌作为辐射灭菌的生物指示剂。

(2)当 6 株对象菌含量为 10^6～10^7 时,7 kGy 剂量即能达到灭菌效果(99.999 9%)。因此,灭菌剂量采用 10 kGy。

(3)经 10 kGy 剂量照射后聚氯乙烯输血袋、输血器保存 8 个月,各项理化性能变化均在标准要求范围以内,不影响使用。

(4)关于辐射的安全度,各国规定略有不同。如将初始污染菌数控制在 10 以下,以短小芽孢杆菌作为指示菌,要达到 10^{-6} 的安全度灭菌剂量应为 10.2～12 kGy。而文献报道的剂量一般为 25 kGy。美国实际上采用低于 25 kGy。ISOMEDIX 公司在《医疗用品伽马辐射灭菌工艺管理指南》一书中指出,寻找低于 25 kGy 的有效剂量有助于把辐射对材料的电离影响降至最小。该公司对不同的医疗用品采用 8～15 kGy 的剂量,对一次性使用的医疗用品,甚至有低于 8 kGy 的剂量。日本用 15～25 kGy,上海市血液中心采用 7～10 kGy 剂量,经无菌、生物毒性、血液保存以及各项理化试验证明灭菌的安全度可达 10^{-6}。

以上的研究为 20 世纪 80 年代条件下采用的验证技术,以现在的辐射灭菌技术的眼光看,有些内容已过时了。时代在进步,认识水平也在不断提高。GB 18280—2007 是国际上当代通行的医疗器械辐射灭菌技术标准(现在已是 2015 版)。GB 18280 即不提倡用生物指示物作为过程指示物,也反对用无菌检验控制产品放行(出厂)。生物负载的检验技术还要考虑“回收率”。比如,验证时接种上 100 个菌,依法检验只检出了 50 个。常规控制中依法检验的实际数应为实测数的 2 倍。依此确定的辐射计量才可靠。另外,现在还有用电子束(电子加速器)灭菌的,确认方法与钴- 60 一样。这两种方法都统称为辐射技术。

第二节　聚氯乙烯吹塑花纹薄膜研究

由于聚氯乙烯薄膜存在黏性,特别是高温灭菌后,黏性表现更为突出,致使空袋无法进行高温灭菌,黏性成为制成多联袋的最大难题。国外在产品中应用较多的技术是在薄膜表面压花(网格、方格等)。我国在当时(20 世纪 70 年代末)情况下,塑料血袋的生产、使用,还没有纳入国家管理,生产条件十分落后。压延输血薄膜适宜用专用的压延设备和需要高级别的净化环境等,这一切离我们的实践还相当遥远。而如何用"吹塑"的方法解决薄膜表面的粘连问题却迫在眉睫,为此大范围的走访、请教有关科研单位、生产工厂,结果一致认为"非常难",咨询的大门被关闭了。但如何解决粘连问题的思考却越来越频繁。突然闪现吹塑"模芯刻花"! 是否可试? 经过热烈讨论决定试一试。首先去理发工具厂在旧模芯上随意刻了一些小点、条纹、小格等,并立即进行吹塑试验,结果不管是哪种形式的花纹,吹塑薄膜上全部是竖条纹花,试验初步成功。然后又得到上海化工厂总工程师的热情帮助,立即表示"只要有花纹,其花纹的密度、深度由我来设计,新的模具也由我厂制造"! 1982 年 6 月 18 号 2 套花纹密度为 $(3.3 \times 1.4) \div 360$、$(3.3 \times 1.4) \div 240$ 的新颖模芯正式装车生产,吹塑出来筒膜制成的血袋产品实实在在地解决了高温灭菌粘连问题,效果很好,令人十分满意,这一技术也很快被全国有关单位采用。

第三节　塑料针柄结构和选材

我国采血、输血、插瓶等各种型号的穿刺针,在 20 世纪 80 年代以前其针柄全部用铜质(外涂铬)材料制成,当装有这种针的采血器连接在采血袋上,一旦与抗凝液接触,保存不久即产生铜绿(铜锈)并溶解在采血管内的抗凝液中,使管内的抗凝液变成有毒的绿色,为此必须改用新的材料制作针柄,以解决铜绿问题。以温州海尔输血器材有限公司(现为康德莱集团)为主进行攻关研究。

(1) 选用耐高温塑料材料:聚丙烯、尼龙、改变输血用聚氯乙烯塑料的配方以提高热稳定性等(图 10 - 3、图 10 - 4、图 10 - 5)。

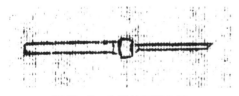

图 10 - 3　金属针柄采血针

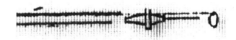

图 10 - 4　塑料针柄采血针

图 10 - 5　聚氯乙烯针柄(封闭式)

(2) 设计针柄的规格:这个问题难度较大。经历数年(20 世纪 70~80 年代)的研究得以解决。如针柄规格稍细、稍短,会造成采血器灭菌后采血管从针柄上脱落;如针柄规格较粗、较长,不仅生产时相当困难,且采血器灭菌后,采血管口会出现裂缝。后来将针柄设计为一斜面,而斜面比例和长度又很难做到适度。这些问题只能通过反复设计和改进模具,逐一解决,直至用聚氯乙烯制成的针柄、护针套、采血针连成一体的封闭式采血针。

第四节　聚氯乙烯血袋成型工艺

一、聚氯乙烯薄膜高频热合成型工艺

该方法在操作时必须形成"电位差"才能产生高频电流进行热合。例如,将血袋采血管、转移管插入两层薄膜的中间,这时只有上层薄膜和上层管壁完成了热合,其他部位因没有电位差也就不能进行热合。因而,采用导管内插入金属棒,并用不同的方法进行"通电"。这样的操作比较烦琐,且易带入异物。特别是金属棒,使用较长时间后,其表面由粗糙逐渐变得光滑,表明金属棒在不断地损耗,其损耗分子脱离,也必然会被带入袋内成为有害的异物。

二、聚氯乙烯薄膜化学黏合成型工艺

(1) 导管与导管黏合:先按常规方法将短导管(小于5 cm)进行高频热合,然后将长管等(其内径规格应与短管的外径规格相同)套入短导管,进行化学黏合。

(2) 长导管与薄膜(袋体)黏合:导管与薄膜(袋体)高频热合时,长导管直接插入薄膜间(管内不插金属棒,不通电)而采用化学黏合。

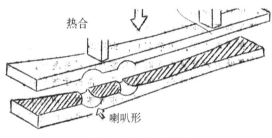

图 10-6　黏合模具

导管先插入薄膜热合模具,上下模具相合后的导管腔,应设计成有明显的喇叭状,大口向上(如图 10-6 所示),使导管与薄膜相互重叠处的上端能容纳较多的黏合剂、而下端薄膜必须与导管包紧,由于溶剂(四氢呋喃和环己酮等),特别是四氢呋喃具有较大的溶解度,当滴入图 10-7 上端,溶剂流至该图的"1"处时,在上部已开始溶解黏合,溶剂就不再继续向下流。只要热合导管位置放于模具喇叭口正中,则黏合就十分牢固,溶剂也绝不会流入袋内。长导管与袋体通过化学黏合组成的单联袋见图 10-8。

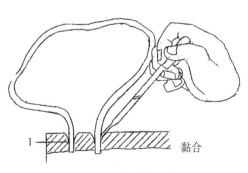

图 10-7　黏合方法

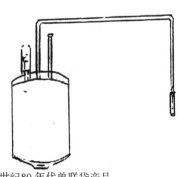

20 世纪80 年代单联袋产品

图 10-8　单联袋(长管与袋体黏合举例)

三、讨论

四氢呋喃为聚氯乙烯的良好溶剂,具有溶解度大、挥发快的优点。它虽然具有低毒性、对人体有麻醉、刺激作用,但由于挥发快而不会流入袋内,因而不会对塑料袋内部产生毒性作用。人工心脏体内应用的聚氨酯/聚硅烷段共聚体也是用四氢呋喃与二噁烷1:1的混合溶剂溶解后成形的。经细胞培养等各项毒性试验,临床使用均安全,证明四氢呋喃用于血袋是安全的。

四氢呋喃等溶剂有特殊臭味,操作室内浓度较高时,有毒性对操作者不利,因而必须在通风橱内操作。

目前输血器材生产企业使用较多的是环己酮作为聚氯乙烯的化学溶剂和黏结剂。

第五节 小型钳子式高频热合机

小型钳子式高频热合机主要用于导管封口(图 10-9、图 10-10,图 10-9 为 1967 年试制成的塑料血袋是用两通接管封管的)。

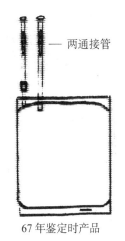

67 年鉴定时产品

图 10-9 采(输)管封口

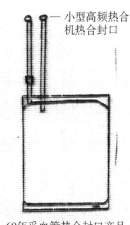

69 年采血管热合封口产品

图 10-10 (采输)血管高频热合封口

图 10-9 的塑料血袋采血前需在无菌室先将血袋上的采(输)血管上的护管套取下,然后套入采血器,采血后再将护管套套入两通接管。这样的操作不仅多次破坏血袋的密封性,而且采血后在运输过程中经常有两通管或护管套脱落,造成宝贵的血液被污染的情况发生。曾试图用金属圈、橡皮筋、打结等方法进行解决,结果均不理想。导管密合最好是用高频热合(图10-10),但市场上没有小型、方便携带的高频热合机。我们的目标是制造小型、携带方便、整机重量不超过 15 千克、热合模具一定要钳子式的、方便单手操作的高频热合机。经反复调研并查阅资料,并根据高频热合的原理,由电工师傅反复设计和试验,终于设计出采用电子管自激振荡而产生的高频电场的小型高频热合机。其热合原理是:塑料介质的分子在高频电场下作激烈的运动,从而产生了大量的热,使塑料成为熔融状态,并在高频电场及模具的压力下,使

图 10-11　用小型高频热合机进行热合

管壁内层黏合成一体。终于在 1969 年制成了全国第一台小型钳子式高频热合机(又称小高频热合机)。并于 1974 年在"全国医用高分子座谈会"上展出。如图 10-11 所示。

一、小高频热合机技术性能

(1) 使用电源为 220 V、1 A、50 Hz。

(2) 振荡频率为 30 MC±5 MC。

(3) 805 振荡管 1 只、阳极电压 1 500 V、阳极电流 0.1~0.2 A。

(4) 低压供电　供 805 灯丝 10 V、3.5 A、控制电源 36 V、0.1 A、阻容式延时电路的电源,24 V 桥式整流器。

(5) 高压供电交流 1 500 V、0.1 A 桥式整流后为直流 1 500 V、0.9 A。

(6) 焊接时间-自控为 1~2 秒。

(7) 焊刀(热合钳)最大的热合面积为 10 mm×10 mm。

(8) 重量为 15~20 kg。

二、小型高频热合机电器性能及分析

(1) 电原理,见图 10-12。

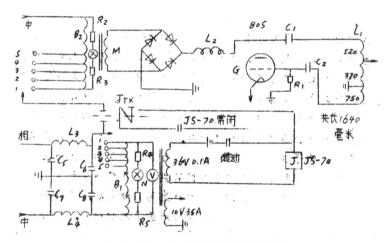

图 10-12　小型高频热合机电原理图

(2) 工作方框。

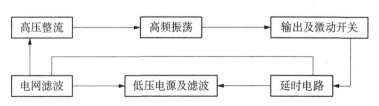

（3）延时装置原用 JS－70 时间继电器,这种电路在高频电场的影响下会引起误动作,即使用屏蔽也不能很好地解决问题,改用简单的阻容延时式充放电电路,可以避免高频干扰,另外线路简单容易维修。

（4）钳子的安装:输出线及控制线合用一根接地线形成三芯线,实际是一根金属隔离线,另一根为耐高频的尼龙线,这两根线在钳子部位要严加固定,目的是使钳子在频繁使用的情况下不易折断。

电器部分连接要准确,保证钳子正常工作,见图 10－13。

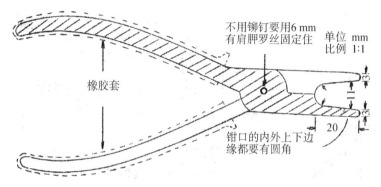

图 10－13　小型高频热合机用的钳子式模具

三、使用方法

（1）开机时先观察电压表,使其指针指示为 220±11 V。

（2）开机后一般预热 3 分钟,当第一次使用,时间应稍长一些。

（3）钳子的热合面应保持清洁干燥,以避免打火。

（4）钳子的热合面上下间距最好使其加压热合时,钳子的上下面平行间距约为 0.6 mm（当时,血袋上采血管的规格为 $\phi 4$ mm×6 mm,壁厚一般为 0.7～1 mm）。

（5）钳子热合面的边缘应为圆角,以避免热合时可能切断塑料管。

如今,小高频热合机已广泛用于塑料血袋、输液袋导管的封口和导管截断密闭分离。小高频热合机也更新迭代,热合方式也从钳子式(手动式)过渡到卡槽式(自动式)。见图 10－14。所谓卡槽式是热合模具在卡槽的前后两边,当导管放入卡槽内的热合模具中间,触发卡槽边上的金属片,使热合模具相向移动,导管在高频电场作用下产生极化而发热,并在一定压力下黏合。几秒后热合模具退回原处,热合完成。热合模具设计成楔形,使热合面中间较薄,这样,当热合完成后,无须剪刀即可将热合面沿中间轻松扯开分离,实现一次热合、导管截断、两端封口。同时,热合机的箱体尺寸更小、重量更轻(6～7 kg),更方便携带。近年来,又有射频热合分管机,安全性更好,无须预热,操作更便捷,见图 10－15。

第六节　关于塑料血袋长霉的问题

我国在血袋生产初期,血袋上发生大面积的发霉,而且贮存时间越长,霉菌繁殖面积越大、

图 10-14　卡槽式小高频热合机

图 10-15　射频热合分管机

有霉菌生长的袋数也越多。如血袋灭菌后不清洗,用聚乙烯薄膜包装,贮存半年以上,有霉菌生长最高可达 70%;保存一年后,长霉的袋数几乎高达 90% 以上;长霉的部位,多数在袋表面,标签、乳胶管连接处则更为严重,菌落的颜色大都为白色、黑色、黄色。

一、长霉原因

经调查、实验研究和分析总结后认为,血袋长霉主要原因是:塑料血袋在生产过程(特别是灌装和灭菌工序)中沾染了抗凝剂或其他保存液等(特别是含有葡萄糖类药物),成为霉菌生长所需的最好营养剂。

(一) 塑料助剂对霉菌生长的影响

塑料配方中加入不同的助剂是否对霉菌生长有影响呢? 1970 年与上海辽原化工厂按原一机部 JB840—66《霉菌试验方法》共同进行玻璃皿培养试验,近两年的研究结果显示,不同的增塑剂对长霉有不同的影响,其中以环氧四氢邻苯二甲酸二辛酯为最好,经过四周培养,长霉等级为"0",而三羟甲基 c5-c9 酯及多聚油酸二甲酰胺(m-18)经四周培养后如同加入环氧豆油一样长霉等级均为 3~4 级;表 10-4 为上海市血液中心细菌检验室按原一机部 JB840-66试验结果。

表 10-4　不同助剂对霉菌生长的影响

编号	实验批数	样品数	结果	样 品 特 性
1	10	5	全部 0 级	聚乙烯薄膜
2	10	5	3~4 级	MF 薄膜(上海 3 号方)
3	5	5	0~1 级	上海 2 号方(用 EPS 全部取代 DEHP)
4	5	5	1~2 级	上海 3 号方(用 EPS 部分取代 DEHP)
5	5	5	3~4 级	上海 2 号方加入环氧豆油
6	2	5	全部 0 级	加入防霉剂 O
7	2	5	全部 0 级	加入防霉剂 N
8	2	5	全部 0 级	PVC 树脂不加任何助剂直接拉成试片

上表试验结果说明：上海 2 号方,以有机锡为主要稳定剂,却不含环氧豆油,不易生长霉菌。

用 MF 薄膜做成小袋(50 mL),分 2 组,每组 10 只,第一组袋表面滴 3 滴保养液;另一组袋表面不加任何液体,经水清洗,两组均平放室温,自然干燥,然后将两组样品按一机部 JB840—66 方法,将其置原上海电动工具研究所霉菌试验室悬挂 70 天,结果第一组全部大面积长霉;另一组有 7 袋长霉,但均为小菌落。这表明残留在袋体外面的保养液会引发长霉。

上表编号 2、5 号是 MF 塑料薄膜(上海 3 号方)和上海 2 号方中加入了环氧豆油,霉菌生长旺盛;而当上海 3 号方和上海 2 号方中加入一定量的 EPS 即环氧四氢邻苯二甲酸二辛酯,可明显减少霉菌生长(表中的 3 号、4 号);而加入防霉剂(表中 6-7)虽可抑止霉菌生长,但这一类防霉剂色泽较深,且使塑料薄膜的水浸液 pH 值下降幅度增大,同时具有一定的毒性,不宜应用。用单一 PVC 树脂(不加任何助剂)直接拉片的结果未见霉菌生长,这可能与试验样品极为干燥又不含霉菌可利用的营养有关。湿室悬挂试验(采用室内定时喷水以保持湿度的模拟生产条件的加速试验)的结果说明营养是霉菌生长的主要因素。

上述试验虽然说明塑料中加入不同助剂,对霉菌生长有不同的影响,特别是环氧豆油能被霉菌分解利用,使其生长、繁殖,但这均是在特定的恒温、恒湿,并有大量霉菌孢子的环境条件下,经过培养而表现出来的霉菌生长状况。在通常的使用条件下,即使是 MF 薄膜或其制品,只要表面洁净,生长霉菌的现象并不容易出现。如把未灭菌、无外包装、规格为 16 cm×11 cm 的双层薄膜和转移袋,放置于铝皮箱,保存于室温,定期观察 4~5 年,均未见有霉菌生长。

(二) 湿度也是霉菌生长繁殖的重要条件

塑料血袋有长霉现象的,多半是装有药液的血袋,这可能与袋内液体挥发,使薄膜和周围环境湿度增大有关。表 10-4 中 8 号样品在特定的培养条件下未见霉菌生长,一方面是因为缺少营养,另一方面也可能是由于未加入增塑剂使样品吸水较少有关系。上述双层薄膜和转移袋的保存结果,也可认为与薄膜不与液体接触,故能保持一定的干燥有关。

(三) 霉菌生长另一个重要条件是适宜的温度

不同的霉菌,其最适宜的繁殖温度是不一样的,而且不同的霉菌其生长繁殖的速度和产毒能力也不相同。大多数霉菌繁殖的最适宜温度是 25~30℃,在 0℃ 以下或 30℃ 以上不能产毒或产毒能力很弱。据保存粮食的相关研究,粮食在保存于 15℃ 以下的条件时霉菌就不易生长。当温度大于 50℃ 时,一些霉菌 30 分钟即被杀灭。也有些特殊的霉菌孢子属例外。塑料血袋表面生长的霉菌绝大多数属于常见的一些霉菌,如黑曲霉、黄曲霉、青霉等。

营养、温度和湿度是霉菌生长的必要条件,塑料血袋在生产过程中沾染了含有糖类的液体,成为霉菌生长最好的营养剂,一旦落上弥散于空气中的霉菌孢子,就会在适宜的温度、湿度条件下迅速生长、繁殖,这也是在多年来的生产实践中被证明了的。

二、血袋长霉问题的解决

根据霉菌生长的条件,要想在大生产的情况下通过清洗来彻底清除含糖类的营养物质是很难的,低温保存又不易做到。那么如何解决塑料血袋的长霉问题呢? 最好的方法是杀灭袋内可能存在的霉菌孢子。只要杀灭霉菌的工艺条件(温度、时间)有保证,并且外包装在贮存期内保持密封,即使袋内有很多营养物质和水蒸气,包括标签质量不好,有适易霉菌生长的条件,也不会有霉菌生长,因为袋内已无存活的霉菌孢子了。为做到此,各种工艺条件,包括是否有新的耐高温霉菌等,都必须进行严密设计、反复验证和最终确认。目前市场上各血袋生产企业多采用真空包装血袋,也是一种抑制霉菌生长的方法。

多年的实践表明,塑料血袋使用的标签对霉菌的生长、繁殖有明显的影响。如在相同的工艺条件下纸质标签易长霉,而塑料标签不易长霉。纸质标签易长霉只有两种可能性,一种可能是纸质标签上附有新的耐高温霉菌品种(这种可能性被认为较小);第二种可能是纸质标签所用的胶黏剂的分子结构比较复杂、不易传热,霉菌被这种胶黏剂包裹,使其有了"保护伞",故而霉菌需要更高的温度才能被杀灭,同时通过灭菌而受潮的纸质(标签),也更易被这些霉菌分解、利用,使其获得更好的营养而快速繁殖。第二种情况可通过试验和分析得到结论。从实际使用效果出发,塑料标签在相同的工艺条件下,能达到杀灭霉菌的目的,也是一种值得提倡的好方法。

另外血袋外表面有霉菌生长是否影响袋内液体的质量呢?试验证明血袋外表面长霉不会对袋内液体的质量造成有害的影响。因为血袋产品应符合血袋标准规定的抗泄漏试验和微生物不透过性试验,但血袋外表面有霉菌会对采血环境、无菌病房等造成严重的污染。

第十一章

塑料输血器材新技术的研究

第一节 关于血小板保存

一、血小板

血小板来源于骨髓巨核细胞,巨核细胞成熟后,胞浆突起伸入到骨髓血窦中,经过血窦破碎,脱落成血小板,进入血液循环。正常人血小板存活期用 Cr^{51} 标记测定为 8～11 天。血小板是一个多功能细胞,其主要功能是生理性止血。血小板是血液有形成分中比重最小的一种,较容易从全血中分离出来,因此血液成分疗法中,血小板疗法开始较早。输注血小板在止血、预防出血、化疗及放射性治疗的辅助疗法中有很大的实用价值。由于血小板体积小、结构脆弱、功能复杂、自身寿命和体外寿命很短,对体外保存条件要求极严。同时血小板以有氧代谢为主,因此要求保存容器尽可能少析出对其有害的物质,同时又要具有良好的气体透过性等,以延长血小板的保存期。

二、血小板保存方法

血小板保存需着重注意以下几方面:

(1)温度:以 22℃±2℃ 保存为佳。4℃ 保存血小板 24 小时就有明显的损伤,其主要原因是血小板遇冷后在形态上会很快发生变化,由盘状变为球状,容易聚集和破坏,输入体内存活期短;22℃±2℃ 保存的血小板可以保持形态完整,输后在体内存活时间较长。

(2)pH 值:血小板保存质量与 pH 值关系密切,适合血小板的 pH 值为 6.5～7.2,保存末期测定 pH 值不应小于 6.0,也不应大于 7.4,否则输后回收率低,存活期短。pH 值下降与保存过程中乳酸浓度有关,当乳酸的浓度升高到 30～40 mmol/L 时,pH 值降到 6.0。而乳酸浓度升高又与贮存容器对气体的通透性有关,在有氧条件下血小板代谢产生 CO_2,通过气体交换,使 CO_2 从贮存容器散出,而氧气进入容器,以保持 pH 值不变。如果通过容器的气体交换,不能满足血小板对氧气的需求,血小板代谢就从需氧代谢转为厌氧代谢,于是糖酵解增加而产生过多的乳酸,使 pH 值下降。

(3)摇动:研究证明,在 22℃±2℃ 保存血小板,必须保持轻微的摇晃。由于摇晃使氧气和二氧化碳容易通过贮存容器表面,有利于保存期间 pH 值的维持。即使是气体通透性较好的 PL732 容器,保存期间缺乏摇晃也同样可造成 pH 值的下降。试验发现,在不摇晃的情况下保存 5 天后的 pH 值为 6.3,而摇晃保存的 pH 值为 7.0。但摇动对血小板也有不利影响,通过滚动式和水平式两种不同方式对比观察,提示滚动式的摇荡增加了对血小板的损害作用。

(4)血浆量:保存血小板时,血浆量可增加到 50～70 mL,有利于 pH 值的维持。

（5）血小板浓度：在血浆留量相同的情况下，血小板浓度与 pH 值维持有一定的关系，一般认为保存血小板浓度不应超过 $1.6 \times 10^{12}/L$。

（6）白细胞污染量：白细胞污染量除了容易引起同种异体免疫反应外，有人认为白细胞污染和血小板保存期 pH 值下降有关。

三、血小板保存质量的评价指标

血小板贮存质量应以体内指标为主，包括输注后血小板的回收率、半衰期、存活时间、止血效果和增值率（CCI）等。但由于体内试验变动因素十分复杂，在实验室研究中难以实施，故多数学者仍致力于体外评价方法。大量研究表明，体外指标与体内效果有一定的相关性，如 PC 的 pH 值、形态特别是超微结构形态、乳酸生成、β - TG、PO_2、PCO_2、三磷酸腺苷（ATP）、腺嘌呤核苷酸总量、乳酸脱氢酶（LDH）及血小板因子 4（PF4）等生化指标和聚集与释放功能、低渗休克等生理指标，均能不同程度地反映血小板的某些质量。一般认为，PC 贮存后的 pH 值在 6.9～7.4、形态无明显改变、聚集功能大于贮存前的 45%、低渗休克大于 80%、乳酸生成速率小于 100 纳摩尔/小时 $\times 10^9$ 个血小板，即可保证贮存后的血小板仍有较满意的临床效果。

四、血小板保存袋特性要求

第一代（DEHP - PVC）塑料血袋保存血小板一般只能保存 3 天。早期的研究认为是由于袋膜中 DEHP 污染血小板，引起血小板低渗休克反应（HSR）下降。然而进一步研究表明，第一代塑料血袋不适合贮存血小板的主要原因是血小板袋膜透氧量低。近年来在研制新的血小板贮存袋时，主要遵循的原则是提高血小板袋膜透氧量，使透氧总量与贮存的血小板总耗氧量取得平衡。据此，在研究中取得了突破性的进展。

（一）血袋薄膜材料透氧速度

许多高分子材料膜在宏观上不存在孔洞，只存在分子之间的间隙，气体分子透过膜是以溶解-扩散方式从浓度较高侧向浓度较低侧迁移。气体透过膜的量受气体种类、膜材料结构和性质、环境温度等因素影响。表 11 - 1 列出几种以氧在单位时间、单位面积（cm^2）、单位压差（mmHg）下透过单位厚度膜（cm）的容积（mL）表示的高分子膜透氧速度。从表 11 - 1 可以看出，薄膜材料透氧速度最高的是聚二甲基硅橡胶；最低的是聚四氟乙烯（为硅橡胶的百万分之八），聚氯乙烯也很低（约为硅橡胶的万分之三）。

表 11 - 1　高分子膜透氧速率[mL・cm/（cm^2・sec・cmHg）]

膜材	PO_2	膜材	PO_2
聚四氟乙烯	0.000 4	高密度聚乙烯	0.10
聚酯（涤纶）	0.001 9	聚苯乙烯	0.12
尼龙	0.004	天然橡胶	2.4
聚乙烯醇（PVA）	0.010	含氟有机硅高聚物	11.0
聚氯乙烯（PVC）	0.014	聚碳酸酯有机硅	16.0
甲基纤维素	0.070	聚二甲基硅橡胶	50.0
醋酸纤维素	0.080		

（二）血小板离体贮存的耗氧量

血小板的正常代谢为有氧代谢，即吸入足量的氧气，放出二氧化碳。因此要求血小板保存袋透过氧气和二氧化碳的速率较高。一般的血袋透二氧化碳的能力大于透氧的能力。据 Wallvik 等人测定，血小板贮存在 22℃ 时的耗氧速率为 9 微摩尔 O_2/小时 $\times 10^{11}$ 血小板，Kilkson H 等人的测定为 (0.066 ± 0.0096) 微摩尔 O_2/小时 $\times 10^9$ 血小板。Horowitz 等人提出，血小板保存袋总的透氧量，与该袋所能容许保存的血小板数存在着线性关系（图 11-1）。

（三）血小板袋的总透氧量与所装血小板的总耗氧量保持平衡

供氧不足时，血小板通过无氧糖酵解而生成乳酸的速率将增加 5～8 倍，乳酸的大量生成使血小板的贮存介质（血浆）的 pH 值急剧下降。有学者已证明在 pH 低的介质中保存的血小板体内功能差。而当供氧量过大或贮存的血小板过少时，生成的少量乳酸与血浆中 $NaHCO_3$-H_2CO_3 缓冲体系中的 $NaHCO_3$ 反应，生成 H_2CO_3 而释放出较多的 CO_2，导致 pH 值升高。当 pH 超过 7.5 时血小板功能同样受到很大的影响，并改变了血小板的形态指数。

因此，良好的血小板保存袋应在血小板贮存过程中使血袋的总透氧量与袋内血小板的总耗氧量之间大体保持平衡。对总透氧量为一定值的血小板袋，所能允许贮存的血小板数量有一定的范围要求，所装血小板数过多、过少，都会使贮存的血小板功能遭到破坏。

Wallvik 等人测定了几种不同的血袋，于 22℃ 贮存血小板 5 天，可贮存血小板数的范围见图 11-2。

（四）改善血小板保存袋的透氧量的途径和方法

（1）采用聚烯烃材料制成血小板袋：据文献报道，采用聚乙烯和丙烯酸乙酯的共聚体 [（poly-(ethylene-co-ethyl acrylate)]，即乙烯-丙烯酸乙酯共聚物（简称 EEA），由它制成的市售商品代号为 PL732 的血小板保存袋，其透氧量高达每袋（300 mL）16 μmol O_2/h，能贮存的血小板数量范围最大，也能较好地保持血液的 pH 值和血小板功能。但它不能用于贮存红细胞，即使在 EEA 中加入不同量的 DEHP，也不能防止袋内红细胞渗透脆性显著下降

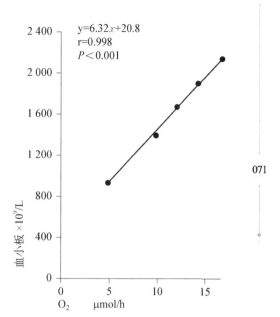

$$y = 6.32x + 20.8$$
$$r = 0.998$$
$$P < 0.001$$

图 11-1　可贮存的最大血小板数与血袋透氧量关系

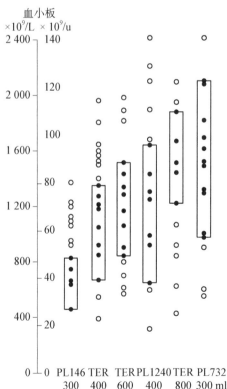

图 11-2　六种血袋可贮存浓缩血小板 5 天的范围

的趋向,且加工困难,材料较硬,不透明,不适宜高压蒸汽灭菌等。

Shimizu 等报告了制成新一代的聚烯烃血小板袋。它是一种可以用高频热合制成血小板保存袋的血袋材料,主要成分为聚丙烯、苯乙烯-苯丁烯共聚体以及乙烯-丙烯酸乙酯共聚体等三种高聚物的共混物。它的 O_2 和 CO_2 透过率比 PVC 血袋分别高 2 倍和 1.6 倍。用 0.6 升容积袋贮存浓缩血小板 $(1\sim1.9)\times10^{11}$ 保存 6 天,血浆 pH 值为 7.0,袋内血小板耗氧速度为 $1.5\,\mu mol/(min \cdot 10^9$ 血小板$)$,乳酸产生速度为 $0.8\,\mu mol/(min \cdot 10^{11}$ 血小板$)$,说明该种血小板袋具有优良的性能。

(2) 用乙烯-醋酸乙烯酯共聚物(EVA)制成血小板保存袋:国内有用 EVA 制成血小板保存袋。EVA 材料组分单一、化学性能稳定、透氧量和保存血小板效果均与上述 EEA 近似。其透明度和柔软性要较 EEA 好,最大的缺点也是不能适应高压蒸汽灭菌,因而难以广泛使用,但用于机采血小板耗材是非蒸汽灭菌的,则可认为 EVA 制成的血小板袋是一种值得推广的优良品种。

(3) 提高 DEHP-PVC 血袋的透氧量:日本学者佐藤畅等研究了关于血袋容积与血液保存的关系后,提出减低血袋薄膜厚度,并加大血袋薄膜的面积以扩大透氧量,贮存血小板可达 5 天。日本 Teruflexa 产品,其袋膜厚度 0.36 mm 容积依次为 400 mL、600 mL、800 mL。当容积为 800 mL 时,透氧速率达到 13.5 $\mu mol/h$,可满足 $(70\sim110)\times10^9$ 个血小板/袋的需氧量。

但是这种改进方法是否实用还值得研究。因为,增大血小板保存袋薄膜面积必然增加 DEHP 的抽出量,虽然目前尚未有 DEHP 对人体存在潜在毒性的定论,但对医用而言即使未见有临床不良事件,也是不适宜的。最主要的是大面积的血小板保存袋,其 DEHP 抽出量,肯定会超过国家标准规定,成为不合格品。不过在此似乎也可间接提示:对血小板贮存功能有关键影响的因素不是袋膜中的 DEHP,而是透气性。

(4) 在 PVC 材料体系中用新的增塑剂取代 DEHP。

用偏苯三甲酸三(2-乙基己)酯(TOTM,又称 TEHTM)代替 DEHP:选用 TOTM 增塑的 PVC 塑料制成血小板贮存袋,不仅在乙醇-水溶液和血液中的抽出量大为减少,而且血袋透氧量增大,达每袋(CLX)13.0 $\mu mol\ O_2/h$ 和每袋(PL1240)11.5 $\mu mol\ O_2/h$,贮存血小板 7 天后其 pH 值、形态、体内功能均较好,是目前国际上广为使用的血小板贮存袋。但此袋保存红细胞时间不长,一般仅为 21 天,对此,可从多联袋的组成上进行解决,即将原 DEHP-PVC 材料体系制成的多联袋中的一只转移袋(血小板保存袋)用上述 TOTM-PVC 袋取代。

用丁酰柠檬酸三己酯(BTHC)取代 DEHP:选用 BTHC 增塑剂的 PVC 血袋(PL2209,美国,Fenwal),其透氧量高于 PL1240 血袋。这种血袋在贮存血小板过程中除血小板第 4 因子(PF4)显著升高外,其他生化指标(pH 值、PO_2、PCO_2、葡萄糖、乳酸、ATP 等)与 TOTM-PVC 袋类似。用铟标记贮存 5 天的血小板,PL2209 血小板袋和 PL1240 血小板袋自身回输体内平均回收率分别为 41.1%±7.4% 和 45.5%±7.7%;血小板体内半衰期分别为 66±13 小时和 75±5 小时;血小板在体内的存活时间分别为 6.0±0.7 天和 6.5±0.4 天(多元模型计算)。可见两者(与 TOTM-PVC 相比)无显著性差异。但是,BTHC-PVC 血袋保存红细胞却能克服 DEHP-PVC 血袋的增塑剂抽出量大的问题,即 BTHC-PVC 血袋有与 DEHP-PVC 袋相似的对红细胞膜的稳定作用,保存红细胞 35 天后各指标包括红细胞寿命均与 DEHP-PVC 袋相近。因此可以认为 BTHC-PVC 是一种很有发展前景的血袋品种。

以邻苯二甲酸二正辛酯(DnDP)取代 DEHP：Shimizu 等报告用 DnDP - PVC 制成血小板保存袋，并与 DEHP - PVC 血小板保存袋进行比较，试验结果表明，其透氧、透二氧化碳率均明显提高，且毒性小(DnDP 的小鼠静脉注射 LD_{50} 为 $10.5\sim16.0\,g/kg$ 体重，DEHP - PVC 则为 $0.96\sim1.4\,g/kg$ 体重)。特别是 DnDP 在血液中的抽出率仅为 0.58 毫克/(袋·5 天)，而相同条件下的 DEHP 抽出高达 48 毫克/(袋·5 天)，同时贮存血小板的聚集功能、低渗休克、形态及 pH 值变化均比 DEHP - PVC 血袋好。

用复合增塑剂：如用 TOTM - DEHP、A - 8 - TOTM[A - 8 为乙酰化柠檬酸三(2 -乙基己)酯、环氧柠檬酸苄辛酯- DEHP 等。这些复合增塑剂，近年来国内也有不少研究并取得了较好的成果，两种增塑剂以不同的比例混合，在保存效果上可取长补短，特别是能明显提高透氧速率和调节 PC 保存期间的 pH 值，使 pH 值稳定等，可保存血小板 $5\sim7$ 天。

(五) SX9207 血小板保存袋介绍

根据有关血小板保存袋文献和国外研究现状，上海市血液中心经过艰辛努力，于 1992 年制成了新型改性聚氯乙烯和复合增塑剂的血小板保存袋(简称 SX9207 血小板保存袋)。其外观、机械强度、耐温性、吸水率、粘力、水溶出物、生物学、血液保存等试验结果全部良好，符合国家标准要求。氧气透过率、血小板保存试验等研究结果如下：

1. 材料和方法

(1) 塑料袋的制备：按配方将树脂、复合改性剂、新型增塑剂等其他助剂经捏合、造粒、吹塑成膜并制成袋。

(2) 浓缩血小板制备：取当天采集的 ABO 同型血 n 个单位，每单位 200 mL，(采集至 ACD 抗凝液)，用白膜法分离制备血小板浓缩物(PC)40 mL，将 n 单位的 PC 混匀、称量、分别等量加入试验袋。筛选配方时，将分离后的 PC 混匀，分别等量加入 5 个不同配方的袋中，以供配对试验比较，每袋 PC 约 10 mL，PC 体积与 PVC 袋表面积之比约 $0.3\,mL/cm^2$；确定配方时，将分离后的 PC 混匀，分别等量加入 SX9207 血小板袋、常用血袋(国内对照)、PL - 1240(国外对照)袋中。放入 22℃血小板保温箱(U. S. A PC - 300/456)。水平振荡频率：55 回/分钟，振幅 3.5 cm，分别取保存前、保存后 24 h、72 h、120 h 各一袋做血小板功能检测。

(3) 血小板功能检测。pH：用 pHs - 3C 型酸度计。血小板计数：①Coulter T - 540 计数仪测定，②1‰草酸铵法，光学显微镜计数(筛选配方阶段)；血小板低渗休克反应(HSR)；血小板聚集试验：Chrono-log 707 血小板聚集仪，PC 密度 $2.5\times10^{11}/L$，致聚剂 ADP 最终浓度 $10\,\mu mol/L$；PO_2、PCO_2：血气分析仪(1312. U. S. A 实验公司)测定，PC 中的 PO_2 和 PCO_2 委托上海市劳动职业病防治研究所测定，电镜观察；血小板亚显微结构：上海第二医科大学生物物理教研室制作。

(4) 塑料袋薄膜的气体通透性试验：用化学法测定氧气透过率(由天津市血液中心测定)。

2. 结果

(1) 不同配方血小板保存袋的保存效果见表 11 - 2。国内对照袋系 DEHP - PVC，SX9207A～SX9207D 系 TOTM 和柠檬酸酯增塑剂不同比例- PVC。综合观察四项指标，尽管 SX9207 - D 配方的 HSR‰略比 SX9207 - B 配方低，但其 pH 值较稳定、聚集高，故确定 SX9207 - D 配方作为血小板保存袋即 SX9207 血小板保存袋。

表 11-2 不同配方血小板保存袋保存血小板 5 天后的效果($n=3$)

配方编号	pH*	血小板计数(%)**	HSR(%)**	聚集(%)***
SX9207A	7.49 ± 0.09	78.0 ± 2.2	57.0 ± 6.6	45.5
SX9207B	7.47 ± 0.14	79.9 ± 8.1	75.1 ± 9.5	31.8
SX9207C	6.93 ± 0.36	80.5 ± 5.2	57.5 ± 3.0	58.0
SX9207D	7.19 ± 0.14	86.3 ± 3.5	58.4 ± 3.8	66.1
国内对照	7.41 ± 0.10	75.1 ± 1.7	58.3 ± 15.7	6.7

注: * pH 零天值 7.11 ± 0.09;** 取相对值＝(保存后血小板值/保存前血小板值)×100%;*** 为 3 次试验结果致聚剂浓度不一,仅以均值表示。

(2) SX9207 血小板保存袋与对照袋配对试验结果见表 11-3,表 11-4。

表 11-3 SX9207 血小板保存袋与国内对照袋保存 PC 结果比较

项目	SX9207	国内对照	保存时间(h)	n	P
pH	7.18 ± 0.08	7.18 ± 0.08	0	24	0
	7.29 ± 0.06	7.34 ± 0.12	24	18	<0.05
	7.26 ± 0.08	7.42 ± 0.14	72	20	<0.01
	7.19 ± 0.18	7.58 ± 0.16	120	21	<0.01
血小板计数 (%)	100	100	0	22	0
	96.9 ± 3.2	91.6 ± 4.6	24	13	<0.01
	88.3 ± 6.1	85.4 ± 8.9	72	15	<0.05
	78.7 ± 9.6	65.8 ± 15.8	120	17	<0.01
HSR (%)	100	100	0	27	0
	83.3 ± 6.3	79.3 ± 17.5	24	17	>0.05
	81.3 ± 16.3	65.6 ± 18.9	72	25	<0.01
	63.3 ± 8.7	37.8 ± 20.0	120	24	<0.01
聚集 (%)	100	100	0	26	0
	87.8 ± 32.6	23.5 ± 16.2	24	23	<0.01
	41.6 ± 25.3	11.4 ± 14.7	72	26	<0.01
	45.5 ± 24.8	10.4 ± 7.9	120	19	<0.01

注:血小板计数、HSR、聚集的零天绝对值分别为 $(3.85\pm0.93)\times10^{11}$/L、$(65.1\pm13.5)$%、$(42.0\pm28.3)$%。

表 11 - 4　SX9207 血小板保存袋与国外对照袋保存 PC 结果比较

项目	SX9207	国外对照	保存时间(h)	n	P
pH	7.16±0.06	7.16±0.06	0	23	0
	7.28±0.05	7.36±0.08	24	21	<0.01
	7.25±0.12	7.48±0.09	72	17	<0.01
	7.21±0.15	7.62±0.18	120	15	<0.01
血小板计数 (%)	100	100	0	21	0
	94.6±7.2	93.1±8.9	24	21	>0.05
	80.8±11.6	84.0±9.0	72	25	>0.05
	71.8±10.0	79.5±14.0	120	17	<0.01
HSR(%)	100	100	0	22	0
	83.4±14.0	96.2±22.0	24	15	>0.05
	84.8±21.4	94.8±22.2	72	18	>0.05
	64.2±15.8	70.3±17.3	120	15	<0.01
聚集(%)	100	100	0	20	0
	80.9±20.9	35.3±18.1	24	20	<0.01
	40.5±16.9	14.3±10.7	72	20	<0.01
	36.3±22.0	19.3±8.4	120	14	<0.01

注:血小板计数、HSR、聚集的零天绝对值分别为 $(3.36±1.03)×10^{11}/L$、$(58.2±7.9)\%$、$(49.2±27.1)\%$。

（3）薄膜透气性比较:国内对照袋和 SX9207 血小板保存袋膜厚均为 0.40 mm,氧气透过率分别为每袋 7.4 μmol/(L·h)和 10.6 μmol/(L·h)。

（4）PC 保存期间血气分析,见表 11 - 5。

表 11 - 5　三种袋保存 PC 的 PO_2、PCO_2 值($n=3$)

项目	SX - 9207	国内对照	国外对照	时间(h)
PO_2 (kPa)	16.9±0.8	16.9±0.8	16.9±0.8	0
	13.2±4.1	12.2±4.8	13.0±3.5	24
	15.5±3.2	14.6±2.6	16.3±3.3	72
	19.6±0.3	15.2±3.9	15.6±4.6	120
PCO_2 (kPa)	7.41±0.37	7.41±0.37	7.41±0.37	0
	3.65±0.63	4.25±0.52	3.45±0.80	24
	2.01±0.24	2.57±0.58	1.95±0.40	72
	1.48±0.24	1.90±0.58	1.38±0.27	120

（5）血小板亚显微观察结果（放大倍数 $2×10^4$）：图 11-3 显示，新鲜血小板外膜完整，内部颗粒及结构清晰可见，如 α-颗粒(A)、致密颗粒(B)线粒体(M)、开放小管(O)、糖原(G1)等。血小板保存 5 天后，国内对照袋坏死细胞较多，体积普遍增大，细胞内有效成分相对集中，颗粒减少，空泡增多（图 11-4）；国外对照袋和 SX-9207 袋血小板的外膜比较完整光滑，完整颗粒如 α-颗粒(A)。致密颗粒(B)线粒体(M)仍可清晰辨认，空泡少量增多（图 11-5、图 11-6）。

保存前的血小板形态

图 11-3　保存前的血小板形态

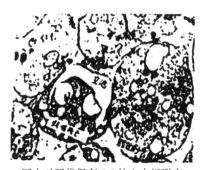

国内对照袋保存 5 d 的血小板形态

图 11-4　国内对照袋保存血小板 5 天后的血小板形态

国外对照袋保存 5d 的血小板形态

图 11-5　国外对照袋保存血小板 5 天后的血小板形态

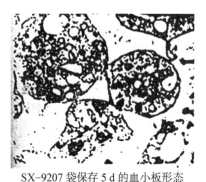

SX-9207 袋保存 5 d 的血小板形态

图 11-6　SX-9207 袋保存血小板 5 天后的血小板形态

3. 讨论

SX-9207 血小板保存袋研究的关键是 PVC 材料改性和拟定新配方。而配方的核心是增塑剂体系的选用。国内外大多数学者认为常用 PVC 血袋，由于所用 DEHP 增塑剂析出，并且大多数集中在血小板膜上，导致血小板的低渗休克，聚集功能下降。此类血袋因透氧速率较低，引起血小板贮存过程无氧酵解，生成乳酸而使 pH 值下降，进一步损害血小板功能。

SX-9207 血小板保存袋选用了偏苯类、柠檬酸酯类两种增塑剂进行不同配比组合试验，使两种增塑剂相互取长补短达到最佳效果，最终取代 DEHP，从而避免了 DEHP 可能对血小板的损害。实验进一步证明：

（1）SX-9207 血小板保存袋，由于启用了新增塑剂体系，有利于调节 pH 值，使 pH 值比较稳定（血小板保存 5 天后 pH 值为 7.16～7.24）。其血小板计数与美国 PL-1240 无明显差异,HSR 略逊于美国 PL-1240,聚集则优于 PL-1240。用电子显微镜观察保存后的血小板形态,其超微结构能直观地反映血小板活力。SX-9207 血小板保存袋保存 5 天的血小板形态虽较之于保存前有所改变,但外膜完整、颗粒清晰可见,与国外对照袋接近。而国内对照袋血小板形态很不理想,这均可能与 DEHP 损害有关。

(2)SX-9207 血小板保存袋物理性能的变化,主要是与 PVC 材料的改性有关。由于 PVC 材料中加入了改性剂,相容性不同,使材料形成多相结构,表面呈微观凹凸状。这使材料既减少了袋表面间的粘连,又提高了透气性,故 SX-9207 血小板保存袋 PO_2 明显提高,PCO_2 下降接近国外对照袋。这表明此薄膜透氧能力较好,有利于 pH 维持在较稳定的水平。这也是该袋能较好地保存血小板的重要因素。

(3)根据国外文献资料:对总透氧量为一定值的血小板保存袋,所能允许贮存的血小板数量有一定的范围要求,所装血小板数过多或过少都会使贮存的血小板功能遭到破坏。SX-9207 血小板保存袋还未对不同密度的血小板保存进行试验,且有关临床疗效的资料也有待进一步积累。

第二节 光化学、光生物学在输血领域中的应用

20 世纪 80 年代末光化学、光生物学在扩展输血技术临床治疗中的应用,以及解决目前输血领域面临的难题中,显示了令人注目的前景。如将患者的血液采集后,经紫外线照射及充氧后再回输给患者,这是治疗性输血的一种方法,称紫外线照射、充氧、自身血回输疗法(简称紫外线透疗法)。

紫外线为高能量光量子,由特定的灯管发射,它穿过光量子血疗仪,进入血液容器,使容器内的氧气变成不稳定的臭氧。臭氧很活泼,能很快与血浆中的不饱和脂肪酸作用生成大量臭氧化物。这些物质都能与血红蛋白结合,直接参与细胞代谢。臭氧还能激活呼吸酶,是各种组织不可缺少的氧能。同时,紫外线的光量子对血液进行能量传递与交换,使血细胞和血浆蛋白与酶类等获得足够能量,发生一系列生物效应,从而发挥疗效。因此,血液在紫外线的作用下变化,是光量子、氧、臭氧三者共同作用的结果。其疗效主要表现为杀菌、消炎、提高血氧饱和度、增加供氧、改善循环、调整凝血和止血机制以及提高身体免疫功能、降低血脂、血黏度等。至于紫外线在解决输血领域面临的难题中的应用更为引人关注,特别是可用于预防输血小板所引起的同种免疫反应。紫外线按波长又分为长波紫外线(UVA,波长 320~400 nm)、中波紫外线(UVB,波长 280~320 nm)、和短波紫外线(UVC,波长 200~280 nm)三种。试验表明,输入经 UVC 处理过的血小板能预防同种免疫,也可诱导患者的"耐受性",使输入未经处理的血小板也能存活下来;对人体血小板体外功能影响的试验也表明,用平均波长为 310 nm 的紫外线,在一定的光照剂量范围内,可有效地消除血小板制品中混杂的白细胞(灭活淋巴细胞),但仍能保留血小板的功能(图 11-7)。

用 UVA 照射结合光敏剂(补骨脂衍生物)还可灭活血浆中的细小病毒。

笔者曾于 20 世纪 90 年代,亲自观察到紫外线透疗法能降低血液黏度,使暗红色的血液能随着治疗次数的增加而变得鲜红,使不明原因的心率不齐成为正常等;可以认为该疗法对一些心血管系统、呼吸系统等的慢性疾病有很好的疗效。

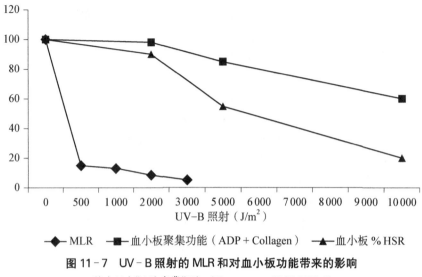

图 11-7　UV-B 照射的 MLR 和对血小板功能带来的影响

（摘自日本"血液事業"Blood Prpgramme 15(3)1992.9)

一、一次性使用紫外线透疗血液容器要求

紫外线透疗方法是将患者的全血或血液成分采集到体外特制的透紫外线容器里,用特定波长的紫外线对其辐照、再向里充氧,然后将经过光化学反应后的血液回输给患者。也可用健康人的全血或血液成分经紫外线辐照处理后输给患者。

过去曾用石英玻璃设计制作血疗容器。石英玻璃血疗容器尽管紫外线透过率高,其他理化性能也十分优良,但其售价偏高而不能一次性使用,反复使用易发生血源性疾病交叉感染、特别是易破碎且密封性不好。随着科学技术的发展,人们对血源性疾病交叉感染等问题日益重视,要求用一次性使用血液辐照容器的呼声也日益强烈。20 世纪 90 年代,国内外有不少学者致力于研究一次性使用紫外线透过率高的塑料容器,并取得显著成果。国外产品如美国DuPont 公司的 Sclair film 袋、美国 Fluorosed 有限公司的 Teflon 袋等;国内有上海、河北石家庄等用塑料容器取代石英容器的报道或发明专利,并使之不断创新、发展,形成了结构简单、新颖的系列产品。2002 年,发布了行业标准 YY 0327—2002《一次性使用紫外线透疗血液容器》（以下简称血液辐照容器）。

（一）血液辐照容器性能要求

血液辐照容器既要直接进行采血、输血、贮血、排气,又要接受充氧、紫外线辐照等,是一种多功能产品;因而不仅要求其材料具有与石英容器相似的紫外线透过率,同时还要求具有与塑料血袋相似的密封性、优良的化学稳定性、生物安全性、血液相容性等。此外,血液辐照容器还需在辐照机上振动辐照,并同时受到充氧压力,因此还要求其材料必须具有一定的强度,能确保其满足 15 kPa,持续 15 s,各组件间保持密封无破损。

（二）血液辐照容器对不同波长紫外光的透过率

常见的无色"透明"塑料,仅对于可见光区域（400～700 nm)具有比较恒定、比较高的透光率,而在紫外线区域（190～400 nm)透光率变化较大。同一种材料在不同波长处具有不同的透光性,表现为透光率对应于波长曲线具有起伏性。这是因为材料分子中某些基团受光能量振动摆幅不一致所引起的；这还与材料分子的排列方式和结晶球直径大小有关，与材料无定形和球晶密度的比值有关；对于大多数的无色透明材料而言，在紫外线区域透光率随波长的增加而加大，在可见光区域，这种趋势则不明显。

（三）袋体厚度的影响

袋体厚度对紫外线透过率有较大的影响，见表11-6。

表 11-6　部分塑料袋体厚度对紫外线透过率的影响

材料名称	薄膜层数	厚度(mm)	波长(nm)								
			250	260	270	280	290	300	310	320	330
DELMED	单	0.09	37	41	47	51	56	59	61	63	65
	4	0.36	2	3	5	8	12	14	16	17	19
	*理论	0.36	1.9	2.8	4.9	6.8	9.8	12.1	13.8	15.8	17.8
聚丙烯	单	0.05	69	69	69	71	75	78	79	79	81
	6	0.30	11	11	11	13	18	22	24	26	28
	*理论	0.30	10.8	10.8	10.8	12.8	17.8	22.5	24.3	24.3	28.2
SBC-PO	单	0.35	49	59	59	61	71	76	78	79	80
	2	0.70	14	34	34	35	50	57	61	63	64
	*理论	0.70	24.0	34.8	34.8	37.2	50.4	57.8	60.8	62.4	64.0

注：*理论：为按公式 $\lg T_1 / \lg T_2 = L_1 / L_2$ 计算得出。

（四）材料结构的影响

由于材料分子本身结构和所包含的某些基团或化学键对光的吸收或反射，使其对紫外线的透过会起到阻隔作用。

紫外线透过率也称透射比，表示透过光强度，占入射光强度的比例，它也是物质吸光程度的一种度量。吸收光强度越大，透过光强度越小。在分光光度的分析中，经常使用百分透光率这个术语，即透光率 $T_\lambda = I_4 / I_0 \times 100$。某一薄膜的紫外线透过率除与材料本身的吸收有关外，还受到材料厚度、表面光洁度、表面洁净度等各种因素影响（图11-8）。

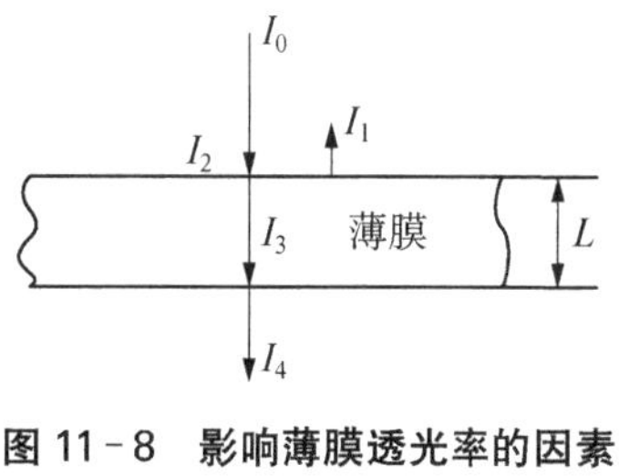

图 11-8　影响薄膜透光率的因素

I_0—入射光　I_1—反射光　I_2—材料表面污物吸收光　I_3—薄膜材料吸收光　I_4—透射光　L—薄膜厚度

（五）影响材料透过率的因素

欲使材料得到较高透过率，即要使透射光 I_4 接近 I_0，可从以下几个方面来研究。

（1）提高材料表面的光洁度，表面越粗糙，入射光散失越大，即 I_1 越大，加工时应尽量减少表面划伤、擦伤。

（2）提高材料表面的洁净度，加工和产品贮存过程中应防止灰尘的吸附、油脂的污染，这些杂质对光线具有吸收、阻隔作用，即减少 I_2。

（3）选取紫外线透过率高的材料，即使 I_3 最小。

（4）当材料为均匀介质时，透光率特性遵循朗伯比耳定律。即当一束平行单色光垂直通过某一均匀非散射的吸光物质时,其吸光度与吸光物质的浓度及吸收层厚度成正比。当吸光物质浓度不变时,透光率与吸收层厚度成反比,即厚度越薄(L越小),光的透过率越高。

(5) 材料的透光性主要取决于材料自身的特性,即材料的构成及分子中包含的基团对光的吸收。由图11-9可见各种材料的透光曲线是不同的,此透光曲线反映了材料特性,因此该曲线在某种程度上可定性反映材料的组成,且曲线的形状与材料的厚度基本无关。同一种材料在不同波长时具有不同的透光性。有资料报道医用高分子材料中多数材料其紫外线透过率不高(特别是紫外线的短波段),如聚氯乙烯在紫外线300 nm以下波长时,几乎全部被吸收。尼龙、聚丙烯、聚乙烯等,它们只有厚度在0.1 mm以下时尚可使用,但此厚度的材料强度很低,易破损。氟塑料共聚物各方面性能都好但价格高,加工时工艺复杂,且中间体有毒性,较难运用。

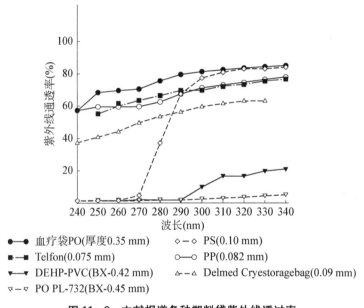

图11-9 文献报道各种塑料袋紫外线透过率

(图中最高一条曲线为上海产品,其薄膜厚度为0.34 mm)

(6) 按行业标准YY 0327—2002规定,血液辐照容器辐照面应透明光洁、厚薄均匀,辐照面紫外线透过率指标为:

UVA(365 nm)≥60%

UVB(313 nm)≥50%

UVC(254 nm)≥40%

这是该产品最重要的性能。

通过对大量的高分子薄膜材料透过率的扫描曲线测试发现,任何一种材料的透过率会随着波长的增加而增加。一般在紫外线短波段透过率较低,长波段较高,因此行业标准规定紫外线透过率指标按波段设定。

(7) 常用的紫外光源有低压汞灯、高压汞灯等。主要发射波长为254 nm、313 nm和365 nm,国内外主要就是用这三个波长对全血和血液制品的辐照作用进行研究,并有很多文献报道各波段的疗效作用。研究证明了疗效与波长、辐照强度密切相关。对不同疾病和不同的血液制品应相应选取适宜的辐照波长,而不仅仅局限于 254 nm。国内紫外线辐照治疗仪多用 254 nm 光源,也有用 313 nm、365 nm 光源或几种光源同时存在,按使用者要求选取其中一种或几种光源并用。

(8) 血液辐照容器使用说明书要求:血液辐照容器是提供一种光化反应容器,该容器应标有三个波段的透过率,使用户根据疗效选取适合的光源、照射剂量、容器品种,并根据容器的透过率确定照射时间等。又因为辐照剂量=辐照强度×辐照面积×照射时间×透过率,因此产品在说明书上还应标明辐照面积,以有利于用户根据治疗需要选取。

二、上海市血液中心一次性使用紫外线透疗容器产品介绍

选用聚烯烃作为紫外线透疗血液容器(又称血疗袋)的材料(发明专利号:92104250.7),研究者从选材着手,经反复研究,制成薄膜厚度相仿于普通血袋,机械强度好,能胜任振荡、紫外线透过率高、易成型加工、性能优良的聚烯烃紫外线透疗血液容器。

(一)基本特点

经多次分光光度计测试结果表明,用聚烯烃制成的血液辐照容器其三个波段的紫外线透过率(仅在 250 nm 以下较低),均高于行业标准规定,见表 11-7、图 11-10。其 250 nm 以上的透过率可与石英容器媲美(图 11-11)。

表 11-7 八批血疗袋产品的紫外线透过率 (0.31±0.04 nm)

波长(nm)	240	250	260	270	280
透光率%	56.9±3.6	67.9±3.1	69.1±2.6	69.9±2.4	75.3±2.4
波长(nm)	290	300	310	320	330
透光率%	79.20±2.4	80.5±1.9	82.0±1.9	82.9±1.9	83.7±1.8

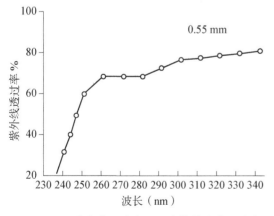

图 11-10 上海市血液中心血疗袋紫外线透过率
(此为 0.55 mm 厚的,正常厚度为 0.32 mm,则透光率更高)

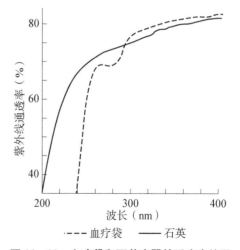

图 11-11 血疗袋和石英容器的透光率结果

(二)研究结果

(1)外观:光洁、透明呈乳白色。其他物理性能见表 11-8。

表 11-8　上海一次性使用紫外线透疗容器物理性能

项目 样品	厚度 （mm）	拉伸强度 （MPa）	断裂伸 长率(%)	抗拉力 （N）	吸水率 （%）	密封性
上海	0.34	14.1	＞500	29	0.03	合格
国内同类产品	0.062	/	/	8.5	/	/
我国标准指标	/	≥14.0	≥250	/	0.3	无气泡溢出*

注：* 按行业标准规定的方法检测。

（2）化学性能：化学性能良好，溶出物少，见表 11-9。

表 11-9　上海一次性使用紫外线透疗容器溶出物化学性能

项目	测试结果	我国标准规定
性状	无色、透明	无色、透明
pH 变化值	0.18±(0.02)	±1.0
还原物质(0.02 mol/L KMnO₄)/20 mL	0.11±(0.02)	≤0.3
重金属	合格	≤1.0(μg/mL)
不挥发物	合格	≤2(mg/100 mL)

样品经 40℃恒温保存 4 个月，pH 绝对值仍在 5.5 以上，明显优于 PVC 血袋（虽然该容器不需装液体，且实际使用时装血液也不超过一小时，对 pH 等化学性能不会有太多的影响），试验结果进一步说明该制品化学性能十分优良。

（三）具体产品

一次性使用血疗袋示意图（图 11-12）。

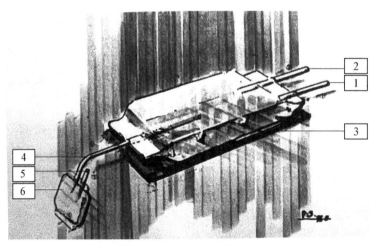

图 11-12　一次性使用血疗袋结构示意图
1—进血管；2—进气管；3—紫外线照射袋；4—出气管；5—出气管 1；6—缓冲袋

（1）设有进气、排气、采血、输血的管路。

（2）氧气进入隔层，通过气孔进入血液。

（3）排气管出口接 PVC 血袋（小规格）又称缓冲袋，使排气时可能溢出的少量血液进入缓冲袋内。

（4）形状立体，灭菌前加空气后密封，以基本保证产品灭菌后仍为立体状。

（四）紫外线照射后血液性能

（1）血气分析：充氧后到照射即刻氧分压明显升高，至照射后 6 小时氧分压仍在 500 托以上（1 托＝133.322 Pa）。

（2）血液流变学基本参数均呈下降趋势，与石英瓶比较无明显差异。

（3）血液常规：血小板、红细胞、白细胞计数及分类、血红蛋白、血液生化（血蛋白、血电解质、血肝功能、血胆红素、葡萄糖）测试结果与照射前相比，均无明显差异。

（4）临床试用：在理化、生物、血液等各项试验结果全部符合要求的基础上进入临床试用，临床试用分重点观察和一般观察两种。重点观察结果见表 11－10。

表 11－10　血液透疗容器临床试用疗效统计

组别	病例数	X 光胸片显效（％）	氧分压（托）	肝功能	总有效率（％）	紫外线光源
血液透疗容器	30	93	694±199	正常	87	300 W 高压 Hg 灯
石英瓶	30	92	691±115	正常	90	300 W 高压 Hg 灯

一般观察：血液透疗容器在少量使用证明安全的基础上，又在上海、江苏、浙江、广州等 50 多家医院使用 6 万多袋。推广使用进一步证明其疗效可与石英容器媲美，从而取代了石英血液透疗容器，使血液回输疗法终于实现了"一次性使用"，从根本上避免了血源性疾病的交叉感染。

第三节　低温、深低温保存容器

细胞、组织和器官的移植是现代医学的新技术。对移植物的保存特别是深低温保存，已被人们认为是该项技术中最为关键的技术。早在 1947 年 Florio 就开始研究，到 1950 年后就有了较好的发展，至今有 70 多年的历史。在此期间，随着低温生物科学技术的进步，冰冻方法、保护剂的选择、保护剂的洗脱方法、医用低温保存容器的选择等均有很多发展。

低温冰冻保存实验研究证明，生物细胞在低温（－70～－80℃）或深低温（－196℃）保存时，其代谢活动几乎处于停止状况，经长期保存，仍然具有比较高的代谢能力和生存活力。因此，开展低温保存研究工作，对延长细胞生命具有重要的意义。低温生物保存的研究，尤其是深低温保存研究，其首要的问题是要有耐深低温保存的容器。低温保存容器可以用玻璃、塑料、金属和搪瓷等制成。聚氯乙烯塑料血袋也可用作低温保存容器，但必须有特制的外包装，使其在低温保存过程中，始终处于静态状况直至复融。

深低温保存容器目前主要使用塑料制品,医用塑料中如 PVC 血袋只限于在特定的包装条件下作低温保存,如进入深低温(-196℃)则瞬间碎裂。

国外医用深低温保存容器,常用的有:Kapton-Teflon、改性 PP 和 PE 为材料制成的深低温保存袋,这些产品性能很好,但价格很高。国内也于 1987 年先后制成聚氟乙丙烯、聚酰亚胺和聚四氟乙烯复合膜深低温保存袋。这些材料耐低温性能和化学性能都很好,但材料价格昂贵,加工复杂,生产过程中产生毒性很高的中间体,需特殊的通风设备等。同时由于材料的硬度很强,产品的焊缝处极易发生渗漏、破损等。1987 年,上海市血液中心用单一的聚烯烃(乙烯—醋酸乙烯酯共聚物—EVA,或乙烯-丙烯酸乙酯共聚物- EEA)制成的深低温保存袋性能较好,可在-196℃液氮中保存 2 年以上,并且可反复冻融 1~3 次,只要使用适当,就可达到无破损。其研究资料如下:

一、深低温(-196℃)保存袋性能

(一) 外观
表面光滑、透明、呈浅乳白色。

(二) 机械强度
经环氧乙烷灭菌后保存 15 天:拉伸强度为 14.1 MPa(标准≥14 MPa),断裂伸长率(%)为≥600(标准≥250)。

(三) 吸水率(%)
0.02~0.05(对照组 PVC 血袋为 0.17、标准≤0.3)。

(四) 化学性能
水溶出物。
(1) pH 下降值:-0.14~-0.29(对照组 PVC 血袋为-0.45~-0.71)(标准≤1.0)。
(2) 还原物质(每 20 mL 水浸液消耗 0.02 mol/L KMnO$_4$ 数):0.10~0.11 mL(标准≤0.3 mL)。
(3) 重金属:合格。
(4) 不挥发物:≤1(标准≤2.0 mg/100 mL)。

(五) 生物学毒性
(1) 小鼠尾静脉注射 1 mL 样品浸提液后,无异常反应,体重和对照组无明显差异。
(2) 试液对细胞形态和细胞成活率均无明显影响。细胞增殖度,按照 0~V 分级法,对人淋巴细胞毒性为 0 级,对成纤维细胞毒性为 1 级,均属轻度细胞毒性。
(3) 家兔背部肌肉埋植深低温袋小片,仅见局部有轻度异物反应,30 天后已恢复,其余无异常。炎性分级和纤维囊腔分级均符合规定,局部组织化学和电镜观察均无异常。
(4) 家兔凝血时间,再钙化时间和血浆血红蛋白含量,样品组和对照组间均无明显差异。

(六) 细胞保存
胎肝造血细胞保存 2 个月至 2 年检测结果见表 11-11。

表 11-11　保存于液氮(−196℃)2 个月至 2 年检测结果

保存前			保存后			回收率(%)		
细胞计数 (/mm²)	拒染 (%)	CFu-Gm (2×10³/ 细胞)	细胞计数 (/细胞)	拒染 (%)	CFu-Gm (2×10³/ 细胞)	细胞计数 (%)	拒染 (%)	CFu- Gm(%)
34 452.8± 12 589.9	62.2± 19.3	118.2　± 78.3	3 511.1± 12 455.3	57.4± 14.7	193.8± 135.1	91.5	95.4	164
32 140.6± 17 244.3	54.6± 22.8	139.2± 95.1	29 215± 15 207.8	57± 18.3	116.8± 76.8	91	104.4	83.9
34 016.7± 14 301.4	15.9± 13.7	101.3± 62.4	30 438.9± 12 771.8	54.2± 18.4	98.1± 117.7	89.5	71.4	96.9
30 533.3± 15 661.1	66±8.5	32±8.5	25 800± 11 094.4	41.7±9	35±10.6	84.5	63.1	109.4

二、深低温保存袋低温保存细胞后的临床疗效

在理化、生物、血液保存等各项性能试验测试合格后,用兔骨髓加入等量 20%DMSO 保存液,经液氮保存后,回输给家兔,按规定观察 24 小时,符合要求后,进入人体使用。根据资料显示:20 世纪 80 年代,自 1984 年 10 月到 1986 年 9 月,前后保存人体胎肝造血细胞 64 袋,治疗 19 例。其中恶性肿瘤 4 例(8 袋),再生障碍性贫血 15 例(56 袋),输入过程中均无不良反应。用于再生障碍性贫血的病例中多数取得明显疗效,有 2 例取得显著疗效。并认为经−196℃冷冻保存的胎肝细胞、骨髓细胞等与新鲜制备的细胞在恢复造血功能上有同样的疗效(刺激造血细胞增值可能比新鲜制剂有更大作用)。自 1987 年至 1992 年,用于自身骨髓保存等临床移植已达 1 000 多例,均获良好疗效。

三、深低温保存袋内保护剂的装量

由于保护剂的装量决定袋内液层的厚度,关系到保护剂复温时间的长短。装量多、液层厚且不均匀、复温时间长,不利于细胞均匀降温,也不利于均匀快速复融,则不利于细胞的存活。故使用时,实际装量以不大于容器规格公称容量的 70% 为好。

四、深低温保存袋的性能

深低温保存袋的化学、物理、生物学毒性、血液相容性等均非常优良。由于其材料为单一的共聚物,又没有如医用聚氯乙烯塑料助剂的析出,所以十分适用制作医用容器。深低温保存袋的加工性好,特别是能较好适应吹塑、吸塑、模压等工艺,但不适高频热合。如要用薄膜高频热合成袋,则必须在热合部位的制品表面垫一层介质(聚氯乙烯等极性较大的塑料薄膜)。同样,其管口封合时也必须在制品表面垫一层聚氯乙烯作为介质。使用者应先用这一方法进行预练习,待熟练并确认质量良好后再进入实际操作。如无高频热合设备,也可用电加热的热合钳直接热合管口(不需垫介质),但要非常小心地观察被热合部位的融化程度。当看到该部位开始融化,立即松开热合钳,并用适当的方法将该部位压紧黏合,保证密封。该方法也必须反

复练习,至热合部位无破损后方可操作。

五、深低温保存袋破损问题

深低温保存袋在使用过程中减少破损的关键,是使用保护剂和保护剂的适当浓度。

保护剂的加入,使水溶液的冰点显著降低,形成过冷,同时黏滞性增加(甘油浓度自 0 至 30%,冰点自 0.00℃降至−9.5℃,绝对黏度自 1.005 升至 2.501 厘泊)。这样就控制了结晶过程,使结晶过程变慢,结晶形状也随之改变,由尖突叉状型转变为团状细致晶形的凝固状,因而对深低温保存袋不存在刺伤,而成为无破损的主要原因。这种情况又正好与细胞冰冻保存时本身需要保护剂相一致。因为甘油等保护剂能快速进入细胞与游离水结合,而均匀地控制细胞内外冰晶形成的同步化,有效地防止了细胞外水分结晶后电解质浓度改变,减少冰晶对细胞的机械损伤以及溶血的发生等。因此,深低温保存容器抗破损要求与细胞保存的要求相适应。当然这并不等于不管什么样的医用塑料袋只要装保护剂就都能用于制作深低温保存容器。如 PVC(聚氯乙烯)血袋,无论装哪种保护剂只要一进入液氮,它就"粉身碎骨"。因此,对耐深低温的保存容器来说,材料是关键。对同一种材料而言,保护剂有至关紧要的作用。

(一) 影响深低温保存袋破损的有关因素

具体见表 11-12。

表 11-12 影响深低温保存袋破损因素

	对破损影响	备注
规格:5 25 50 100 200 400(mL)	无影响	
有少量空气	无影响	
袋在液氮内保存时间	无影响	
反复使用次数(1~3 次)	无影响	实际只使用一次
袋内装液体量 (200 mL 规格装≤100 mL, 100 mL 规格装≤70 mL)	无影响	
袋内液层均匀性	无影响	对复温速度、细胞存活有影响(以均匀为好)
复融温度(36~40℃)	无影响	
袋装内容物种类	有明显影响	详细见表 11-13

(二) 深低温保存袋装入不同的内容物对破损的影响

深低温保存袋内装入不同的内容物后,破损情况有明显差异,含有低温保护剂的共 182 袋未发现一例破损,而不放保护剂的均有较大的破损(表 11-13)。

表 11 - 13　深低温保存袋内装不同内容物对破损的影响

内容物	试验袋数	破损率(%)
纯水	28	39
生理盐水	18	22
盐水＋少浆全血	103	31
Merman	106	0
Rowe	34	3
DMSO＋少浆全血	10	0
40%甘油＋少浆全血	12	0
20%～80%甘油	20	0

087

（三）不同浓度的甘油保护剂对破损的影响

当低温保护剂甘油含量低于 5% 时也有少量破损,待甘油含量达到 5% 以上时,破损数即降到 0,见表 11 - 14。该浓度($\geqslant 5\%$)正好符合冰冻保存时细胞对保护剂浓度要求。

表 11 - 14　不同浓度的甘油保护剂,对低温保护袋的破损影响($n=25$)

甘油浓度(%)	破损数(%)
70	0
60	0
50	0
40	0
30	0
20	0
10	0
$\geqslant 5$	0
$\leqslant 5$	5—22

（四）冰冻方式对低温袋破损的影响

实验设计了两种冷冻方式模拟各种细胞保存条件,因为每一种细胞都有自己最适宜的冰冻和解冻的速度。采取何种冰冻方式要根据细胞保存要求的降温速率而定。由实验结果得知袋内含有保护剂的,无论取哪种冷冻方式,均未发现袋破损。但是,不含保护剂的袋其冷冻方式对破损有影响。而在实际工作中,细胞深低温保存若不加保护剂,细胞是不能生存的。甘油保存剂$\leqslant 5\%$浓度的存在,仅仅是在探讨破损原因时作为对照而设计的。

六、深低温保存袋在应用技术上的一些问题

（1）深低温保存袋在加入保护剂后,应尽可能排尽空气。虽然袋内含有少量空气对袋的

破损无影响,也不会像在高温灭菌中那样使袋体膨胀,但空气的存在可使袋内保护剂复温时间显著延长而不利于细胞保存。

(2) 深低温保存袋装入保护剂后,管口的热合部位必须保证密封性好,绝不能存在微孔渗漏。这样能绝对避免在保存过程中有液氮渗入,否则当袋从液氮中取出和复温时,由于温差悬殊,使渗入袋内的液氮迅速气化,体积增大,严重时可使袋体破裂。

(3) 为解决上述深低温保存袋管口热合困难而导致密封不佳的问题,经反复研究,上海市血液中心发明了一种医用深低温保存容器(专利号:ZL00259570.2)。该容器主体和进(出)管仍用聚烯烃制成,能耐液氮(−196℃)保存,在进(出)管的外端塞入硅胶塞,在硅胶塞的外壁包覆收缩膜保护其密封性。深低温保存袋系 EVA 材料制成,该材料由于良好的透气性,也适宜血小板保存,并且既能适合血小板常温保存,又能适合血小板低温、深低温保存。由于 EVA 制成的管口难热合限制了其作为血小板保存袋的运用,上海市血液中心通过研究又发明了血小板保存袋及其制作方法(专利号:ZL00125633.5)。袋体用聚烯烃(EVA)材料制成、能耐液氮(−196℃)保存,进血管和隔膜管分成上下部两部分,进血管和隔膜管的下部用聚烯烃材料,进血管和隔膜管的下部插入袋体,通过热融方式使其与袋体连接相通,进血管和隔膜管的上部用聚氯乙烯材料挤塑而成,用光敏黏合剂涂覆在进血管的上、下部和隔膜管的上、下部相连接处,并套入紧密嵌合,再光照固化,使进血管的上、下部与隔膜管的上、下部相黏接。由于聚氯乙烯导管柔软,用小高频热合机的热合钳简单操作就能保证管口的密封性,从根本上杜绝微孔渗漏,使密封性得到保障;同时因材料的柔软,可直接用输血器上的穿刺器,刺入隔膜管,使用结束后,在隔膜管下方(PVC 管)用止血钳夹紧,然后热合封口,或用硅胶制成的管塞,将隔膜管口塞紧。通过这样的技术解决了 EVA 管的微孔渗漏问题,开拓了聚烯烃(EVA)材料制作血小板保存袋的应用。

第四节　医用耐寒弹性聚氯乙烯塑料(MCRE‒PVC) 及其血袋制品

聚氯乙烯塑料血袋应用于医学领域已有数十年的历史,具有安全、毒性小、使用方便等很多优良的性能。但由于普通聚氯乙烯塑料制品存在低温脆性大、弹性小等众所周知的缺点,不能适应医用低温技术发展的需要。特别是作为输血新技术的容器在低温离心、保存、运输中破损很多,造成了宝贵的血液资源的大量浪费,阻碍了输血新技术水平的整体提高。如 1994 年运往国外(韩国)血浆 50 吨(系用普通血袋材料制成的血浆袋,为防袋体破损,血浆袋外套泡泡袋作缓冲),破损率高达 11%。为解决 PVC 的耐低温性差的问题,国外学者曾研究了聚氨基甲酸酯与 PVC 共混合 EVA‒PVC 接枝共聚塑料及制品,能较好地解决破损问题。但由于成本过高等原因,一直未见生产应用。贮存血浆的容器,在国外多数采用聚乙烯(PE)瓶,该制品虽耐低温等理化性能良好,特别是破损很少,但存在结构复杂、加工困难、密封性不理想、体积较大,特别是使用时需要排气等不足。

20 世纪后期高聚合度聚氯乙烯(HPVC)以其优异的高弹性、耐低温性日益受到人们的重视,并已开始应用于制冷气密封圈、电线、电缆中。上海市血液中心在 20 世纪 90 年代初开始研究 HPVC 应用于医用软制品领域。经过反复试验、分析总结,于 1993 年制成了医用耐寒弹性 PVC 塑料(简称 MCRE - PVC)并完成成果鉴定。同时申报了发明专利,于 1998 年 1 月被授予专利权(专利号:ZL93102095.6)和 2009 年 4 月被授予专利权(专利号:ZL03142093.1)。

一、医用耐寒弹性 PVC 塑料(MCRE - PVC)的性能

MCRE - PVC 是采用单一的高聚合度聚氯乙烯树脂(HPVC)为主要原材料,用各种配比的普通聚氯乙烯树脂(简称 MP - PVC 或 MPVC)、增塑剂、聚烯烃、稳定剂、润滑剂等作为塑料的辅助材料,进行混合塑化制成。

(一)耐寒性

用低温冲击破损率表征耐寒性强弱。低温冲击破损率降低,即耐寒性增加。其结果如下:

(1)聚氯乙烯树脂聚合度增加,低温冲击破损率降低,耐寒性增加。比对试验结果表明,MPVC 在−40℃时破损率为 100％,而 HPVC 在−40℃时破损率仅为 6.7％,见图 11 - 13。

(2)在高聚合度塑料中加入聚烯烃抗黏剂,低温冲击破损率随着抗黏剂含量增加而增加,即耐寒性随着抗黏剂含量增加而下降,见图 11 - 14;但是在抗黏剂一定的含量范围内(1.5％)耐寒性影响不大。

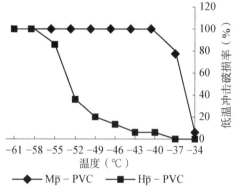

图 11 - 13　聚合度对耐寒性的影响

(3)配方中所加的增塑剂含量对耐寒性的影响也是很明显的,增塑剂用量增加,低温冲击破损率降低,也就是耐寒性增加(图 11 - 15)。但增塑剂用量增加受制品软硬度、强度要求的限制。

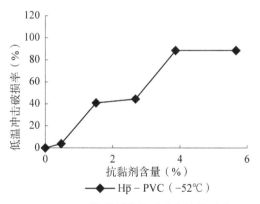

图 11 - 14　抗黏剂含量对耐寒性的影响

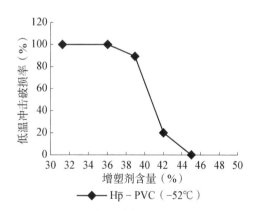

图 11 - 15　增塑剂含量对耐寒性的影响

(二)弹性

用形变表征弹性强弱。形变小,弹性好。其结果如下:

(1)聚氯乙烯树脂的聚合度增加,形变小,弹性好。配方中增塑剂含量增加,形变变小,即弹性增加(图 11 - 16 和图 11 - 17)。

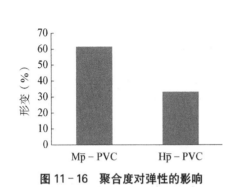

图 11 - 16　聚合度对弹性的影响

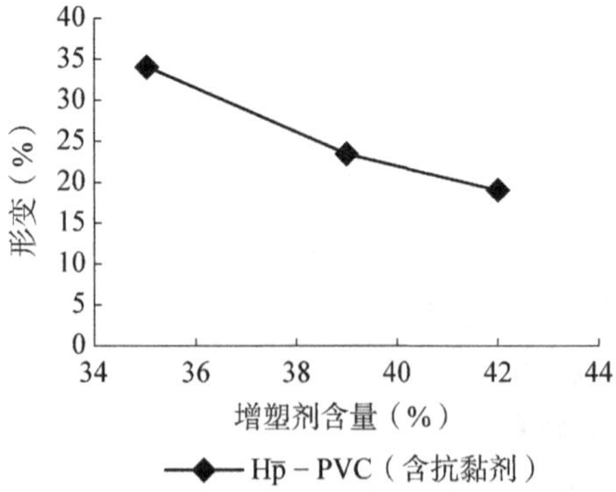

图 11 - 17　增塑剂含量对弹性的影响

（2）聚烯烃抗黏剂含量增加，形变略有增加，即弹性变差（图 11 - 18），但在一定范围内的增塑剂量、抗黏剂聚烯烃量对耐寒性影响不大，HPVC 的形变均较低聚合度（MPVC）形变小，即弹性好。

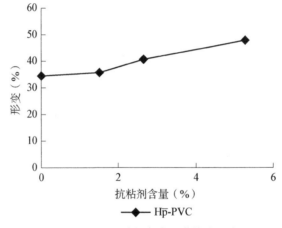

图 11 - 18　抗黏剂含量对弹性的影响

（三）黏性

早期的 PVC 血袋内表面黏性很大，特别是在高温灭菌后，袋内表面相互粘连。如袋内未装液体或液体太少，则粘连部位必须在较高温度下用手拉开，如冷却后则很难用手拉开。更严重的是高温下表面界面之间的粘连不可逆转，因此未装液体的空袋无法进行高温灭菌。也正是这一原因，过去血袋中的多联袋无法制作。

PVC 薄膜表面之所以有黏性，是由多种因素造成的，而薄膜材料表面状况，对黏性有至关重要的影响。因而改变表面状况曾经是成为解决制品表面粘连的重要途径。如：

（1）PVC 血袋内表面制花：国外很早就用小辊压花（压延薄膜），可压成微型网格、微型小点等，防黏效果均较好。

（2）国内在 20 世纪 80 年代初，因受多种条件所限，全部应用吹塑筒状薄膜，但国内外均无吹塑花纹先例。上海市血液中心经多次艰辛努力，终于试制成条纹花，初步解决了高温灭菌血袋内表面的粘连问题，为试制多联袋，创造了最为有利的条件。但该条纹易造成薄膜厚度不均匀,从倒置显微镜照片经计算该条纹造成薄膜厚度凹凸面相差 0.02~0.03 mm(薄膜厚度为 0.40 mm),有可能引起薄膜强度的差异和血液有形成分的嵌入损伤。在 MCRE-PVC 配方中加入聚烯烃抗黏剂后,材料自身表面形成雾状微细均匀凹凸状,经测量单位面积凹凸个数是条纹、网格的 50 倍,因此薄膜厚度差异可忽略不计,不会引起强度的差异和血液有形成分的嵌入。条纹、花纹和加聚烯烃抗黏剂表面见图 11-19、图 11-20 和图 11-21。

图 11-19 吹塑条纹表面

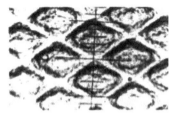

图 11-20 压延花纹(网格)表面

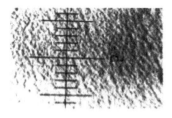

图 11-21 加聚烯烃抗黏剂表面

(3) MCRE-PVC 配方中加入聚烯烃抗黏剂改善的是薄膜内外表面状况,使血袋内外表面黏性均下降。可实现灭菌后袋袋间不粘连,省去灭菌后手工分开每个袋体的操作,为"一次灭菌"制作血袋提供先决条件。

一般血袋生产是经历"二次灭菌",第一次是灌装抗凝剂和(或)保存液后的高压蒸汽灭菌,旨在杀灭液体中的微生物。血袋因为是吹塑花纹,只解决内层粘连,外表面仍是光滑的,高压蒸汽灭菌后袋袋间是粘连的,必须手工分开每个袋体,随后在袋体上贴标签,放入外包装袋内密封,由于第一次灭菌后的操作对血袋外部带来二次污染,这些污染及残留在血袋表面的抗凝剂和(或)保存液为霉菌生长创造了良好条件,因此必须进行第二次灭菌,此第二次灭菌严格意义上不是灭菌而是消毒,温度在 70℃ 左右,旨在杀灭血袋外表面的霉菌孢子。所谓"一次灭菌"制作血袋是指血袋灌装抗凝剂和(或)保存液后,直接贴标签,放入外包装袋内密封,高压蒸汽灭菌,完成整套血袋的加工。"一次灭菌"制作血袋需要有一个前提,高压蒸汽灭菌不会使袋袋间发生粘连,一次灭菌操作完成血袋内抗凝剂和(或)保存液的灭菌和血袋外霉菌孢子的杀灭。并且由于高压蒸汽灭菌温度高,霉菌孢子杀灭更彻底。

二、医用耐寒弹性 PVC 塑料(MCRE-PVC)及血袋制品的性能测试

(1) MCRE-PVC 塑料及血袋制品的性能测试结果见表 11-15。

表 11-15 MCRE-PVC 塑料及血袋制品的一般性能测试结果

项目	结果	指标	方法
一、物理机械性能			
1. 拉伸强度(MPa)	14.3	≥13.0	GB 15593—1995
2. 断裂伸长率(%)	303	≥250	GB 15593—1995
3. 硬度(邵氏 A)	70	≤80	GB 15593—1995
4. 180℃热稳定时间 200℃热稳定时间(min)	118 34	≥40 无指标	GB 15593—1995

项目	结果	指标	方法
5. 吸水率（%）	0.27	≤0.3	《中华人民共和国药典》（1977 年版）"输血输液用塑料容器检验法"

二、化学性能

粒料

项目	结果	指标	方法
1. 灰分（mg/g）	0.60	≤1	GB 15593—1995
2. 氯乙烯单体（μg/g）	0.32	≤1.00	GB 15593—1995

水溶出物

项目	结果	指标	方法
3. 色泽	澄明、无色	澄明、无色	GB 15593—1995
4. 酸碱度（空白对照 pH 之差）	0.31	≤1.0	GB 15593—1995
5. 还原物质（0.02 mol/L KMnO₄）消耗量，mL/20 mL	0.20	≤0.3	GB 15593—1995
6. 锌（μg/mL）	0.18	≤0.4	GB 15593—1995
7. 重金属（μg/mL）	<0.1	≤0.3	GB 15593—1995
8. 氯化物（μg/mL）	<3	≤3	GB 14232—93
9. 紫外线吸收（230～360 nm）	0.13	≤0.3	GB 15593—1995
10. 不挥发物（mg/100 mL）	1.1	≤2.0	GB 15593—1995

醇溶出物

项目	结果	指标	方法
11. DEHP（mg/100 mL）	8.5	≤10	GB 15593—1995

三、生物性能

项目	结果	指标	方法
1. 热原	合格	无致热原	GB 14233.2—93
2. 溶血	合格	溶血率≤5%	GB 14233.2—93
3. 急性全身毒性	合格	不产生急性全身毒性	GB 14233.2—93
4. 细胞毒性	合格	在含浸提液的培养基内培养 72 小时，L - 929 细胞株增殖度不大于 2 级	GB 14233.2—93
5. 皮内刺激	合格	家兔皮内注射浸提液后，72 小时内无明显红肿和水肿	GB 14233.2—93
6. 短期肌肉内植入	合格	材料植入家兔肌肉后 30 d，炎性反应小于 II 级，纤维囊腔形成情况，试样与对照标准品比较试样反应程度超过标准品一级的样品不应多于总数的 1/4	GB 14233.2—93

项目	结果	指标	方法
7. 皮肤过敏	合格	过敏反应小于 2 级,过敏率不大于 28%	GB 14233.2—93
8. 凝血时间	合格	试样与对照样品相比凝血时间无明显差别	GB 14232—93
9. 血液保存	合格	保存血液 21 天后不应溶血,红细胞酵解率应不小于 70%	《中华人民共和国药典》(1977 年版)二部附录之"血液保存试验"

（2）MCRE-PVC 配方性能除符合 GB 14232、GB 15593 和 ISO 3826 标准外,还有其特有的耐寒、弹性、抗黏性能,见表 11-16。

表 11-16　MCRE-PVC 的特有性能

项目	MCRE-PVC 结果	指标	国内对照(M$\bar{p}$-PVC 血袋)	方法
拉伸弹性回缩率(%)	111	≤130	131	ASTM-D833
形变(%)	33.2	≤40	≥61.3	压片厚 2.0 mm 委托上海天原化工厂测试
低温冲击脆化温度(℃)	−52℃	≤−45℃	−36.5℃	GB 5470—1985
低温跌落破坏率(%)	0.02%	≤0.5%	92%	参见 DIN58363-15:1996 血袋在−15℃时,自 1 M 高处自由跌落后,统计破损的百分数。
高温灭菌后黏性	袋内、外壁无粘连可顺利分离血液成分	不影响分离和转移血液成分	有时有粘连(不均匀)	参见相关文献抗黏性

由表 11-16 可见 MCRE-PVC 配方的特异性指标优于常用血袋的塑料配方。

三、医用耐寒弹性 PVC 塑料(MCRE-PVC)的应用

用医用耐寒弹性 PVC 塑料(MCRE-PVC)制成输血器材制品的种类,见表 11-17。

表 11-17　MCRE-PVC 的各种制品

制品名称	使用日期	数量	效　果
弹性血浆袋	1993.12—1997.5	121 万	血袋较低温度,长度运输,基本无破损。
多联袋中血浆袋	1995.7—1997.8	51 万	抗粘、耐低温离心无破损。
机采血浆袋	1996.11—1997.8	9 万	与机采浆仪 PC-Ⅱ连接,密封性好,使用方便。

（续表）

制品名称	使用日期	数量	效　果
机采血浆采血器	1996.11—1997.8	9万	外观、手感柔和、弹性好
机采血浆管路	1997.7—1997.8	100万	与机采浆仪 PC-Ⅱ连用,因弹性较好,能适应泵挤压
新血袋*	1997.5—1997.8	3万	外观好、手感柔和、弹性好、耐低温离心。

*注:新血袋:用 MCRE-PVC 吹塑薄膜周边全部热合制成血袋,其外观表面与国外压延膜制作血袋十分相似。

四、MCRE-PVC 血袋的破损率

（1）低温跌落破坏率试验数据($n=50$)表明,MCRE-PVC 血浆袋−15℃时破坏率为 0.02%,−20℃时破坏率为 16%;而同温度的普通血袋破坏率分别为 92%和 100%,经随机抽查 9601—9707 批(55 批)生产的 55 万血浆袋中的 348 袋,低温跌落破坏率为 8.6%(−18～−28℃)。低温跌落破坏率方法见本书第十五章/第二节《过程控制中质量检测》中的一。

（2）自 1993 年 11 月至 1997 年 7 月,在 60 多个采浆单位使用了用 MCRE-PVC 制成的 121 万血浆袋,储存血浆 600 吨。经统计袋体破损率小于 0.1%。相比于普通血浆袋储存血浆不仅破损率下降,且可省去泡泡袋作缓冲,使用方便,节约成本。

（3）多联袋中用 MCRE-PVC 制成的转移袋装血浆,共用 36 万袋。能耐低温离心不破,材料表面抗黏性好,血浆分离顺利,低温储存破损率为 0.1%(而过去普通血袋破损率为 1%)。经临床使用 200 多家医疗单位,很受用户欢迎。自 20 世纪初上海生产的多联袋无论是采血袋还是转移袋均使用 MCRE-PVC 材料,离心破损率和低温储存破损率均低于 1%。

五、国内外同类产品(血浆容器)比较

见表 11-18。

表 11-18　国内外血浆容器部分性能比较

内容＼容器	MCRE-PVC 袋	美国	美国	普通 PVC 袋
材料	MCRE-PVC	PE	PVC	Mp̄-PVC
外形	袋	瓶	袋	袋
空容器体积	小	大	小	小
低温(−15℃)跌落破坏	0.02%($n=50$)	/	100%($n=5$)	92%($n=50$)
低温脆化温度	−52℃	/	−40℃	−36.5℃
密封性	密封性好,操作方便	需排气,密封性较差	密封性好,操作方便	密封性好,操作方便
低温手感(−20℃)	柔软,手感弹性	硬	较硬	较硬
扫描电镜观察薄膜断表面	不规则,网丝状韧性断裂	/	较规则,脆性断裂	规则、整齐、光滑、脆性断裂

六、MCRE‐PVC 材料有关问题讨论

（一）高聚合度 PVC 树脂(HPVC)

HPVC 通常是指平均聚合度在 1 700 以上或其分子间具有轻微交联结构的 PVC 树脂。其中以平均聚合度为 2 500 HPVC 最为常见。在 20 世纪 60 年代,日本最先研制成功 HPVC 树脂,20 世纪 80 年代以后,欧美许多国家相继开始研究生产,我国对 HPVC 的研制工作起步较晚,20 世纪 90 年代才开始研究。20 世纪 90 年代末已有数家化工厂进行批量生产。HPVC 及其制品除保持普通 PVC(聚合度一般为 1 000)树脂的性能外,还具有较高的拉伸强度、压缩永久变形小、回弹性好、耐寒性好和热稳定性高等优异性能。这是因为 HPVC 有着较普通 PVC 树脂较大的结晶度和无规分子链间缠绕点增加而产生类似交联结构,使大分子间的滑动困难,压缩永久变形降低,弹性增加。同时,由于分子量增大使分子间范德华力和分子内化学键结合力增加而获得优良的耐寒性、弹性和热稳定性等,并且耐寒性、弹性和热稳定性随聚合度增大而增加。

（二）加工助剂对 HPVC 树脂有较大的影响

单一品种塑料的性能也较难适应多方需求,20 世纪 90 年代国外采用塑料改性途径发展新型塑料,比较经济实用的方法是"共混改性",也就是用两种或两种以上的高分子材料通过高温塑化混合均匀后,互相取长补短,形成新品种塑料。MCRE‐PVC 也采用了这项技术:用聚烯烃和高聚合度聚氯乙烯共混。选用 HPVC 树脂,主要是选其高弹性、耐寒性;选用聚烯烃是为了解决粘连问题,因为 HPVC 树脂制作的血袋制品与常用树脂血袋制品一样,在高温灭菌时内表面间会发生粘连,自然可以通过吹塑花纹来解决粘连问题,但也可以通过共混技术来解决。其原理是:聚烯烃和高聚合度聚氯乙烯共混产生微相溶,在血袋表面呈现微细凹凸状。当血袋在高温灭菌时,血袋内表面因具有微细凹凸状而不易完全重叠、达到抗黏作用。加工助剂能改善原塑料的性能,为达到预期目的,并取得理想的结果,其关键是选择所需助剂品种,助剂用量。必须通过大量的单一试验和组合变量试验后,形成最佳配方。

（三）不同聚合度 PVC 树脂共混改善加工性

HPVC 树脂由于其分子量高、熔体黏度大、流动性差、塑化时间长、加工温度高等,这在一定程度上制约了 HPVC 的应用。如何解决这些问题,使其能广泛被应用,特别是能较好地在医学领域上得到应用,为此,科研人员进行了不懈的努力。20 世纪 90 年代就有 HPVC 与 PVC 共混技术应用于其他领域的报道。为改善其加工性,MCRE‐PVC 采用了加入一定比例的低聚合度 PVC(如 M‐1000)与高聚合度 HPVC 共混技术。加入低聚合度 PVC 的目的是为了降低高聚合度 HPVC 的熔融温度,使得 MCRE‐PVC 塑料加工温度降低,而其他性能,如耐低温性、柔软性、弹性等仍能满足使用要求。2003 年此共混技术用于血袋配方申请了专利,见本书第十一章第五节《塑料血袋配方改进中的发明专利 ZL03142093.1》。

第五节　塑料血袋配方改进

（1）血袋配方不佳会引起化学性能超标,加工温度过高。

国内使用的聚氯乙烯塑料血袋,已有多次创新、改进,各项性能不断提高,但有些聚氯乙烯

095

塑料配方因使用的助剂不恰当,或 PVC 树脂聚合度增加带来的加工温度高等难题,影响了其使用。有些指标仍有可能超过国家标准规定(GB 15593—1995 输血(液)器具用软聚氯乙烯塑料)。如:

1) 输血(液)器具用软聚氯乙烯塑料,其化学性能指标之一——水溶出物中还原物质也常有不达标情况发生。试验证明其主要原因是与原材料中稳定剂有机亚磷酸酯的用量与品种有密切关系。

2) 输血(液)器具用软聚氯乙烯塑料,为提高血袋的其他性能如耐低温性、柔软性、弹性等选用了高聚合度 PVC 树脂,但随之带来的加工温度偏高,对聚氯乙烯塑料热稳定性不利,导致化学性能不稳定。

(2) 为较好地解决上述问题,研究了塑料血袋新配方,发明专利 ZL03142093.1《医用 PVC 塑料及其制品》有较好的解决方案。

1) 还原物质符合标准规定:用亚磷酸酯三(壬基苯酯))取代亚磷酸苯二异辛酯,还原物质可控制在 $0.01 \sim 0.2$ mL, GB 15593—1995 标准是(0.02 mol/L KMnO$_4$ 消耗量 $\leqslant 0.3$ mL),而用亚磷酸苯二异辛酯时,其水溶出物中的还原物质经常超标。

2) 为提高输血塑料的热稳定性和可加工性,采用平均聚合度 $\geqslant 1\,000$ 的低聚合度树脂和平均聚合度 $\geqslant 2\,000$ 的高聚合度树脂按比例混合使用时,可以降低单纯用平均聚合度 $\geqslant 2\,000$ 的高聚合度树脂时的加工温度,而其他性能如耐低温性、柔软性、弹性感等仍能满足使用要求。

3) 发明专利 ZL03142093.1《医用 PVC 塑料及其制品》部分实施例介绍:

实施例 7:取平均聚合度 $\geqslant 1\,000$ 的低聚合度树脂 100 份作基料,加入增塑剂邻苯二甲酸-二(2-乙基己酯)$40 \sim 60$ 份、稳定剂亚磷酸三(壬基苯酯)$0.1 \sim 0.5$ 份、环氧大豆油 $1 \sim 5$ 份、苯甲基硅油 $0.1 \sim 0.5$ 份、钙锌复合稳定剂 $0.4 \sim 1.5$ 份、乙烯-醋酸乙烯酯共聚物 $0 \sim 5$ 份。其产品(塑料血袋等)的加工温度低,水溶出物中还原物质 <0.2 mL。

实施例 3:取平均聚合度 $\geqslant 2\,000$ 的高聚合度树脂 $60 \sim 80$ 份、平均聚合度 $\geqslant 1\,000$ 的低聚合度树脂 $20 \sim 40$ 份混合成基料,加入增塑剂邻苯二甲酸-二(2-乙基己酯)$50 \sim 80$ 份、稳定剂亚磷酸三(壬基苯酯)$0.1 \sim 0.5$ 份、环氧大豆油 $1 \sim 5$ 份、苯甲基硅油 $0.1 \sim 0.5$ 份、钙锌复合稳定剂 $0.4 \sim 1.5$ 份、乙烯-醋酸乙烯酯共聚物 $0 \sim 5$ 份。其产品(塑料血袋等)的低温柔软性等理化性能好,加工温度比单一的高聚合度 PVC 树脂低 5℃,水溶出物中还原物质:0.2 mL。

第六节　负压采血器

人体的血液采集是医疗卫生机构中最为常见的一种专门医技手段,如健康人的献血、各种疾病患者的化验等都需要进行采血,传统常用的采血方法为重力采血:在采集血液时,首先要用较大规格的采血针穿刺静脉,抽出的血液进入与之直接相连的血袋中,为了能较快地使被采集的血液流出,减少血液凝固倾向,一般来说要用较粗的采血针,目前所采用的采血针的外径为 $1.6 \sim 1.8$ mm,这样粗的外径采血针与 1.2 mm 的输血针相比要粗得多。对于患者或献血者来说,采血针越粗,其心理压力越大,恐惧心理也越为明显;同时采血针越粗,痛感也越明显。

针对重力采血存在的不足,研究使用了负压采血的方法。负压采血需要配备一套装置(图 11‐22)。负压采血器包括采血针、血袋、采血管,采血针与血袋通过采血管相连接,采血器还包括负压腔、真空泵、压力表，负压腔与真空泵通过管路连接相通，压力表串接于真空泵与负压腔之间，血袋置于负压腔内。

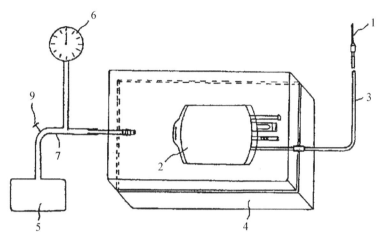

图 11 - 22　负压采血器

1—采血针；2—血袋；3—采血管；4—负压腔；5—真空泵；6—压力表；7—连接管；
9—压力控制器

负压采血器工作原理：当使用这样的采血器在对人体进行抽血时，利用真空泵 5 对负压腔 4 进行抽真空，使负压腔内的压力小于外部的压力，其目的是便于血液能较快速地通过采血针 1 流向置于负压腔中的血袋 2 中，因此，就可采用外径较细的采血针达到重力采血需用较粗采血针的采血效果，从而减少了被抽血者的心理压力以及痛感。一般来说，负压腔 4 中的压力只要能达到 3～10 kPa 就可以，此时所采用的采血针 1 的外径就可由原先采用的 1.6～1.8 mm 减少到 1.2～1.4 mm。为了能对负压腔 4 内的压力大小进行控制，还可在负压腔 4 与真空泵 5 之间的管路 7 上串接有压力控制器 9。

负压采血器的专利：ZL00249475.2。有关负压采血器采用不同直径采血针、不同压差和流速的研究详见本书第十四章第一节《采血（包含血液成分分离）》中的二、负压采血。

第七节　去白细胞滤器

一、概述

白细胞是人体自然防御系统的重要组成部分，但随同血制品异体输用时会产生许多不良反应，如非溶血性发热反应、成人呼吸窘迫综合征、血小板输注耐受和输血后移植物抗宿主病等。因此血制品中残留的白细胞被认为是一种污染物，应予以除去。为此，目前国际上在输血过程已普遍开始强制辅加去白细胞滤器。

去白细胞滤器是一种为临床输血或血库制备去白细胞血液成分配套的特殊输血装置，主要功能为滤除全血或血液成分中的白细胞及库血中的凝聚物，按其滤除的功能，可分为适用于过滤全血或浓缩红细胞悬液的去白细胞滤器和适合于过滤浓缩血小板悬液的去白细胞滤器两大类。

去白细胞滤器的滤材最初(1926年,Fleming)用医用脱脂棉制备少白细胞血,后发现尼龙纤维滤除粒细胞很有效,但滤过的血液中残留的淋巴细胞很多。1972年,Diepenhorst等用脱脂棉作柱型滤芯过滤全血或浓缩红细胞制品,可除去全血中95%以上的白细胞,红细胞损失小于10%,通过进一步研究,指出柱形结构过滤器除具有类似筛网截留细胞的作用外,还有吸附血液中凝聚物、细胞碎片的作用。此后又很快研制成醋酸纤维素滤器。近年来许多高效滤器均由多层聚酯纤维无纺布制成,可以滤除血液中99.9%的白细胞,使每单位全血残留的白细胞降至 5×10^6。最新报告研制成超高效滤器,能滤除99.999 9%的白细胞,这种滤芯滤器外形一般都为扁平结构。

二、去白细胞滤器的性能要求

我国对企业生产的去白细胞滤器产品进行规范管理,制订了《一次性使用去白细胞滤器》行业标准。第一版是YY 0329—2002,第二版是YY 0329—2009。标准中除了物理、化学和生物要求外,还有对去白细胞滤器有特殊的过滤要求。

(1) 去白细胞滤器的基本构型示意图见图11-23、图11-24、图11-25和图11-26。

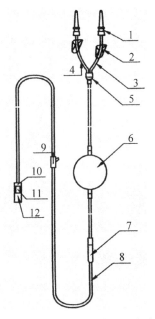

图11-23　床边输血用去白细胞滤器

1—护针帽；　　　7—滴斗；
2—止流夹；　　　8—出血出液管；
3—进血管；　　　9—流量调节器；
4—进液管；　　　10—药液注射件；
5—三通；　　　　11—圆锥接头；
6—去白细胞滤器；　12—保护套

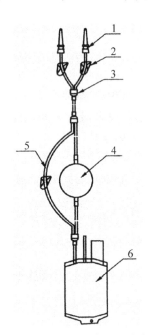

图11-24　血库用去白细胞滤器

1—护针帽；
2—止流夹；
3—三通；
4—去白细胞滤器；
5—排气管路；
6—血袋

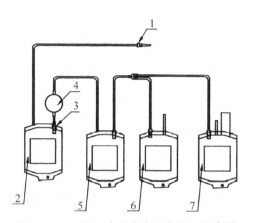
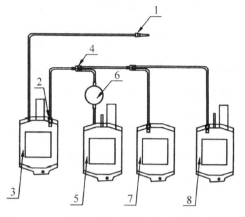

图 11-25　采血-全血分离用去白细胞滤器
1—采血针;
2—采血袋;
3—折通式导通管;
4—去白细胞滤器;
5、6、7—去白细胞血袋

图 11-26　采血-血液成分分离用去白细胞滤器
1—采血针;
2—折通式导通管;
3—采血袋;
4—三通;
5—去白细胞血袋;
6—去白细胞滤器;
7、8—血袋

（2）剩余白细胞数:YY 0329—2009 版标准规定:去白细胞滤器过滤全血或红细胞悬液和过滤单采血小板或混合血小板悬液的剩余白细胞数均应不大于 2.5×10^6/单位(YY 0329—2002 分别为 2.5×10^6 和 1.0×10^6)。标准中规定的 1 单位是指 200 mL 全血或自 200 mL 全血中分离出的红细胞悬液、1 单位单采血小板悬液或自 10 单位全血中分离出的血小板混合后的悬液。

（3）游离血红蛋白值:去白细胞滤器采用天然或合成纤维材料过滤白细胞,过滤时血细胞与纤维材料表面接触产生化学或物理的相互作用。为控制这种相互作用对血细胞产生的不良影响,YY 0329—2009 版标准要求去白细胞滤器过滤后的全血或红细胞悬液的上清液中游离血红蛋白值应不大于 300 mg/L(YY 0329—2002 为应小于 530 mg/L)。

（4）血小板低渗休克相对变化率:YY 0329—2009 版标准要求去白细胞滤器过滤后的血小板悬液相对于过滤前的血小板悬液低渗休克相对变化率应小于 10%,以控制血小板的活力损失(YY 0329—2002 相同)。

（5）红细胞/血小板回收率:YY 0329—2009 版标准规定:1 单位全血或红细胞悬液过滤后,红细胞回收率应不小于 85%;1 单位单采血小板悬液或 10 单位混合血小板悬液,过滤后血小板回收率应不小于 85%。以控制红细胞/血小板数量的损失(YY 0329—2002 分别为 85% 和 80%)。

第八节　亚甲蓝病毒灭活器材

一、概述

一次性使用亚甲蓝病毒灭活器材由穿刺器、亚甲蓝释放件、光照袋、吸附滤器和贮血袋等组成。将普通血浆与亚甲蓝病毒灭活器材相连,血浆袋内所有血浆流经亚甲蓝释放件,亚甲蓝释放件向血浆中释放作为光敏剂的亚甲蓝,然后收集于光照袋内。将其放入医用病毒灭活箱中进行光照处理(病毒灭活)。病毒灭活处理后血浆通过吸附滤器吸附光敏剂和滤除白细胞后至贮血袋内。该病毒灭活血浆存于−20℃,供临床输注。

亚甲蓝是《中华人民共和国药典》收录的可静脉注射药物,临床上主要用于甲状腺造影和治疗氰化物、亚硝酸盐中毒等。20 世纪 30 年代 Clifton 和 Perdrau 等人的研究证明:亚甲蓝在可见光的作用下可以灭活病毒。其作用机制是:亚甲蓝可与病毒核酸的鸟嘌呤以及病毒的脂质包膜相结合,在一定剂量的可见光作用下,使病毒核酸断裂,包膜破损,从而达到病毒灭活的作用。近 20 多年来的实践证实,亚甲蓝光化学方法能使大多数脂质包膜病毒灭活,并且对血浆中的有效组分无明显不良影响,如凝血因子活性、蛋白质含量、蛋白免疫原性等。从 1992 年起,欧洲一些国家以及我国已将经亚甲蓝光化学法灭活病毒的单人份血浆用于临床,其灭活病毒所需亚甲蓝浓度控制为 $1\,\mu\text{mol/L}$ 血浆。然而添加亚甲蓝的血液或血液成分经光照射后呈淡蓝色,容易给患者心理上造成压力,并且血液成分中存在的白细胞影响病毒灭活的效果,因此必须去除血液或血液成分中添加的光敏剂——亚甲蓝和白细胞,以确保灭活病毒后血液的安全性、有效性和可靠性。

二、亚甲蓝病毒灭活血浆过程

应用亚甲蓝光化学法灭活临床输注用血浆中的病毒是一个复合工艺过程,主要涉及:

(1) 在血浆中添加能对病毒产生作用的光敏剂——亚甲蓝。

(2) 使光敏剂产生作用,需有达到一定能量的发光源设备——血液恒温照射箱(或医用病毒灭活箱),涉及光源的波长、对被照射物的光照强度、载体(血袋)的光透过率和光照时间等。

(3) 去除光敏剂(亚甲蓝)的吸附滤器。

(4) 光照袋:其透光率和容积关系到血浆接受光照剂量所占实际光照剂量的比例和血浆液层的厚度。实际血浆接收的光照剂量为光照剂量与透光率的乘积,因此光照袋的透过率也是病毒灭活效果的关键参数。

三、亚甲蓝病毒灭活器材

亚甲蓝病毒灭活器材是一种与具备产生可见光的血液恒温照射箱(或医用病毒灭活箱)配合使用,为采供血、临床医疗机构等制备临床输注用病毒灭活血液/血液成分的器材,其主要功能是在亚甲蓝光化学法灭活血液病毒前向血液或血液成分添加亚甲蓝光敏剂,在经光照射对病毒灭活后吸附血液或血液成分中的光敏剂——亚甲蓝,并滤除其中的白细胞。

需要注意的是,亚甲蓝病毒灭活器材必须与血液恒温照射箱(或医用病毒灭活箱)配合使用才具有病毒灭活的功效。按《血液制品去除/灭活病毒技术方法及验证指导原则》中对灭活病毒的技术及病毒灭活效果进行判定。医疗器械制造商应按照相关规定对病毒灭活效果进行验证。

采用亚甲蓝光化学法灭活血液及血液成分中的病毒,所需的器材标志、材料、物理化学生物要求、检验规则、标志和包装等,在行业标准 YY 0765.1—2009《一次性使用血液及血液成分病毒灭活器材 第 1 部分:亚甲蓝病毒灭活器材》中有详细规定。简述如下:

（1）病毒灭活器材基本构型示意图见图 11 - 27。

（2）病毒灭活器材的亚甲蓝释放件中的亚甲蓝应符合《中华人民共和国药典》的要求。

（3）亚甲蓝释放量为 0.9～1.3 μmol/L，以保证亚甲蓝达到国际上公认的最佳血浆病毒灭活效果的浓度。

（4）亚甲蓝残留量应小于处理前亚甲蓝含量的 15.0%，以减少因加了亚甲蓝的血浆经照射后呈淡灰色，与普通血浆色泽上的差异给患者心理上造成的压力。

（5）光照袋透光率应不小于 85%，以保证血浆的照射剂量。

（6）血浆损失量：对于血浆处理量为 1 单位的，血浆损失量应不大于 12%，血浆处理量大于 1 单位的，血浆损失量应不大于 10%，这是防止制造商为符合亚甲蓝释放量而增大吸附滤器容积，增大吸附滤器容积会引起血浆的损失，最终导致患者输入的血浆有效成分减少。

（7）剩余白细胞数应小于 5.0×10^5 个/单位。

（8）血浆总蛋白回收率应不小于 90%，FⅧ:C 回收率应不小于 70%，以保证病毒灭活前后对血浆质量及功能无明显不良影响。

（9）病毒灭活效果：在标准的前言中提及亚甲蓝病毒器材与适用的医用病毒灭活设备配合使用才具有病毒灭活的功效，制造商宜按国家相关规定对病毒灭活效果进行确认，在产品单包装的使用说明书上写入配套使用的医用病毒设备要求。

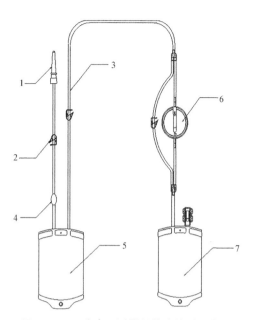

图 11 - 27 病毒灭活器材基本构型示意图
1—穿刺器；2—止流夹；3—管路；4—亚甲蓝释放件（简称 MB 释放件）；5—光照袋；6—吸附滤器；7—贮血袋

四、医用血浆病毒灭活箱

本节主要介绍亚甲蓝病毒灭活器材，但亚甲蓝病毒灭活技术绕不开医用血浆病毒灭活箱。因此介绍一下病毒灭活箱和病毒灭活箱的行业标准。

实现病毒灭活血浆主要考虑两种医疗器械的匹配性：①病毒灭活器材，②医用血浆病毒灭活箱。前者病毒灭活器材是将亚甲蓝病毒灭活血浆所需的光敏剂——亚甲蓝剂量、光照袋透光率和容积、去除亚甲蓝和滤除白细胞的滤器构筑在一个密闭系统内，为一次性耗材，即亚甲蓝病毒灭活器材。这在前面已经阐述过，后者医用血浆病毒灭活箱提供灭活病毒所需的光源：光照剂量（光照强度、光照时间）、适宜的温度和摆动幅度参数等。

2017 年制订了 YY/T 1510—2017《医用血浆病毒灭活箱》行业标准，该标准为不同光源、不同设计结构、不同规格型号的医用血浆病毒灭活箱提供了基本技术指南。医用血浆病毒灭活箱是与亚甲蓝病毒灭活器材配合使用，为采供血、临床医疗等机构制备临床输注用病毒灭活血浆的设备，主要适用于光化学法血浆病毒灭活技术，即在血浆中添加适量的病毒灭活剂——亚甲蓝后，置于该设备中，使血浆在一定的温度下给予一定剂量的光照，并在光照射的同时摆动血浆，使含亚甲蓝的血浆获得均匀、有效的照射能量，达到病毒灭活的效果。目前使用广泛和成熟的光源是荧光灯,箱体温度范围为 2～8℃;每层光照强度范围为 30 000～38 000 lx;摆动频率为 60 次/分;摆动幅度为左右各 25 mm;光照时间≥30 min。考虑到各制造商设备间的差异,在保证病毒灭活效果的前提下,各制造商在产品说明书中规定设备的光照强度及其测试方法,光照时间也由制造商给出。行业标准中仅对箱体内温度和测试方法做了统一规定。标准中部分规定如下:

(1) 温度:每层负载搁架的平均温度应在 2～8℃ 范围内。检测方法:在病毒灭活箱每层负载搁架的有效灭活区域内,至少均匀布置 3 个测试点(宜覆盖中心点和边界)。启动病毒灭活箱,达到稳定运行状态后,用多通道温度测试仪连续测试 30 min,每隔 1 min 记录一次温度,并计算每层负载搁架测试点的平均温度应满足在 2～8℃。

(2) 光照强度:应在制造商明示的范围内。

(3) 负载搁架平稳可靠性:在最大负载状态下,目视检查病毒灭活箱内搁架运行应平稳可靠,抽取灵活,不得有明显晃动及变形现象。

(4) 报警功能:病毒灭活箱应有温度和光照强度的超限报警功能,当采用声音报警时,其报警声信号应不低于 70 dB(A 计权)。

(5) 时间设置:病毒灭活箱实际工作时间应在设定值的±5% 范围内。

(6) 操作门:为保护操作者的安全,在打开正常工作状态下的操作门时,病毒灭活箱应报警并停止工作(包括光源关闭)。

第九节　病毒灭活剂反应器和避光式光敏剂储存释放件

亚甲蓝等作为病毒灭活剂对血浆中的病毒进行灭活,有良好的效果。病毒灭活剂可以多种形式,最早的亚甲蓝存放于聚氯乙烯小袋,在高温灭菌后发生降解、吸附等,使亚甲蓝含量极不稳定。本节介绍释放型的病毒灭活剂反应器和避光释放型的光敏剂储存件。

(1) 病毒灭活剂反应器的结构见图 11 - 28。

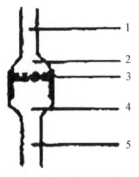

图 11 - 28　弥毒灭活剂反应器构型示意图

1—上接管;2—上盖;3—吸附物;4—下盖;5—下接盖

病毒灭活剂反应器是由带接管的上盖和带接管的下盖组成,上盖中装有纤维类吸附物或固体灭病毒药物制剂,上下盖由黏合剂黏合或通过超声波热合成型。所用吸附物为纤维或海绵,病毒灭活剂用亚甲蓝溶液或亚甲蓝固体制剂。经灭菌、干燥后,整个反应器直接与血袋转移管和转移袋转移管相连。当血浆通过血袋转移管进入反应器时,亚甲蓝即被释放,溶于血浆,流入光照袋,经光照与血浆中的病毒发生反应,产生病毒灭活作用。该反应器操作简便、原材料成本价格低廉,对血液成分中的病毒能进行有效的杀灭。已批准实用新型专利,专利号:ZL00249045.5。

(2) 一次性使用的避光式光敏剂储存释放件结构见图 11 - 29。

避光式光敏剂储存释放件作为亚甲蓝病毒灭活滤器的亚甲蓝释放剂。其新颖性在于,通过避光的方法避免亚甲蓝光敏剂的光降解,通过启用非聚氯乙烯材料储存亚甲蓝,避免亚甲蓝被吸附。

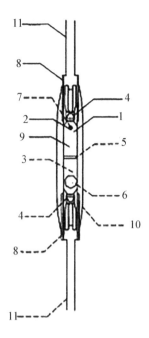

图 11‑29　一次性使用的避光式光敏剂储存释放件结构图

1—上易折断内通管；2—加样孔；3—下易折断内通管；4—折断处；5—连接处；6—光敏剂；7—堵孔小塞；8—PVC 连接管；9—本体；10—避光套或避光层；11—PVC 导管

　　一次性使用的避光式光敏剂储存释放件由储存释放件本体、PVC 连接管、PVC 导管和避光套或避光层组成。所述的本体实际就是上下两个易折断内通管，呈安瓿瓶形状，但底部镂空，它们的平底部分通过黏结或超声焊接或 UV 光照黏结呈底部对接；在上易折断内通管上设置一个加样孔，加样孔配置一个小塞，其大小与加样孔相匹配；在下易折断内通管内放置光敏剂。所述 PVC 连接管位于储存释放件本体和 PVC 导管之间，以连通储存释放件本体和 PVC 导管。PVC 导管通过化学黏结法置于 PVC 连接管的内侧。所述的避光套或避光层通过热收缩套方式或直接涂布医用颜料或涂料方式包裹在本光敏剂储存释放件的外侧。

　　该储存释放件的小塞密封方法：首先将光敏剂自加样孔加入，而后将小塞放入加样孔内，再用加热器使小塞末端熔化并与加样孔内侧和外表面融合为一体。

　　该储存释放件所述的易折断内通管，在使用前起到密封储存光敏剂的作用，而在使用时只要折断上下两个易折断内通管的折断处，露出端孔，血液成分即能方便地进入一个端孔并携带光敏剂从另一个端孔流出，再流入光照袋，此时储存释放件完成了释放光敏剂的作用。当光敏剂是固体，或是多组分不易瞬间溶解释放时，可先折断上易折断内通管的折断处，将血液成分流入储存释放件内腔内滞留一段时间，使之充分溶解释放，再折断下易折断内通管的折断处，使充分溶解释放的光敏剂连同所有的血液成分从下易折断内通管的端孔流出，再流入光照袋，进行下一步操作。

　　该储存释放件的本体材料可选用 PC、PP 和聚四氟乙烯等耐高温、不易吸附光敏剂的高分子材料。

　　该储存释放件所述避光套采用对光敏剂具有避光作用的颜色套管避光，如套上具有避光作用的热收缩套，用热辐射的方法使避光套按照光敏剂储存释放件的外形紧密地包裹，对光敏剂进行避光保护。避光套其颜色根据所储存的光敏剂对何种波长光线的敏感而选取。或在储存释放件外表面直接涂布医用颜料或涂料，这些医用颜料或涂料可以是只起到单纯的遮光作用，也可以是针对光敏剂的敏感波长光线起到吸收作用，达到对光敏剂的避光保护作用。

所述的光敏剂不仅可以是亚甲蓝,也可以是甲基紫、甲苯胺蓝,局部泌腺540、补骨脂素或核黄素等其他光敏剂,是能对血液成分中病毒起光化学反应的物质。

采用这样结构的避光式光敏剂储存释放件是一个密封件,可以储存液体或固体光敏剂,可保证光敏剂在成品加工过程中和储存有效期内的密封性;使光敏剂含量在保存期内比较稳定。该产品一次性使用,方便又安全,有较大的应用价值。专利号:ZL200810035491.8。

避光套也可采用避光塑料,参见本书第三章第二节中的六、输血(液)器的发展。

第十节　输血/输液器

输血/输液器是一种具有输血、输液双功能的器具。需输血的患者一般都需要在输血前后进行输液,往往是输血后接着输液,这时如果用同一套输血器,那么输血器过滤网上的滤渣(小凝块、微聚体等),将可能被大输液冲入患者体内,这种输注方法是极不科学的。市场上已经改进的输血和输液合一的器械,它基本是在输血器的过滤器上端通过三通连接一根输液管,以此来实现在不重复穿刺的情况下输血和输液的切换,这种器械虽能减轻患者痛苦和简化操作,但仍存在严重的缺点。因为输血过程中在过滤网上会积聚血液中的纤维蛋白和血凝块等,由于输血和输液采用共用的一个过滤器,积聚于过滤网上的微小凝块等不利物质可能随流速较快的液体被带入患者的血管而进入人体血液循环,这可能会引起血管栓塞(包括脑血管栓塞和肺血管栓塞等)、静脉炎等后遗症,大大降低了其安全性。

实用新型专利(专利号:ZL99239603.4)创建了一种新颖结构的输血/输液器。

新型输血/输液器见图11-30。该输血/输液器大致包括输液管部分(左侧)、输血管部分(中间)和输血/输液总管部分(右侧)。在输液管部分中,穿刺器2、滴斗4、输液管6和输液过滤器8彼此串联在一起。穿刺器2外套有一保护套10。在输血管部分中,穿刺器12、输血管16、输血滴斗14彼此串联在一起。滴斗14中于其底部处具有一过滤网18,用于过滤血液中的纤维蛋白和微小凝块等。滴斗14中于其顶部处具有一滴管20,它被设置用来供操作者观察输血流速。穿刺器12外也套有一保护套24。输液管6和输血管16上各夹有一夹片22。输液管6和输血管16通过一个三通26与输血/输液总管28相连。该总管28的另一端依次连接有药液注射件32,插入式圆锥接头34,接头34外套有保护套36。在输血/输液总管28上设有一

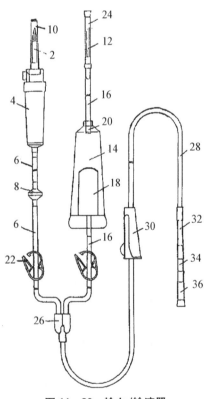

图11-30　输血/输液器

2—穿刺器;4—滴斗;6—输液管;8—输液过滤器;10—穿刺器2的保护套;12—穿刺器;14—输血滴斗;16—输血管;18—过滤网;20—滴管;24—穿刺器12的保护套;22—夹片;26—三通;28—输血/输液总管;30—调速器;32—药液注射件;34—插入式圆锥接头;36—接头34的保护套

调速器 30,用于控制输血/输液流量。这样,便构成了一套完整的输血/输液器。

这样的结构使输血、输液分别进行过滤后,再通过三通接管,进入输血/输液总管到达患者体内,输血、输液一次操作,既可减少患者因换输液器需再次穿刺的痛苦,又因大输液不再进入输血器滤网,血液滤渣就不可能再进入患者体内,也可分别进行,操作十分方便。

第十一节　机采血液成分分离器

所谓机采血液成分是区别于传统采集血液成分的方法。传统法是不借助仪器用重力法将全血采集到血袋多联袋中的采血袋内,采血完毕拔去采血针,供血者与整套血袋完全分离。血袋内的全血通过离心按血液成分的不同比重悬分成不同层次,通过多联袋中的转移管按不同层次的血液成分分到不同的转移袋,得到不同的血液成分如红细胞、血浆和血小板等。因此传统法采集到的血液成分是供血者的全血,在供血者不参与的情况下完成血液成分的分离;而机采血液成分是借助专用的仪器和分离器具连续采集供血者的全血,分离血液成分,留取需要的血液成分保存在收集袋内,其余的血液成分仍通过原专用的仪器和分离器具回输给供血者,血液成分的采集、分离、回输几个过程供血者是一直参与的。机采血液成分全称机械单采血液成分。

机采血液成分所用到的专用仪器就是血细胞分离机(又称血液分离机、血细胞采集仪、血液自动分离机、血液成分采集机等),用到的分离器具就是与血细胞分离机等有源设备配套使用,用于人体血液成分分离的无源医疗器械。包括一次性使用机用采血器、一次性使用离心杯式血浆分离管路、一次性使用离心式血浆分离杯、一次性使用离心杯式血液成分分离器、一次性使用离心袋式血液成分分离器等。

第一台封闭式血液分离机于 20 世纪 50 年代初由 Dr. Cohn 研制生产,又称为 Cohn(血液)离心机。在此基础上,Latham 并成立了 Haemonetics 公司(即美国血液技术公司),设计了一种新型的更为简单的血液分离机,分离效果较好。其分离杯又叫作 Latham Bowl(莱瑟姆离心杯)。20 世纪 60 年代早期,IBM 的 Mr. G. Judson 推出了第一台连续式血细胞分离机。至 1984 年,推出了 COBE Spectra 血细胞分离机。从此以后,血细胞分离机进入快速发展时代,为整个输血医学带来了革命性变化。避免了手工采集成分血液的低效操作,能为临床提供精细的血液成分。

按照离心机分离血细胞时工作方式的不同,将血细胞分离机分为间断式和连续式两大类。间断式血细胞分离机如美国血液技术公司 Haemonetics 产品 MCS＋系列;连续式血细胞分离机如美国百特 Baxter Healthcare 公司产品、CS - 3000plus、Amicus、美国 Gambro 公司产品 COBE spectra 和德国费森尤斯 Fresenius 公司产品 COM. TEC 等。

典型的血细胞分离机类型示例见图 11 - 31、图 11 - 32。

血细胞分离机分离血液成分的原理是,根据细胞大小和密度不同及一定介质中的不同沉降速率,通过离心力的作用将不同的血液成分分离。血细胞分离机主要由采/供血泵、抗凝泵、离心系统、收集泵、回输泵、安全检测系统和电脑控制下的数据采集分析系统及加压袖带等组成。其中安全检测系统包括进/出压力检测器、漏液检测器、气泡检测器、溶血检测。而离心系统则是血细胞分离机的核心装备。

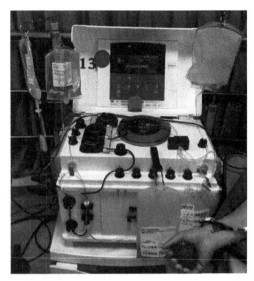

图 11-31　示例美国 Haemonetics MCS＋血细胞分离机

单针分离血小板(间断性分离)
配套用离心杯式血液成分分离器

图 11-32　示例美国 Baxter Amicus 血细胞分离机

单针分离血小板(连续性分离)
配套用离心袋式血液成分分离器

　　血细胞分离机可分离得到血浆、血小板、白细胞(外周血干细胞、淋巴细胞、粒细胞)、红细胞等。对于供者,通过此分离技术,可采集有用的血液成分用于患者治疗;对于患者,通过此分离技术,可去除血液中的病理物质或与供者的好的血液成分进行置换以实施更有针对性的治疗。

　　血细胞分离机分离血液成分(又称机械单采血液成分)技术已在发达国家广泛使用,我国需求量也在逐年增加。实施单采血液成分分离,除了要有血细胞分离机,还需要有与机器配套的一次性使用血液成分分离器。两者一起构成血液成分采集系统。用这样的采集系统得到的血液成分(较之普通手采血液成分),具有可减少血液疾病传播风险、降低同种免疫反应的风险和均一免疫特性等优点,特别适合移植患者的输注,可降低受者免疫系统的预致敏作用,临床输注效果显著。

　　离心式血细胞采集机离心系统中的分离器根据结构不同,分为刚性密封旋转杯型和软性袋体型等。构成的分离器分别归为离心杯式血液成分分离器、离心袋式血液成分分离器等,均有相应的行业标准规范。

一、离心杯式血液成分分离器

(一) 核心部件

　　主要配套的是以刚性密封旋转杯型离心的离心机。分离杯(Latham Bowl 杯)外形主要有两种,见图 11-33 和图 11-34。图 11-33 的分离杯主要用于血浆单采分离,行业标准是 YY 0326.1—2002《一次性使用离心式血浆分离器　第 1 部分:分离杯》;图 11-34 的分离杯可用于多种血液成分的单采分离,行业标准是 YY 0584—2005《一次性使用离心杯式血液成分分离器》。

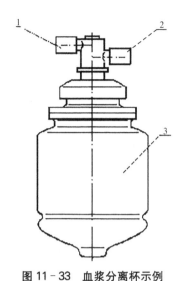

图 11-33　血浆分离杯示例

1—进口；2—出口；3—杯体　工作容量为 275 mL
采集血浆工作容量为 275 mL

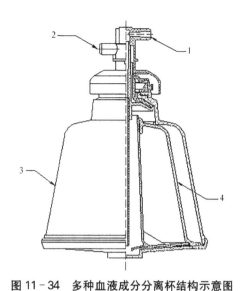

图 11-34　多种血液成分分离杯结构示意图

1—进口；2—出口；3—外杯；4—内杯
采集血小板/血浆、分离杯工作容量为 225 mL
采集外周血造血干细胞、分离杯工作容量为 125 mL

(二) 离心杯式血浆分离器

由图 11-33 离心杯组成的离心式血浆分离器，由血浆分离杯、血浆管路、机用采血器三部分组成，与离心式自动血浆采集机(简称血浆采集机)配套使用，供采集、分离人体血浆并回输血细胞给供血者。

我国在 2002 年首次制定了血浆分离器的相关标准，血浆分离杯执行 YY/T 0326.1—2002《一次性使用离心式血浆分离器　第 1 部分：血浆分离杯》，血浆管路执行 YY/T 0326.2—2002《一次性使用离心式血浆分离器　第 2 部分：血浆管路》，采血器执行 YY/T 0328—2002《一次性使用机用采血器》，血浆袋执行 YY/T 0326.3—2005《一次性使用离心式血浆分离器　第 3 部分：血浆袋》。

血浆分离杯(结构如图 11-33)的设计和质量对于血浆分离器的正常使用至关重要。它在使用中分为静态和动态两部分，在自然状态下的密封性由动摩擦环和静摩擦环两端面的平整度决定。当端面平整度符合要求时，即呈自然密封状态；如若平整度不好，则有空气泄漏，有造成产品污染的可能并影响动态使用(血浆分离杯动态使用时旋转速度达 7 000 r/min 及以上)。离心杯的进出口均应有牢固、密封性好、又易拆除的保护套，其规格要与血浆管路接口相匹配。离心杯的部分物理指标见表 11-19，其解释参见本节(三)离心杯式血液成分分离器相关内容。

表 11-19　血浆分离杯的部分物理指标

名称	指标	方法
密封性	按 B.1 试验时，应能承受 8 kPa 的气压 10 s 无气体泄露迹象。	YY 0326.1—2002 附录 B B.1
摩擦热量	按 B.2 试验时，其水温应不超过 37℃。	YY 0326.1—2002 附录 B B.2

名　称	指　　　标	方　　法
噪音	分离杯在 7 000 r/min 运转时。当在前、后、左、右距分离杯中心 1 m 处,用声级计(A 计权)测定四点时,平均噪音应不超过 70 dB,	YY 0326.1—2002 的 4.6
血液残留量	按 B.3 试验时,杯内残留量应不超过 5.0 mL,	YY 0326.1—2002 附录 B B.3
分离血浆血红蛋白含量	按附录 C 试验时,分离血浆血红蛋白含量应不大于 60 mg/L。	YY 0326.1—2002 附录 C

　　机用采血器见图 11-35,其尾端的内圆锥接头是与血浆管路相连,其前端采血针是穿刺供血员静脉。由于机采血浆过程较长,且多次循环采集全血和回输红细胞均通过此采血针,因此对采血针的要求要高于普通手工采集全血的采血针。普通采血针只有采血一个环节,而机用采血针有采血、滞留和回输三个环节。一般机采血浆 600 mL 所需时间 30~50 min,需要采集-回输 3~4 个过程,回输的血细胞黏稠极易造成针管处凝血。因此机用采血器中采血针的设计要求需在针尖端有背孔,背孔的面积应不小于 1 mm²,背孔四周应光滑,不应有毛刺、翻边(图 11-35)。这种设计可使血液从两个侧面通过采血针,有利于采集和回输的流畅。2015 年修改 YY/T 0328—2002《一次性使用机用采血器》行业标准,更名为 YY/T 0328—2015《一次性使用动静脉穿刺器》。

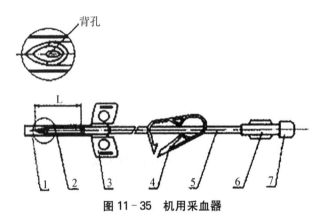

图 11-35　机用采血器

1—采血针的保护套;2—采血针;3—针柄;4—夹具;5—采血管;6—
内圆锥接头;7—接头保护套

　　血浆管路(见图 11-36)是连接供血员、抗凝液、分离杯、自动血浆采集机的关键器具。使用时放置于自动血浆采集机上,在自动血浆采集机特定的血液采集、分离、回输等程序中负责血液的传输。血浆管路中的压力监测接头(简称 DPM)是连接自动血浆采集机的接口,分离系统中的气压变化通过压力监测接头持续传导给自动血浆采集机,使自动血浆采集机根据压力大小按已设定参数进行自动调节血泵和液泵速度,从而更好地保证采集工作顺利、安全进行。血浆管路的部分物理指标见表 11-20,其解释参见本节(三)离心杯式血液成分分离器相关内容。

表11-20 血浆管路的部分物理指标

名　称	指　　标	方　　法
血液及血液成分过滤器	管路应有一血液及血液成分过滤器,过滤网为支架式或其他立体形式,其构造应使流经血液过滤器的血液及血液成分必须通过血液过滤网	YY 0326.2—2002　5.7.1
	过滤器网孔应均匀,总面积不小于 10 cm²。当按 GB 8369—1998 附录 C 试验时,过滤器的干燥残渣应不少于标准过滤器的 80%(m/m),	GB 8369—1998 附录 C
压力监测器接头	滤除率:压力监测器接头应能防止微生物进入管路。当按 GB 8368—1998 附录 B 进行试验时,压力监测器接头对空气中 0.5 um 以上微粒的滤除率应不小于 90%。	GB 8368—1998 附录 B
	通气性:压力监测器接头应有足够的通气性。按附录 B 试验时压力监测器接头传递 10 kPa 气压所需时间应不大于 3 s。	YY 0326.2—2002　附录 B
	阻血性:压力监测器接头中滤材能有效阻挡血液。按附录 C 试验时,在高于大气压强 40 kPa 的血液压力下,持续 40 s 应无血液渗透迹象。	YY 0326.2—2002　附录 C (注:YY 0326—2017 用水代替血液操作)
	适配性:压力监测器接头与配套血浆采集机的压力监测器配合应紧密,不应自然脱落,并易于拆卸。配合处内圆锥接头应符合 GB/T 1962.2 规定的锁定接头要求。	YY 0326.2—2002　5.8.4
泵管弹性	管路泵管部分应有良好的弹性,当水温在 23±2℃ 条件下,按附录 D 试验时,运转 1 h 后流量降低率应小于 5%。	YY 0326.2—2002　附录 D

　　图11-36 的管路结构是目前国内外广泛使用的产品,也作为行业标准 YY 0326.2 的血浆管路结构型,其质量和使用效果都是公认的,血浆管路的材料、配件结构、滤网规格都比较成熟,符合输血器要求,也满足血浆管路第一次循环的采集,但在第二次循环及以后的采集和全部血细胞的回输过程中,却很可能存在问题。因该血浆管路中过滤器的滤网其内外两个表面均接受过滤,每一表面都可能存在截留物,那么这些截留物就会被回输的血细胞带入供血者体内,而在第二循环及以后的采集中,血液也会将滤网外表面的截留物带入血液成分中,这应是

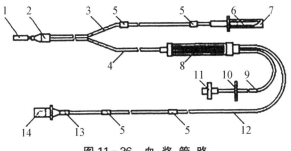

图 11-36　血　浆　管　路

1—三通管保护套;2—三通;3—抗凝液管;4—血液采输管 1;5—限位卡(限位卡之间为泵管部分);6—穿刺器;7—穿刺器保护套;8—血液及成分过滤器;9—压力监测管;10—夹片;11—压力监测器接头;12—血液采输管 2;13—分离杯接口;14—分离杯接口保护套

一个值得研究的问题。图 11-37 是为解决上述存在的问题而设计的新型血浆管路,是对图 11-36 血浆管路的技术改进。其特点是过滤器内血液/血细胞的进出口装有 2~4 个方向相反的单向阀,以控制原料血液和回输血液的流向,以保证流入分离杯和回输给供血者的血液可分别从不同的路径进入滤器。过滤后再流入管路、由于血液的进与出不再经过同一路径,而避免可能存在的截留物进入供血者体内或进入血浆中,如上图 11-37。该设计的血液过滤器(图 11-37"42")为一空腔,腔内一侧设有圆柱形血液过滤网(图 11-37"43")。原料血液从管路 22 经下三通 10,单向阀 11、13 和上三通 10 流向管路 23;回输血液从管路 23 经上三通 10,单向阀 14、12 和下三通 10 流向管路 22。两组方向相反的单向阀有效控制了原料血液和回输血液的流向,使得两个方向的血流以同一流向流经过滤器,从而能保证流入分离杯的原料血和回输给供血者的血液中均无血液凝块等截留物。专利:ZL98223902.5。

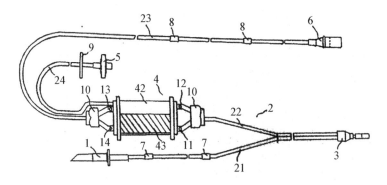

图 11-37 新型血浆管路

1—塑料穿刺器;2—血液采输管;3—三通接管;4—血液过滤器;5—压力监测器接头;6—分离杯接口;7~8—限位卡;9—夹片;10—三通;11~14——单向阀;21—抗凝管;22~23 采输管;24—压力监测管;42—过滤器内空腔;43—过滤器内过滤网

2017 年将血浆分离器标准 YY/T 0326.1 分离杯、YY/T 0326.2 血浆管路和 YY/T 0326.3 血浆袋归在 YY/T 0326—2017 一个标准中,但分离杯、血浆管路和血浆袋的结构、化学、物理、生物化学指标和检测方法基本未变,YY/T 0326—2017 更倾向于成套包装,该标准于 2018 年 4 月 1 日实施。YY/T 0328—2002 的《一次性使用机用采血器》标准修改成 YY/T 0328—2015《一次性使用动静脉穿刺器》。因此,自 2018 年 4 月 1 日起,离心式血浆分离器和动静脉穿刺器执行 YY/T 0326—2017《一次性使用离心式血浆分离器》和 YY/T 0328—2015《一次性使用动静脉穿刺器》标准,这两个部分可以独立生产、独立包装,在使用前组装。

(三) 离心杯式血液成分分离器

由图 11-34 分离杯组成的血液成分分离器,执行 YY 0584—2005《一次性使用离心杯式血液成分分离器》标准。这类分离器是将血液成分分离杯、管路系统、袋体系统、采血器组合在一起的成套供应产品。根据结构形式的不同,可分离较血浆分离器更多的血液成分,因此组成更全面和繁杂。本节主要介绍离心杯式血液成分分离器,其组件的质量控制可以涵盖血浆分离器产品。

离心杯式血液成分分离器的典型示例(图 11-38 和表 11-21)。

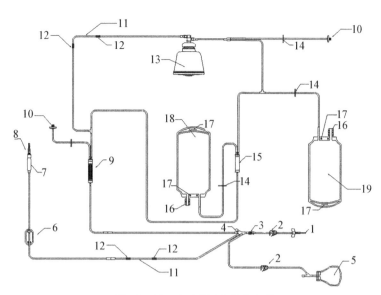

图 11-38　血小板/血浆分离器

表 11-21　图 11-38 各部分名称

序号	名称	序号	名称	序号	名称
1	采血器	8	穿刺器	15	滤泡器
2	锁合轧口	9	血液及血液成分过滤器	16	输血插口
3	圆锥接头	10	压力监测器接头	17	悬挂孔
4	注射件	11	泵管	18	血浆袋
5	血样采集袋	12	限位卡	19	血小板袋
6	药液过滤器	13	分离杯		
7	滴斗	14	夹片		

　　由于离心杯式血液成分采集机机型较多,生产厂家也多,即便是同一厂家按同一原理生产的机器也在不断升级换代。因此与之配套的血液成分分离器也随之多样化。除图 11-38 形式外,血液成分分离器还有盐水补偿型血小板/血浆分离器、血小板/红细胞分离器、外周血造血干细胞分离器、自体红细胞/血浆分离器、治疗性血浆置换分离器、骨髓处理分离器和少白细胞血小板/血浆分离器等。通过对分离机的软件设计,使其具有多种血液成分的收集功能,从而实现一机多用。其不同的收集功能分别与不同结构和组成的血液成分分离器配套使用,实现一台机器能收集不同的血液成分。但不管哪种采集功能,都是以离心采集为原理,因此其配套的分离器的主要构造和主要零部件并不改变,改变的是收集袋的数量和连接器的形式等。YY 0584—2005 在附录 A 按采集的血液成分种类分别列出血液成分分离器的典型结构型。

　　(四) 离心杯式血液成分分离器的要求

　　本节比较详细地介绍与分离机相关的分离器的一些特殊要求,区别于一般的一次性医疗器械,更强调与血细胞分离机的配套性和操作过程中的安全性。而对于袋体、管路和去白细胞滤器等性能主要是参照 GB 14232.1《传统型血袋》、GB 8369《一次性使用输血器》和 YY 0329

《一次性使用去白细胞滤器》等相关标准,不再做介绍。

1. 结构要求

分离器由离心式血液成分分离杯(以下简称分离杯)、管路系统和收集系统三部分组成。分离杯结构见图 11-34,主要由内杯和外杯组成。

管路系统由抗凝液袋穿刺器(以下简称穿刺器)、药液过滤器、血液及血液成分过滤器(以下简称血液过滤器)、压力监测器接头、软管、泵管、限位卡、夹具、分离杯接口等组成。也可加入采血器、滤泡器、去白细胞滤器等其他组件。

收集系统一般由血样采集袋、血浆收集袋、血小板收集袋和其他血液成分收集袋(如红细胞袋、白膜层袋、干细胞袋、置换袋、废液袋)等全部或部分组成。

2. 物理要求

分离器不仅要求与抗凝液袋(瓶)连接配合性好,还要求与血液成分采集机上各蠕动泵、限位装置、压力传感器等相匹配。所规定的各项物理要求是在分离器的应用特性基础上提出的。

(1)微粒污染:微粒按三个系统分别要求。

分离杯主要材料是塑料,有较强的静电吸附性,而且分离杯体积大、杯口大、表面积大(内外杯)、静电吸附大,极易进入异物。因此,微粒污染概率较高,不溶性微粒进入人体血循环对健康危害较大,所以应严加控制。微粒洗脱液是模拟分离杯实际应用条件,采用高速离心洗脱的方法制备。这样可较为真实地检验出样品中的微粒含量。200 mL 洗脱液中 $15\sim25\ \mu m$ 微粒数应不超过 6.00 个/mL。大于 $25\ \mu m$ 的微粒不超过 3.00 个/mL。

管路按 GB 19335—2003 附录 A 或其他等效方法测定时,其每平方厘米内表面积上的 $15\sim25\ \mu m$ 的微粒数不得超过 1.00 个,大于 $25\ \mu m$ 的微粒不得超过 0.50 个。

收集袋按 GB 14232.1—2004 附录 B.4 或其他等效方法测定时,应无可见粒子。

(2)密封性:分离器作为一个整体,主要考虑分离杯的动态密封性。检测方法是按正常血液成分分离采集程序或按 YY 0584—2005 附录 B.1 方法(离心速度 4 800 r/min),分离杯和各连接部位应无泄漏现象。

(3)摩擦热量:分离杯高速离心时会产生摩擦热量,使杯内液体温度升高。考虑到温度升高到一定程度时,会造成血细胞的损伤,故应将该温度升高值控制在较小范围内。标准中规定的方法是模拟实际使用状态。按 YY 0584—2005 附录 B.2 方法(离心速度 4 800 r/min),杯内水温应不超过 37℃。

(4)噪声:噪声的控制既是对环境污染的控制,也可反映分离杯整体与分离机的配合性和动摩擦环和静摩擦环两端面的平整度等。检测的方法是在适用的离心机上以 4 800 r/min 运转时,应无明显摇摆,当在前、后、左、右距分离杯中心 1 m 处用声级计(A 计权)测定时,最大噪声应不超过 70 dB。

(5)血液残留量:血液残留量主要考虑的是分离杯的血液残留量,分离杯经离心并回输血液后,杯底会有一定量的血液残留,如残留量过多对供血者/患者健康均不利,按 YY 0584—2005 附录 B.3 方法检测时,分离杯内血液残留量应不超过 22 mL。

(6)血浆血红蛋白含量:离体后的全血经过分离杯高速离心分离会有少量的红细胞损伤造成溶血,但必须要控制在极小的范围内,不然会对供血者/患者健康不利;同时血浆中血红蛋白含量也反映分离效果。检测方法是用邻联甲苯胺法测定,分离所得血浆中血红蛋白含量应不大于 60 mg/L。

（7）压力监测器接头：所谓压力监测器接头其实是分离器与血液成分采集机压力检测的连接点，除要求端口与血液成分采集机出口端匹配并有一定通透量外，还要求滤材既能防止机器污染管路，又能防止分离器内压过高导致血液进入血液成分采集机压力传感器，因而要求滤材既能防止微生物进入，又能承受在一定内压下血液不渗透到机器等。因此，对压力监测器接头规定了 4 项指标：①滤除率；②阻血性；③透气性；④适配性。既能保护分离器通路不受机器的污染，又能保护机器不受血液的污染。

（8）药液过滤器：一套密闭的离心杯血液成分分离器是不含抗凝液（或其他药液）的。抗凝液（或其他药液）是在成分分离时在洁净的（不是无菌条件）环境下穿刺连接。在分离器的穿刺器与抗凝液（或其他药液）接触时可能带来细菌污染，因为分离器所获得的血液成分一般是直接用于临床输注的，因此在分离器的穿刺器后面连接了药液过滤器，这个药液过滤器除了具备一般药液过滤器的微粒滤除率以外，还应有除菌效果。按 YY 0584—2005 附录 D 方法检测时，以缺陷性假单孢菌作为指示菌，以无菌生长来证明药液过滤器有除菌效果。

（9）泵管弹性：泵管是指安装于离心式血液成分采集机蠕动泵内的软管。一般分离机采集量是根据蠕动泵旋转数来控制的。泵管流量的均匀、准确，是保证整个操作过程正常的一个重要条件。因此，将泵管的弹性、内外径控制在一定范围，才能满足在整个采集过程中泵的旋转数和采集量相当。按 YY 0326.2—2002 附录 D 方法检测时，运转 1 h 后流量降低率应小于 5%。

此外，还有滤泡器体积和限位卡牢度等要求。

3. 化学要求

（1）检验液制备：离心杯式血液成分分离器检验液是按分离杯、管路系统和收集系统三个部分分开制样。然后将分离杯、管路系统的检验液合并成分离杯和管路系统检验液、收集系统的检验液各袋合并成血液成分收集袋检验液。这样设置的理由是根据产品使用的时间长短来分类。分离杯和管路系统均是使用时间较短（不超过 24 h）的体外输注产品，可合并后一起检测。血液成分收集系统是使用时间较长（超过 24 h），故不能与分离杯和管路系统检验液合并，需按血袋的项目指标检测。检验液制备详见 YY 0584—2005。

（2）检出限量：见表 11 - 22。

表 11 - 22　分离器溶出物的化学限量

项目			单位	指标	
				分离杯和管路系统	血液成分收集袋
水溶出物	还原物质	（0.002 mol/L KMnO₄ 消耗量）	mL	≤2.0	≤1.5
		与空白对照液 pH 值之差		≤1.5	/
	酸碱度	氢氧化钠溶液，c（NaOH）= 0.01 mol/L	mL	/	≤0.4
		盐酸溶液，c（HCl）=0.01 mol/L	mL	/	≤0.8
	铵离子		mg/L	/	≤0.8
	氯离子（Cl⁻）		mg/L	/	≤4
	色泽			澄明无色	澄明无色

113

（续表）

项　目		单位	指　标	
			分离杯和管路系统	血液成分收集袋
浊度		/		微乳浊，但不超过参照悬浮液
紫外光	（250 nm～320 nm）	≤0.1		/
吸收	（230 nm～360 nm）	/		≤0.2
蒸发残渣		mg/100 mL	≤4.0	≤5.0
金属离子	钡（Ba）	μg/mL		≤1
	铬（Cr）	μg/mL		≤1
	铜（Cu）	μg/mL	总量≤1	≤1
	铅（Pb）	μg/mL		≤1
	锡（Sn）	μg/mL		≤0.1
	镉（Cd）	μg/mL	≤0.1	≤0.1
	铝（Al）	mg/L	/	≤0.05
重金属总量（以 Pb 计）		μg/mL	≤1	≤2
醇溶出物（DEHP）[a]		mg/100 mL	/	≤15

[a] 以 DEHP 增塑的软聚氯乙烯袋应检验。

（3）环氧乙烷残留量：由于产品分离杯、管路系统和收集系统三个部分差别较大，无法整套测试。故按三个部分分开制样、分开检测、合并总量，每套分离器环氧乙烷残留量应不大于4.0 mg。由于产品体积比较大，环氧乙烷残留很难排除，建议灭菌包装采用透析材料。

4. 生物要求

生物性能各项指标和测试方法基本等同采用 GB 8369《一次性使用输血器》。血液成分采集袋（不包括废液袋）的微生物不透过性按 GB 14232.1—2004"附录 C.2　试验时，应不透过微生物"执行。

二、离心袋式血液成分分离器

（一）核心部件

主要配套的是以软性扁平密封袋型离心的离心机。软性扁平离心袋可紧贴于分离机的圆形离心舱外壁，呈现环形，图 11-39 为 Amicus 分离造血干细胞的分离器。

一次性使用离心袋式血液成分分离器执行行业标准 YY 0613—2007，是由管路系统、袋系统组成的成套供应的产品。管路系统由软管、多腔管、泵管、监控盒、

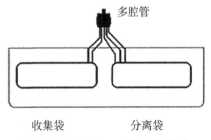

图 11-39　Amicus 的环形软性袋

滴斗、还输滤器、气体截留器和采血器等全部或部分组成;袋系统主要由血袋(如收集袋、分离袋、转移袋、血小板保存袋、血浆袋、红细胞袋、全血袋、样品袋)组成。

(二)离心袋式血液成分分离器

典型示例见图 11-40,部件名称见表 11-23。

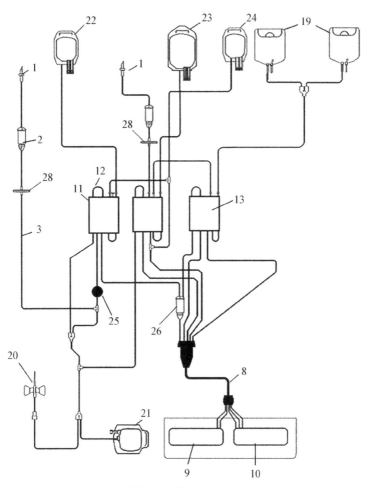

图 11-40　单针功能封闭式分离器结构示意图

表 11-23　图 11-40 部分组件名称

序号	名称	序号	名称	序号	名称
1	穿刺器	11	泵管(小泵管)	22	全血袋
2	滴斗	12	泵管(大泵管)	23	血浆袋
3	软管	13	监控盒	24	红细胞袋
8	多腔管	19	血小板保存袋	25	还输滤器
9	收集袋	20	机用采血器	26	气体截留器
10	分离袋	21	样品袋	28	药液过滤器

同样,离心袋式血液成分分离器因配套的血液成分采集机机型不同、分离血液成分不同而有多种形式,YY 0613—2007 在附录 A 列出了血液成分分离器的典型结构型,有开放式分离器、开放式(AMS)分离器、封闭式分离器、单针封闭式分离器、双针封闭式分离器、单针功能封闭式分离器和双针功能封闭式分离器。

(三) 离心袋式血液成分分离器的要求

对于袋式血液成分分离器性能要求可参照离心杯式血液成分分离器,共性的问题不在本节赘述。对特殊问题做以下介绍。

1. 结构要求

鉴于袋式血液成分分离器各组件的尺寸需与血液成分分离机相适应,其尺寸随着分离机机型的升级换代会不断改变,因此标准中仅给出了目前常见分离器的结构和结构示例图。

2. 物理要求

微粒污染。微粒按管路系统和收集系统两个部分分开制样、分别检测。指标各自要求。

3. 化学性能

离心袋式血液成分分离器检验液是按管路系统和收集系统两个部分分开制样,分别检测。指标同离心杯式血液成分分离器。

环氧乙烷残留量按管路系统和收集系统两个部分分开制样、分别检测,合并总量,每套分离器环氧乙烷残留量应不大于 4.0 mg。

4. 生物要求

规定了血液相容性试验,增加了凝血、血小板和补体激活等指标。

血细胞分离机和配套的血液成分分离器可用以分离血浆、血小板、红细胞和外周血单核细胞,也能用以治疗性血浆置换等,这项技术具有速度快、效率高和安全性好的特点。随着医学事业的发展,必将在临床供血中发挥更大的作用。

第四篇
塑料血袋中的血液抗凝剂和（或）保存液及生产工艺

第十二章

血液抗凝剂和（或）保存液

血液虽然只占人体体重的 7%～8%，但由于其循环流动于全身，并不断与组织液发生交换，对维持机体的生理活动起着至关重要的作用。如红细胞和各种血浆蛋白质及血浆中的水分均有承载特定物质的功能。因此，血液能把机体所需要的氧、蛋白质、糖类、脂肪、维生素、水和电解质等携带运输至全身组织的同时，还将组织、细胞的代谢产物（二氧化碳、乳酸、尿素、肌酐等）携带运输至肺、肾、肠道和皮肤而排出体外，以维持机体的酸碱平衡和调节体温。血液中的粒细胞和淋巴细胞还能清除外来的微生物、体内的坏死组织、变异细胞，它们与血浆中的抗体、补体、干扰素等免疫物质共同组成了机体的防御系统。

血液是一种广义的结缔组织，由多种各具功能的血细胞、水、蛋白质和其他溶质分子所组成。血液在血管系内呈流体状态，在心脏的推动下不断循环流动于全身，对维持机体的生理活动和抵御外部致病因素起着不可缺少的作用。无论何种原因引起血液的一种或多种组分缺失，均可导致相应的病理变化。如果人体大量失血或血液循环障碍导致血液灌注不足，就可能造成不同程度的组织损伤，甚至危及生命。输血治疗的主旨即在于及时、恰当、适度地给患者补充丢失或缺乏的血液成分，以达到救死扶伤的目的。

血液只要一离开人体血液循环系统,就会开始发生变化。从人体内采集至含有抗凝剂和(或)保存液的容器中并混匀,不做其他任何加工的血液即为全血。全血保存后所发生的变化称之为"保存损害"。其损害程度与抗凝剂品种、保存温度和保存时间有关。如保存温度和抗凝剂种类不变,则血液的变化随保存时间的延长而增加。

全血的性质主要取决抗凝剂和(或)保存液的种类及贮存时间的长短。随着贮存时间的延长,血液中的一些有效成分(2,3-DPG、ATP、白细胞、红细胞、血小板等)含量随之减少,功能逐渐降低,而一些有害成分(血氨、游离血红蛋白、血钾)将逐渐增加。

第一节 血液抗凝剂和(或)保存液的发展简史

自 1914 年 Hustin 发现把枸橼酸钠溶液加入血液中可防止血液凝固后,就开始用单一的枸橼酸钠(AC 方)作血液抗凝剂,血液可保存 5~7 天。后经不断改正,1916 年 Ross 和 Turner 于 AC 方中加入葡萄糖而延缓了溶血,可保存血液至 10 天以上。1943 年 Loutin 和 Mollison 用枸橼酸酸化枸橼酸钠、葡萄糖溶液即为 ACD 方(anticoagulant citrate dextrose solution)。美国国立卫生研究院发表了 ACD 抗凝液处方。该处方分 A 和 B 二种(见表 12-1)。两处方在 100 mL 血液中药物含量相同,但两者浓度不同,A 方中含水量较 B 方少。A 方也可视为 B 方的浓缩液,适用于生产冻干血浆、单采血小板等,能使血浆、血小板中含水量尽可能少;而 B 方较适宜用于采集全血。该方能较好地避免葡萄糖焦化,使红细胞保存期延长至 21~28 天。1957 年,Gibson 等认为 ACD 方保存液 pH 值较低(5.0),对红细胞保存不利,可导致红细胞膨胀、红细胞内钾析出、生存能力减弱等。Gibson 等针对这些问题于 ACD 方中加入磷酸盐使 pH 升至 5.63,即形成了 CPD 方(citrate phosphate dextrose solution),使红细胞保存期又延长了一周。此后,为进一步提高红细胞活力,Nakao 于 1962 年发现在 CPD 保存液中加入微量腺嘌呤,能较好地保持红细胞中的 ATP 水平,但其作用并不随腺嘌呤加入量的增加而加大。1968 年,Shields 等配制了 ACD 和 CPDA(citrate phosphate dextrose adenine solution)两方,经过对比试验研究和临床实验均认为加入微量腺嘌呤能更好地提高红细胞活性,可使血液保存期延长至 5~6 周。

表 12-1 ACD 的两种溶液配方

	ACD-A 方(g)	ACD-B 方(g)
枸橼酸(无水)	7.3	4.4
枸橼酸钠(二水)	22.0	13.2
葡萄糖(二水)	26.7	16.0
水至	1 000 mL	1 000 mL
100 mL 全血中加入	15 mL	25 mL

美国于 20 世纪 80 年代将 CPDA 收载入《美国药典》(USP)中。

于 CPD 方中加入双倍葡萄糖称为 CP2D,于 CP2D 中再加入腺嘌呤即为 CP2DA。另外在

ACD 处方中加入腺嘌呤也称为 ACD-A 方(注:此处的 ACD-A 方与表 12-1 的 ACD-A 不是同一处方,只是用了相同的名称),但此方目前应用不多。

随着输血技术的进步,血液抗凝剂和(或)保存液也将不断出现新品种,以能更好延长血液在体外的保存期。血液保存期长的红细胞在体内破坏慢。也就是说,延长血液保存期,能提高红细胞的质量,因此进一步研究和选择适宜的血液抗凝剂,以更好地防止血液凝固、减少溶血、延长红细胞在体内的寿命,仍然是输血工作中的重要任务。

第二节　血液抗凝剂和（或）保存液的选择原则

血液凝固是以纤维蛋白原转为纤维蛋白为特征的,由流体状态转变为凝胶状态的现象。血液之所以会发生凝固,是许多凝血因子在被激活后,多个酶原按一定规律被激活,产生生物放大作用,最终导致纤维蛋白的生成和血液凝块。在这一过程中任何一个环节受到破坏或抑制,血液就不会发生凝固。

血液保存的关键,主要是防止血液凝固和红细胞的破坏。

一、钙结合剂

枸橼酸钠作为钙结合剂,与血液中的 Ca^{2+} 结合形成难以解离的可溶性枸橼酸钙,使血液中 Ca^{2+} 减少,从而抑制凝血过程,产生抗凝血作用。

二、葡萄糖

人体内红细胞形态的完整、功能及生命活动是借体内物质代谢产生的能量来维持的,其能量来源主要靠葡萄糖代谢。

1954 年,Chaplin 证明红细胞可在 4℃中保存时,每天葡萄糖消耗量为每克血红蛋白 0.6 mg 左右,按正常 100 mL 血液中葡萄糖量为 80 mg、血红蛋白浓度为 150 mg/L 计算,则每天消耗 9 mg 葡萄糖,即离体的血液 9 天可以用完自身的葡萄糖。因此,每百毫升保存血液中,应加 650～750 mg 的葡萄糖。葡萄糖在保存血液中的最后浓度应在 0.5%～1.0%范围内,以 0.5%为适宜。如葡萄糖的量过多,则将引起红细胞膨胀,这是因为葡萄糖可以带着水分渗入红细胞。但在分离血液成分时,血液中的抗凝剂大部分进入血浆(葡萄糖也随之进入血浆)。因此,当要保存浓缩红细胞时,由于大部分抗凝剂进入血浆,应考虑选用葡萄糖含量较多的抗凝剂,如 CP2D、CP3D 等。另外,加入少量氯化钠等无机盐以调节血液渗透压,也利于红细胞代谢(提供了适量的无机盐离子)。

三、磷酸盐

Gibson 于 1957 年认为 ACD 保存液的 pH 值过低,血液与它接触后容易产生"立刻"损伤,对红细胞有破坏作用,如细胞膨胀、钾析出及有机磷化合物的迅速分解等。针对这一缺点,于 ACD 抗凝剂中加入磷酸盐即 CPD,使其 pH 值升高至 5.63,可延长红细胞的保存期。另外,也有报道认为加入磷酸盐对维持血液中 2,3-DPG 有利。

四、腺嘌呤

加入少量腺嘌呤可提高红细胞中 ATP 在 4℃ 贮存期间的活性水平。红细胞对腺嘌呤的需要是特异的,它可以将腺嘌呤转变为磷酸腺苷(AMP),并进一步磷酸化生成 ATP,为红细胞新陈代谢活力提供高能化合物来源,提高红细胞在 4℃ 贮存期内的活性,从而延长红细胞的保存期。但腺嘌呤用量不宜过多,因其代谢最终产物是尿酸,会导致痛风。腺嘌呤用量的加大并不能相应提高红细胞活力。日本学者于 1991 年研究比较了含不同量腺嘌呤的红细胞保存液对红细胞保存的影响。结果表明无明显差异(见图 12-1~图 12-4)。关于腺嘌呤的毒理研究文献报道很多,1952 年 Philips 等就已报道,鼠口服 LD_{50} 为 745 mg/kg,鼠静脉 LD_{50} 为 551~623 mg/kg。1965—1966 年,113 名新生儿用 ACD-A 方做交换输血治疗,另有 27 名儿童进行 1~7 次交换输血治疗,并随访 5 年均未发现有不良反应。在瑞典、美国、德国和我国,含腺嘌呤的全血和代血浆已广泛应用于临床,均证明含有腺嘌呤的 CPD-A 保存液是良好的保存液,但不宜过多加入。Nakao 于 1962 年也发现在 CPD 保存液中加入微量腺嘌呤能保持红细胞中的 ATP 水平。日本学者也研究了不同红细胞保存液中腺嘌呤含量,见表 12-2。

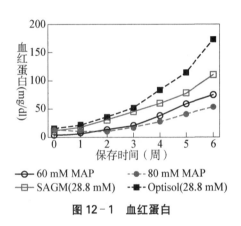

图 12-1　血红蛋白

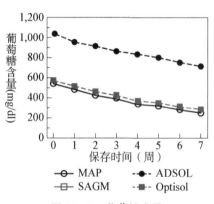

图 12-2　葡萄糖含量

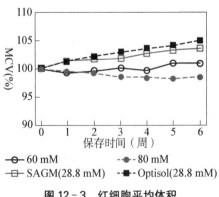

图 12-3　红细胞平均体积

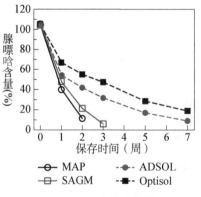

图 12-4　腺嘌呤含量

表 12-2 四种红细胞保存液中腺嘌呤含量

保存液	MAP	SAGM	OPTISOL	ADSOL
腺嘌呤(g/L)	0.14	0.17	0.30	0.27

在这四种红细胞保存液中虽然腺嘌呤的含量有明显的不同,但保存红细胞 6 周后,腺嘌呤含量均很低,且无明显差异,见图 12-1～图 12-4。

五、维生素 C

有文献报道加入一定量的维生素 C 可提高 2,3-DPG 含量,降低红细胞膜脆性。

六、DEHP

据美国学者 Aibro 等报道,DEHP 对红细胞保存有利。血液保存于 PVC 血袋后,随着保存时间的延长,DEHP 被血液中脂蛋白抽出。有少量 DEHP 分布于红细胞膜上,并对膜有增塑作用,从而降低膜的脆性,减少红细胞的溶解率。DEHP 还可抑制红细胞变形和微囊形成,延长红细胞寿命和在体外的保存期,但对血小板保存不利。

七、糖类

甘露醇、麦芽糖等也能降低红细胞膜脆性和减少溶血,但高浓度时(100 mMol 以上)则使红细胞失水、缩小、变形,使红细胞寿命降低。据日本学者中岛隆等报道,以 80 mMol 甘露醇为好。麦芽糖对抗溶血、维持 2,3-DPG 均较甘露醇为好,但麦芽糖耐高温灭菌的稳定性不如甘露醇。

八、容器

血液保存容器对保存红细胞的影响是显而易见的。玻璃容器表面较光滑但透气性不好,采血后第二天因氧气减少,血液开始由鲜红色变为暗红色。由于玻璃瓶质地坚硬无法在密闭状况下简易排气,采血后瓶子上层空间留有较多的空气,血液在运输过程会有较大振动,会损害红细胞膜的完整,加速溶血;同时玻璃容器质量较差,其材质中的元素与抗凝剂中的枸橼酸盐作用,会导致晶片脱落,硅元素增加;特别是全套容器零配件多,密封性不好,在保存和使用过程易引起细菌污染等,均对红细胞保存不利。塑料容器解决了上述玻璃容器存在的问题,使体外保存的红细胞寿命延长。

第三节 常用血液抗凝剂和（或）保存液

常用的血液抗凝剂和(或)保存液的配方见表 12-3。
血液抗凝剂又称输血用抗凝液、血液保存液和输血用注射液等,保存液又称保养液。

表 12-3　常用的血液抗凝剂和(或)保存液配方　　　　　　（每 1 000 mL 含）

配方名称	结晶水	枸橼酸(g)	枸橼酸钠(g)	磷酸二氢钠(g)	葡萄糖(g)	腺嘌呤(g)	氯化钠(g)	甘露醇(g)	配方来源
输血用枸橼酸钠注射液 AC 4.0%	2水		40.0						国家药品标准
输血用枸橼酸钠注射液 AC 2.5%	2水		25.0						《中华人民共和国药典》
血液保存液(Ⅰ)(ACD-A)	无水	7.3	19.3		22.3				国家药品标准
	1水	*8.0*	20.7		*24.5*				
	2水	8.7	*22.0*		26.7				
血液保存液(Ⅱ)(ACD-B)	无水	4.4	11.6		13.4				国家药品标准
	1水	*4.8*	12.4		*14.7*				
	2水	5.2	*13.2*		16.0				
CPD	无水	2.99	23.06	1.93	*23.2*				USP
	1水	*3.27*	24.69	2.22	25.5				
	2水	3.55	*26.3*	*2.51*	27.8				
输血用2号抗凝液(CP2D)	无水	2.99	23.06	1.93	*46.40*				国家药品标准
	1水	*3.27*	24.69	2.22	51.04				
	2水	3.55	*26.3*	*2.51*	55.64				
输血用2号抗凝液(2号添加液)	无水	/	/	*2.85*(磷酸氢二钠)	*3.60*	*0.068*	*7.18*	/	国家药品标准
	1水	*0.42*	/	/	/	/	/	/	
	2水	/	*5.88*	/	/	/	/	/	
血液保存液(Ⅲ)(CPDA)	无水	2.99	23.06	1.93	29.0	*0.275*			国家药品标准
	1水	*3.27*	24.69	*2.22*	*31.9*				
	2水	3.55	*26.3*	2.51	34.8				
输血用1号抗凝液(CP2DA)	无水	2.99	23.96	1.93	*46.40*	*0.27*			国家药品标准
	1水	*3.27*	24.69	2.22	51.04				
	2水	3.55	*26.3*	*2.51*	55.64				
红细胞保存液(MAP)	无水	/	/	/	/	*0.14*	*4.97*	*14.57*	国家药品标准
	1水	*0.2*	/	/	*7.93*	/	/	/	
	2水	/	*1.5*	*0.94*	/	/	/	/	

注：斜体带下划线数值系标准所给，其余根据分子量计算出的不同结晶水物质量。

第四节　常用血液抗凝剂和（或）保存液特性

一、输血用枸橼酸钠注射液

输血用枸橼酸钠注射液又称 AC 注射液，为单一的钙结合剂。

123

《中华人民共和国药典》(2000 年版)收载的"输血用枸橼酸钠注射液"(其浓度为 2.35%~2.65%)可作为手工采集少量血浆的抗凝剂，但不适用机采原料血浆的抗凝。美国 Haemonetics 公司建议采用 4.00%枸橼酸钠注射液作为机采原料血浆的专用抗凝剂。该浓度的枸橼酸钠溶液已被《美国药典》(USP23 版)收载，且已被美国 FDA 认可。我国使用实践也进一步证明，4.00%枸橼酸钠注射液在单采原料血浆中抗凝效果很好。而且，当使用量的比例（抗凝剂∶血液)从 1∶12 上升至 1∶16 时，其抗凝效果仍能符合要求。用户可酌情选择使用比例，以尽可能减少血浆中的水分含量，有利于提高血浆的质量。

二、血液保存液 I 和血液保存液 II

血液保存液 I 和血液保存液 II 简称 ACD 方，分别称作 ACD-A 和 ACD-B。均为枸橼酸钠、枸橼酸、葡萄糖的无菌水溶液。ACD-A 方可视为 ACD-B 的浓缩液(水分减少 40%)，ACD 方是输血领域中最早被应用的经典血液抗凝剂。它的应用使血液体外保存期由原来的 7 天提高到 21 天。

用量：ACD-A 方 7 mL 供采集全血 50 mL；ACD-B 方 50 mL 供采集全血 200 mL。ACD-B 方与血液的比例为 1∶4。

三、血液保存液 III

血液保存液 III 简称 CPDA 方。CPDA 方中除含有 ACD 方的枸橼酸钠、枸橼酸、葡萄糖外，还加入了磷酸盐、腺嘌呤。据有关资料介绍，该方可保存全血 35 天，但不能延长浓缩红细胞的保存期。

用量：CPDA 与血液的比例为 14∶100。56 mL 供采集全血 400 mL，国际上常用 63 mL 采集全血 450 mL。

四、输血用 1 号抗凝液

输血用 1 号抗凝液，简称 CP2DA。该方是 1985 年从澳大利亚 TUTA 公司引进，2002 年获中国国家药品标准。

该方主要特性：

(1) pH 值为 5.62。

(2) 血液保存试验：全血 1 袋、浓缩红细胞 21 袋，经保存 35 天，仅有 5 袋浓缩红细胞 pH 值低于正常值 6.5(6.22~6.48)，其余 16 袋均符合标准要求；其他各项指标(HCT、总 Hb、血浆 K^+、血浆 Na^+、红细胞体积等)均在标准要求内。

(3) 血小板保存 72 小时，成活率在 92.2%~98.1%；其质量研究，包括对比试验、稳定性试验、回收率试验均获满意结果。

据介绍,CP2DA 能提高红细胞活力,特别是能同时延长浓缩红细胞的保存期至 35 天。1977 年,LOVRIC 等以澳大利亚 TUTA 公司制成的塑料血袋为容器,配制不同成分的血液保存液:ACD、CPDA、CP2DA 进行了系列对比试验,结果表明 ACD 全血和 ACD 浓缩红细胞可保存 21 天;CPDA 可保存全血 35 天,但不能延长浓缩红细胞的保存期;而 CP2DA 可同时延长浓缩红细胞的保存期达 35 天。CPDA 保存血液 28 天后浓缩红细胞成活率＜70％,而 CP2DA 则为 81.7％。

(4) CP2DA 的用法:单袋、双联袋中的采血袋装 CP2DA。采集保存的是全血,由于 CP2DA 含有腺嘌呤,能使全血保存期达 35 天。

五、输血用 2 号抗凝液

输血用 2 号抗凝液(简称 CP2D)由输血用抗凝液与输血用抗凝添加液(2 号添加液)组成。该方与输血用 1 号抗凝液同为澳大利亚 TUTA 公司引进。两方的区别是 CP2D 方中不加入腺嘌呤。CP2D 的用法是:三联袋和四联袋中的采血袋装 CP2D,其中的转移袋 2 或转移袋 3 装输血用抗凝添加液。因为抗凝添加液中已含有腺嘌呤,所以三联袋和四联袋中的采血袋内只装不含腺嘌呤的 CP2D。通过对采血袋离心分离出血浆等血液成分,将转移袋中的 2 号添加液转入采血袋成红细胞悬液制剂,红细胞悬液中有了腺嘌呤,能使红细胞保存期达 35 天。注意:联袋中的采血袋装的是不含腺嘌呤的 CP2D,而不是含腺嘌呤的 CP2DA,否则红细胞悬液中的腺嘌呤含量会太高。

六、红细胞保存液

现代输血已进入成分输血的时代,即"给患者输注充分且必要的血液成分"的一种输血方法。为了达到成分输血的目的,必须制备像浓缩红细胞、浓缩血小板、新鲜冷冻血浆等成分制剂。但是,因全血中抗凝剂和(或)保存液在血浆分离后大部分进入血浆,这对红细胞的保存不利,红细胞保存期仅 21 天,且会使浓缩红细胞黏度较高,从而使临床使用时输入血管的速度变慢。同时,浓缩红细胞制剂的质量也有很大的差异,如红细胞压积(HCT)值为 60％～80％。保存中红细胞质量也有差异。特别是 HCT 值越大,溶血量也越大。相反作为体现红细胞功能的 ATP 与 2,3-DPG 值大大降低。

各浓缩红细胞制剂 HCT 值有很大差异,是因为从全血分离制备的分离次数不同,二分离制备的(浓缩红细胞与新鲜冷冻血浆)浓缩红细胞 HCT 为 60％左右,四分离制备的(二分离的两种成分加浓缩血小板与白细胞层)浓缩红细胞 HCT 为 80％。所以,即使同样称为浓缩红细胞,但 HCT 的值不同(为 60％～80％)。对于这些问题,应尽早改进,以供应临床高质量、良好的红细胞制剂。目前欧美国家广泛使用红细胞保存液,以提高红细胞制剂的质量。国外常用红细胞保存液的配方有:SAGM、OPTISOL、ADSOL。文献报道,保存红细胞 5～6 周后,测定其存活率仍有效。

使用红细胞保存液对红细胞制剂的优点:

(1) 有效保存期延长,可保存 6 周;当在 3 周内使用时,则等同新鲜血的存活率。

(2) 提高红细胞输血后的存活率,保存 6 周后的血液输注 24 小时的存活率达 75％～85％。

（3）能得到较大量的血浆，如 400 mL 的血液约可得 230 mL 血浆。

（4）白细胞减少，使不良反应也减少。

（5）输血容易（黏度降低）。

七、国外常用红细胞保存液

国外常用红细胞保存液成分见表 12-4。

表 12-4　国外常用红细胞保存液配方　　　　（每 1 000 mL 含）

成分	CPD (g)	MAP（日本）(g)	SAGM（Hog man）(g)	ADSOL（Baxter）(g)	Optisol（Terumo）(g)
Na_3 Citrate. $2H_2O$	26.30	1.50	—	—	—
Citrate. H_2O	3.27	0.20	—	—	—
Glucose	23.20	7.21	—	—	8.18
Glucose. H_2O	—	—	9.00	22.00	—
NaH_2PO_4. $2H_2O$	2.51	0.94	—	—	—
NaCl		4.97	8.77	9.00	8.77
Adenine		0.14	0.17	0.27	0.30
Manito		14.57	5.25	7.50	5.25

MAP 红细胞保存液是 20 世纪 80 年代由日本红十字血液中心组织研究、试制、使用的。其基础研究、临床应用等全套资料于 1991 年前后发布并投入生产，进入市场。该产品特性是能延长浓缩红细胞保存期达 42 天，且溶血程度明显较 SAGM 等更低（见图 12-1），使用安全，疗效好。

MAP 红细胞保存液的特点是配方中加入较大量的甘露醇，降低了红细胞膜的脆性，从而防止溶血。稀释浓缩红细胞液的黏度，使浓缩红细胞悬液在临床应用时输注流畅。用其保存的浓缩红细胞，保存 42 天后，检测结果如下：

（1）血浆中游离血红蛋白：保存至 6 周时 MAP 为 50 mg/dL，SAGM 大于 100 mg/dL，见图 12-1。

（2）用小鼠试验：小鼠饮食正常、体重增加。血液常规、血液生化、尿液常规均未发现异常情况；病理解剖切片等均未发现异常。

（3）ATP、变形能等与 SAGM 等相似。

（4）LD_{50} 为 200 mL/kg（CPD 为 10.7 mL/kg）。

八、药液的质量控制标准

我国常见输血用抗凝液和保存液标准见表 12-5。

表 12-5 常见输血用抗凝液和保存液的标准

序号	药品名称	简　称	标准号
1	血液保存液(Ⅰ)	ACD-A	WS-10001-(HD-0610)-2002
2	血液保存液(Ⅱ)	ACD-B	WS-10001-(HD-0175)-2002
3	血液保存液(Ⅲ)	CPDA	WS-10001-(HD-0176)-2002
4	输血用1号抗凝液	CP2DA	WS1-(X-049)-2002Z
5	输血用2号抗凝液	CP2D+2号添加液	WS1-(X-050)-2002Z
6	输血用枸橼酸钠注射液	AC 4.0%	YBH06952004等企标
7	输血用枸橼酸钠注射液	AC 2.5%	《中华人民共和国药典》
8	红细胞保存液	MAP	WS-10001-(HD-0230)-2002
9	复方甘油溶液	红细胞低温保护剂	WS-10001-(HD-1159)-2002

注:复方甘油溶液:为甘油、乳酸钠、磷酸氢二钠、氯化钾的灭菌水溶液。其配方为每 1 000 mL 含甘油($C_3H_8O_3$):570 g;乳酸钠($C_5H_6NaO_3$):30 g;磷酸氢二钠($Na_2HPO_4 \cdot 12H_2O$):2.0 g;氯化钾(KCl):0.3 g;注射用水:适量。用法用量:全血 200 mL 离心分离所得的红细胞加本溶液 160 mL,混匀后置-80℃环境中保存。作用:甘油可避免红细胞冷冻时冰晶对细胞膜及细胞结构的机械损伤;乳酸钠可调节溶液酸碱平衡,改善细胞呼吸功能,增强解冻后红细胞活性;磷酸氢二钠为红细胞提供适量的钠离子;氯化钾为红细胞提供适量的钾离子。复方甘油溶液较多用于 Rh 阴性血的低温保存。

第十三章

常用血液抗凝剂和(或)保存液的生产工艺

血液抗凝剂和(或)保存液与血液按一定的比例混合后,随血液直接进入危重病患者的静脉,以达治疗的目的。血液一次用量较大、时间较长,较其他药品更直接关系到患者的身体健康和生命安危,真可谓"一袋血,一条命"!

生产血液抗凝剂和(或)保存液全过程的生产技术、质量标准、工艺卫生等必须严格按照相关工艺规程,才能生产出高质量的产品。

第一节 不含腺嘌呤的血液抗凝剂和(或)保存液的生产

以 ACD-B 方为例,具体生产工艺流程见图 13-1。

ACD-B 方工艺流程见图 13-1,简述如下。

生产过程包括:物料准备→配制→灌装→装采血针→灯检→称重→灭菌→检漏→贴标签→包装→烘干→装箱→质检→入库。

一、物料准备

按生产指令领取合格的物料,包括塑料空袋、外包装袋、标签、纸箱、药品等。核对品名、规格、型号、批号、数量、检验报告等,逐一填写纪录并签名。

药包材料(塑料空袋)需按如下流程准备。

(1) 剪管:将塑料空袋上的环形管剪断成两部分:采血管(其长度约为 96 cm)和工艺管(其长度为 10~12 cm)。

(2) 洗袋:从塑料空袋工艺管管口,加入经 0.45 μm 滤器过滤的注射用水。每袋的装水量不得少于塑料空袋容量的 1/3。袋内水分应分布均匀,再用手轻摇塑料空袋数次后,将塑料空袋倒置,使管口向下,水分自然流尽、甩干,置洁净的容器内。

(3) 理袋,封口:将洗好的塑料空袋以 5 套为单位分组,以组取袋,将工艺管逐一热合封口,塑料空袋采血管,按每 5 根理齐,用已消毒的橡皮筋扎好。然后将塑料袋理齐、竖放于不锈钢周转箱两边。

(4) 质检:按半成品标准,随机抽检,采用合格的产品。

二、配制准备

(1) 滤器的清洗和安装:将已灭菌的钛合金滤棒(简称钛棒,孔径为 20~30 μm),经注射用水冲洗 3 次(钛棒应预先打气检漏,水刷洗,注射用水反冲),装入已灭菌的滤器内。

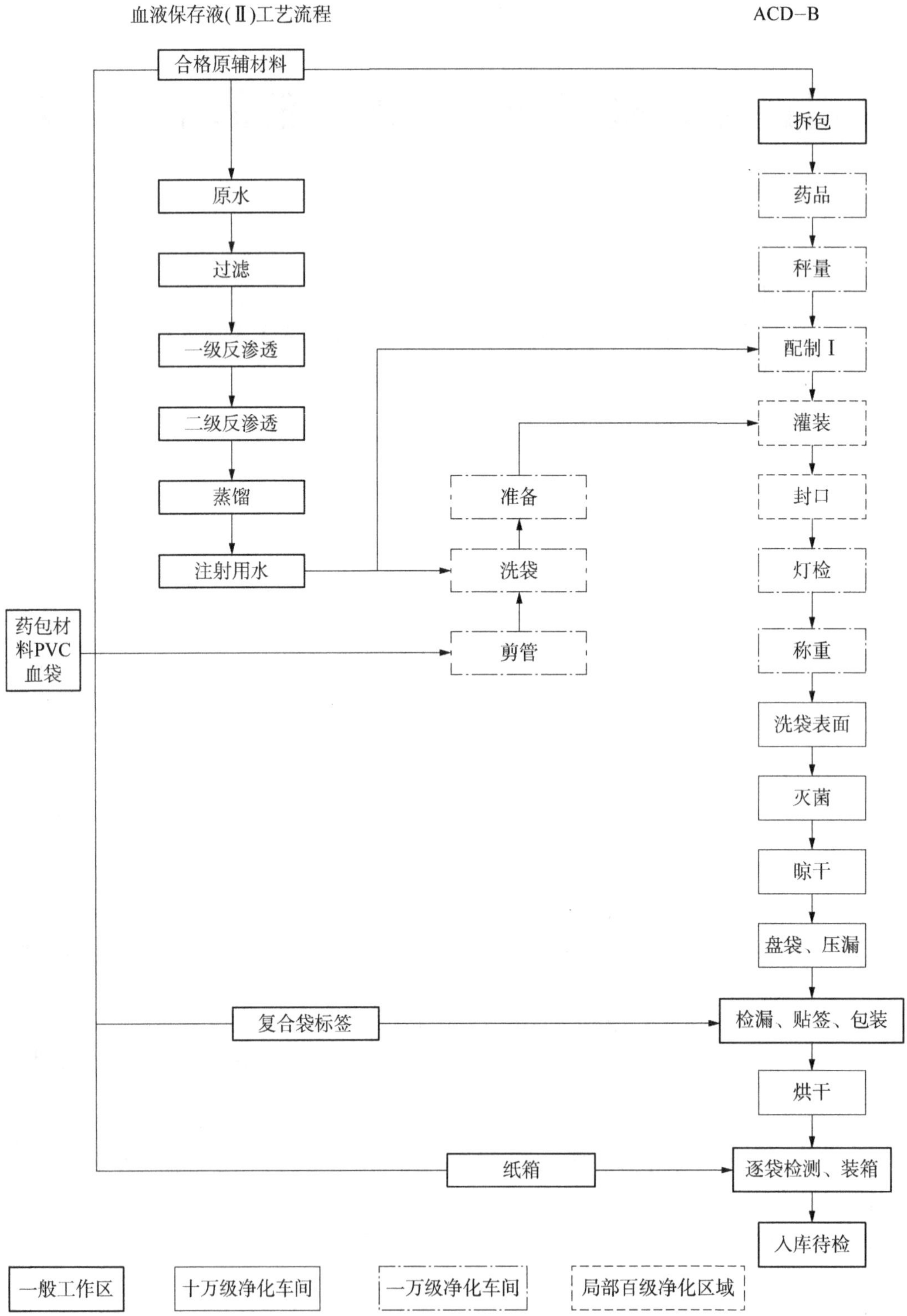

血液保存液(Ⅱ)工艺流程　　　　　　　　　　　　　　　　　ACD-B

合格原辅材料 → 拆包

原水 → 过滤 → 一级反渗透 → 二级反渗透 → 蒸馏 → 注射用水

药包材料PVC血袋

拆包 → 药品 → 秤量 → 配制Ⅰ → 灌装 → 封口 → 灯检 → 称重 → 洗袋表面 → 灭菌 → 晾干 → 盘袋、压漏

准备 → 洗袋 → 剪管

复合袋标签 → 检漏、贴签、包装 → 烘干

纸箱 → 逐袋检测、装箱

入库待检

| 一般工作区 | 十万级净化车间 | 一万级净化车间 | 局部百级净化区域 |

图 13-1　血液保存液(Ⅱ) ACD-B 方工艺流程框图

（2）将已用注射用水浸泡、漂洗过的 0.22 μm 孔径的微孔滤膜装于精密滤器内,再将精密滤器安装于管路的高位。

（3）配制罐内加入注射用水约 10 万毫升,经管路全过程流出后,检查注射用水的澄明度、pH、电导率等,合格后备用。

（4）配制罐内加入注射用水约 5 万毫升,加活性炭(其加入量,按每根钛棒 10 g 计算),打开管路各开关,并搅拌,使水和活性炭混合。然后将水放出,随着水的流出,活性炭也随之被包覆于钛棒上,待流出的水澄清方为合格。

三、配制药液

配制开始至药液灭菌必须在 5 小时内完成。

（1）称药:应使用在校验合格期内的称量仪,然后校准零点,备用。

（2）按配方中规定的药品成分、数量,称其重量。

投料计算:处方中规定的量× 配制量/1 000,如配制量为 30 万毫升,按表 13-1 称药。

表 13-1 配制 30 万 mL ACD-B 方称量

名称	处方量(g)	称量(g)
枸橼酸钠(2H$_2$O)	13.2	3 960
葡萄糖(H$_2$O)	14.7	4 410
枸橼酸(H$_2$O)	4.8	1 440
活性炭	14.57	4 371
注射用水至	1 000 mL	30 万 mL

（3）核对:称量过程中,必须有 2 人复核、及时填写纪录、签名。

（4）配制罐内加入水温≥65℃的注射用水,加入量约为配制量的 2/3。

（5）加入已称好的药物和活性炭,开启搅拌器搅拌,使药物溶解、混匀。补充注射用水至 30 万毫升,再开启搅拌器,搅拌 3~5 min,使药品充分溶解于水并混合均匀。然后打开各开关,进行循环 3~5 min,使药液过滤、脱炭。

（6）药物中间体质量检测:从配制罐过滤器出口处取出药液。检测其性状、澄明度、pH值、药物含量等,合格后即可灌装。

四、灌装

（1）灌装准备(净化级别:局部 100 级),安装灌装机各部件,将已灭菌的注射器、硅橡胶管、不锈钢加液管等装于灌装机。

（2）调整灌装速度。

（3）调整装量:每袋的实际装量为:标示量×102%(标示量为血袋标签上标注的药液体积)。装量检测:每 20 min 检查一次。检查时将产品内液体倒入经过容量校准的量筒里,目视观察应合格。

（4）灌装:先放出药液约 2 000 mL 至不锈钢容器,并立即送回配制罐,即可开始灌装。将不锈钢周转箱中的血袋(见本节一/(3))以一组(5袋)为一加液单位,一手拿一组采血管,另一手拿灌装机上的加液管,将不锈钢加液管上的加液针插入采血管,进行加液灌装。

五、装采血针

从周转箱内取出以组为单位装好药液的塑料袋,通过采血管进行排气、插入采血针(有保护套的采血针)。

六、配制、灌装工序结束后的处理

(一) 配制工序结束后

(1)先将剩余药液放出,然后通入氮气进一步将剩余药液压出。用水清洗配制罐、滤器、管路,洗尽残留的活性炭和药液,再用注射用水冲洗至pH值、澄明度符合要求。取下滤器、拆下钛棒,冲洗干净、灭菌后备用。

(2)打开管路各开关,用纯蒸汽对管路消毒45 min,关闭管路各开关,备用。

(二) 灌装工序结束后

灌装结束后取下硅橡胶管和不锈钢加液针,用二级反渗透水冲洗1 min以上。再用注射用水冲洗,并置不锈钢锅内用注射用水煮沸30 min。取出包装,于121℃灭菌30 min后备用。

七、取样

取第一袋和最后一袋已灌装好药液的塑料袋,送检细菌内毒素。

八、灯检

将灌装好药液的塑料袋,逐只置于澄明度检测仪检测。检测时,血袋距光源约20 cm,检测者与血袋相距20～25 cm,并与血袋处于相同高的位置,用左手捏住血袋上端,右手由下向上挤压袋内液体。目视检测后,再倒置塑料袋,用与前述相同的方法检测。以未发现异物、有微量白点为合格,不得有白块、白点、色点、纤维及其他异物(注:微量白点:50 mL以下针剂、在规定时间内(18秒)仅见到3个或以下;100 mL以上针剂在规定时间内(18秒)仅见到5个或以下。白块与白点的区分是,白块:能看到有明显的平面或棱角的白色物质;而白点不能辨清平面或棱角。与上述白块同等大小或更大的白色物质,应作白块论。)

九、称重

先取30只空塑料袋称其总重,然后计算每袋的平均重量。电子秤精度1.0 g,并在计量合格有效期内。称量设计值为药液标示量+空塑料袋平均重量。称量时,将装好药液的产品,逐套放置电子秤的秤盘中,将采血管轻轻抬起,以避免采血器重力影响称量,将超重或过轻的产品剔除。

十、灭菌

(1)清洗:一手持采血管,另一手将装好药液的血袋,全部浸入55～65℃水中漂洗数次。采血器(采血管+采血针)应尽可能浸入水中,并需特别注意认真漂洗采血器及隔膜导管周围,洗好后放于周转箱。

(2)理袋:将2套血袋重叠,置灭菌用的不锈钢丝网片上。每片不锈钢丝网片上放置血袋的数量按工艺规程。将采血器拉直、放置于血袋间空隙处。

(3) 装车:自下而上逐个将放好血袋的不锈钢丝网片放于灭菌推车上。

(4) 进锅:将装好血袋的灭菌推车,从灭菌锅的前门推入灭菌锅内,关闭灭菌锅前门。

(5) 升温灭菌:按照灭菌锅的操作规则进行升温。当温度升至 $115\pm1℃$(指血袋内液体温度)保温 30 min。保温过程必须严密控制蒸汽压力在 $0.3\sim0.5$ Mpa 的范围内。某些原因能引起蒸汽压力下降:如蒸汽传热冷凝成水、锅炉内蒸汽压力突然下降、灭菌锅漏气等。降温开始时,压缩空气的压力应≥0.4 Mpa。随着血袋内液体温度的降低,压缩空气的压力可随之降低,但必须注意压缩空气压力的下降不得过快,应保持在不低于袋内沸点温度时的相应压力。否则血袋内药液沸点温度压力就会高于锅内蒸汽压力和(或)压缩空气压力,热力平衡被破坏,使得血袋内药液剧烈沸腾,内压急剧升高,血袋将迅速膨胀变形甚至破裂等。特别是灭菌后期,在塑料袋膜受热后强度降低的情况下更易引起破裂。因此,灭菌保温和(或)降温过程,必须严格按操作规程进行操作,保持热力平衡。降温时必须使袋内液体温度降至 $100℃$ 以下后,方可关闭压缩空气开关。

131

十一、晾干

灭菌结束后,用灭菌推车从灭菌锅后门将血袋推出,进入已灭菌半成品区。从上而下自推车上取出不锈钢丝网片,立即快速将重叠的袋分离,以避免袋冷却后相互粘连。剔除破裂的血袋。用水冲洗该破裂袋的周围有可能被药液污染的袋。将血袋以 2 套为一组平放于不锈钢丝网片上,再将放满血袋的不锈钢丝网片推入晾干架上,按灭菌锅编号挂上状态牌,并推入晾干区晾干。

十二、压漏

按 2 套血袋为一组袋体对齐、采血管自然弯成环行,不得有弯折,放于袋体的表面。且采血管上有采血针的一端,必须放置于血袋的侧面,血袋的底层叠一块纸板,每块纸板平铺几套血袋,放置于与纸板尺寸匹配的周转箱内,以此类同,装满周转箱后,最上层盖上纸板,放一块不锈钢板(板重约 20 kg),重压 12 h 以上。

十三、检漏

从周转箱内自上而下按顺序分层,逐一取出血袋,并仔细观察纸板上是否有水印。如有水印,立即进一步确认血袋破漏的部位,并做好标记剔除作不合格品处理。如漏液较多、水印较大,药液有可能污染周围的产品,则必须用水温大于 $60℃$ 的水将污染的产品洗净再晾干。

十四、贴标签

按生产指令领取标签,核对规格,打印生产批号、日期等,然后将标签平整地贴于血袋表面中部,不得歪斜、起皱。如有破损、污染等现象的标签不得使用,并必须剔除并由专人负责处理,做好记录等。

十五、包装、封口

贴标签后的血袋置于透明耐高温的复合袋内(单袋、单联袋放 2 套;双联袋、三联袋、四联袋放 1 套),使标签面向外平放。将血袋上采血管、盘卷成环行,采血针放置袋体表面。

袋体平放于封口机,排出复合袋内的空气,热合封口(最好用抽真空包装机进行封口)。热合面必须牢固、均匀、平直,失效期字迹应清晰。

十六、烘干

将包装后的血袋平放于不锈钢丝网片上,血袋不得重叠。然后将装好血袋的不锈钢丝网片,自下而上依次装于推车,推入烘箱。按烘箱操作规程进行升温、保温、降温。操作过程应严格控制蒸汽压力和温度恒定。生产单位应根据实际条件,反复验证,确定所需蒸汽压力、温度和时间。同时也必须对烘箱内不同位置袋体的升温时间进行反复测定,待烘箱内不同部位的血袋全部达到所规定的温度时,开始计算烘干时间。烘干结束后,自然冷却,取出血袋,置周转箱。这步操作又称二次灭菌,有防霉作用。

十七、装箱

领取外包装箱,将血袋的规格、数量、批号、标记等按要求打印于外包装箱上;然后将经过检测合格的血袋,按规定的数量装入箱内,并装入合格证、说明书后封箱。再以一批为单位,将血袋送待检库,挂待检牌;标明血袋名称、规格、批号、数量。

十八、产品经质检科检验

(1) 药液应符合 WS - 10001 -(HD - 0175)- 2002《血液保存液Ⅱ》标准。

(2) 血袋应符合 GB 14232.1—2020(ISO 3826—1:2013)《人体血液及血液成分袋式塑料容器,第1部分:传统型血袋》标准。

(3) 两项均应合格。

十九、入库

血袋经检验合格,作为合格品送成品库,待进入市场。

第二节　含有腺嘌呤的血液抗凝剂和（或）保存液的生产

以 MAP、CP2DA 为例。

MAP 一般灌装于多联袋的转移袋内,CP2DA 灌装在采血袋内。为了方便与第一节 ACD-B 抗凝液生产步骤对应,先介绍 CP2DA。

一、物料准备、配制准备

物料准备、配制准备参见本章第一节。

二、配制药液

配制开始至药液灭菌必须在5小时内完成。

(1) 称药:应使用在校验合格期内的称量仪,然后校准零点,备用。

（2）按配方中规定的药品成分、数量，称其重量。

投料计算：处方中规定的量×配制量/1000，如配制量为 30 万毫升，按表 13-2 称药。

表 13-2 配制 30 万 mL CP2DA 方称量

名 称	处方量(g)	称量(g)
枸橼酸钠($2H_2O$)	26.30	7 890
枸橼酸(H_2O)	3.27	981
葡萄糖	46.40	13 920
磷酸二氢钠($2H_2O$)	2.51	753
活性炭	适量	适量
腺嘌呤	0.27	81
注射用水至	1 000 mL	30 万毫升

（3）核对：称量过程中，必须有 2 人复核、及时填写记录，签名。

（4）溶解、混匀：配方中含腺嘌呤，由于腺嘌呤难溶于水，且易被活性炭吸附，因此上述药品的溶解、混合均匀要分两步进行，且腺嘌呤必须用注射级。配制 CP2DA 的流程见图 13-2。

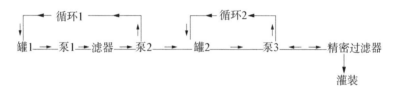

图 13-2 两步法配置含有腺嘌呤抗凝剂和(或)保存液的工艺流程图

（5）配制罐 1 中加入水温为 65℃的注射用水，加入量约为配制量的 2/3。

（6）配制罐 1 中加入除腺嘌呤以外处方中规定的各成分及活性炭，打开搅拌器开关，搅拌溶解。然后加注射用水至所需的配制量（30 万毫升），再开启搅拌器搅拌 3～5 min，使药品充分溶解于水并混合均匀。然后按图示顺序打开各开关，进入循环 1，循环 3～5 min，使药液过滤、脱炭。

（7）从配制罐 1 内取出药液，进行中间体药物（如枸橼酸、枸橼酸钠、葡萄糖、磷酸盐）含量检测。待中间体含量符合要求后，将配制罐 1 的药液通过泵 1、泵 2 全部打入配制罐 2，并观察配制罐 2 内药液的总量。依据这一总量按处方计算所需加入腺嘌呤的量，称重。先从配制罐 2 取出药液约 5 000 mL，置于经灭菌的不锈钢容器内加热至近沸点，再加入腺嘌呤并搅拌。使腺嘌呤在酸性的热溶液中快速溶解后，立即将腺嘌呤溶液倒入配制罐 2（应尽可能地倒尽），打开泵 3 开关，进入循环 2，循环 3～5 min，混合均匀后，再使药液通过精密过滤器（0.2 μm）回流至配制罐 2（此时必须注意，药液绝不可进入循环 1，否则药液会经过钛棒使腺嘌呤被活性炭吸附），再进入循环 2，循环 3～5 min 后，使药液回流至灌装贮液罐。

配制药液时必须有两间配制房、两套配制设备。

三、灌装

（1）以单联袋为例进行灌装，规格分别为 28 mL、42 mL、56 mL（双联袋、多联袋，灌装参照图 13-3)。

（2）灌装准备（净化级别：局部 100 级），安装灌装机各部件：将已灭菌的注射器、硅橡胶管、不锈钢加液管等安装于灌装机。

（3）调整灌装速度。

（4）调整装量：一般以标示量×102%作为产品实际装量，即规格为 28 mL、42 mL、56 mL 的 CP2DA：实际装量分别为 29 mL、43 mL、57 mL（标示量为血袋标签上标注的药液体积）。

（5）灌装：将药液先通过灌装机各部件，放出药液约 2 000 mL 至不锈钢容器内，并立即将其送回配制罐 2。然后从不锈钢周转箱内取出洗好的塑料空袋，一手持采血管（5 根），另一手将不锈钢加液管的加液针插入采血管，立即注入药液；灌装过程应注意不得让药液外溢，手指不可触及不锈钢加液管的加液针。

四、装采血针

通过采血管进行排气、插入采血针。

五、灌装、配制工序结束后处理

（一）配制工序结束后

（1）先将剩余药液放出，然后通入氮气进一步将剩余药液压出。用水清洗配制罐、滤器、管路，洗尽残留的活性炭和药液，再用注射用水冲洗至 pH 值、澄明度符合要求。取下滤器、拆下钛棒，冲洗干净、灭菌后备用。

（2）打开管路各开关，用纯蒸汽对管路消毒 45 min，关闭管路各开关，备用。

（二）灌装工序结束后

灌装结束后取下硅橡胶管和不锈钢加液针，用二级反渗透水冲洗 1 min 以上。再用注射用水冲洗，并置不锈钢锅内用注射用水煮沸 30 min。取出包装，于 121℃灭菌 30 min 后备用。

六、取样送检

灌装结束以后，取样送检、灯检、称重、灭菌、晾干、压漏、检漏、贴标签、包装、封口、烘干直至装箱入库，均与上节 ACD-B 方生产相同。

七、产品经质检科检验

（1）药液应符合 WS1-(X-049)-2002Z《输血用 1 号抗凝液》标准。

（2）血袋应符合 GB 14232.1—2020(ISO 3826—1:2013)《人体血液及血液成分袋式塑料容器，第一部分：传统型血袋》标准。

（3）两项均应合格。

八、入库

血袋经检验合格，作为合格品送成品库，待进入市场。

说明：配制 MAP 红细胞保存液步骤基本同本节 CP2DA。不同之处有：

（1）药液处方见表 12-3。

（2）灌装：依据采集的全血量 200 mL、300 mL 和 400 mL，分别灌装 MAP 50 mL、75 mL、

100 mL(多联袋,灌装参照图13-3)。

(3) 药液应符合 WS1-10001-(HD-0230)-2002《红细胞保存液》标准。

第三节 血袋不同袋体结构血液抗凝剂 和(或)保存液的灌装

各种袋体的药液灌装示例参见图13-3,图的左侧为血袋名称,右侧为抗凝剂名称。图中带有采血针的均为采血袋,其他均为转移袋。凡采血袋均灌装抗凝剂,可根据需要选择不同品种(如 ACD-A 或 ACD-B 或 CP2D 或 CP2DA 这些目前常用的抗凝剂)。

名称	示意图	灌装药液
单袋		ACD-B 或 ACD-A 或 AC
单联袋		ACD-B 或 ACD-A 或 CP2D 或 CP2DA
双联袋	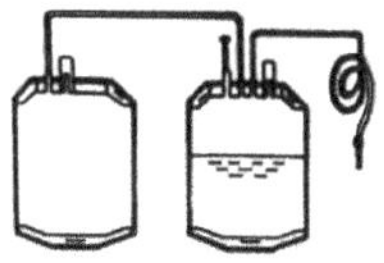	ACD-B 或 CP2D 或 CP2DA
采血双联袋		ACD-B 或 CP2D 或 CP2DA
三联袋	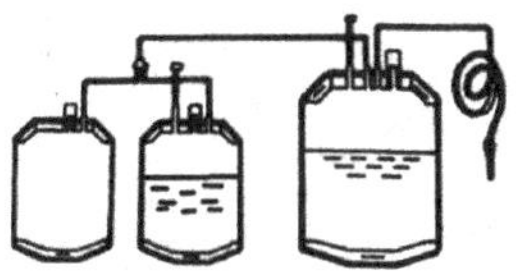	采血袋:ACD-B 或 CP2D 转移袋:MAP 或 2 号添加液
四联袋	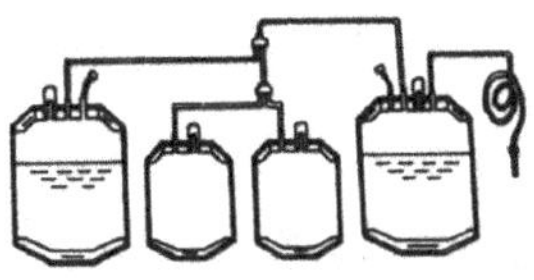	采血袋:ACD-B 或 CP2D 转移袋:MAP 或 2 号添加液

图 13-3 各种袋体的药液灌装示例

通常情况下,单袋一般装抗凝液 ACD-B 或 ACD-A 或 AC。

单联袋、双联袋中的采血袋一般装抗凝液 ACD-B 或 ACD-A 或 CP2D 或 CP2DA;采血双联袋为两只采血袋,均灌装同一品种的抗凝液;双联袋为一只采血袋,一只转移袋为空袋,主要供分离全血或分离血浆用。

多联袋一般分两种情况：采血袋装抗凝液 ACD-B，转移袋1中装 MAP 红细胞保存液；采血袋装抗凝液 CP2D，转移袋1中装2号添加液，其余转移袋为空袋。

多联袋（三联袋、四联袋）中转移袋1灌装的 MAP 或2号添加液均是用于重悬采血袋中浓缩红细胞，因都含有腺嘌呤可以延长红细胞保存期（请参考本书第十二章第二节中有关腺嘌呤的内容）。

多联袋需灌装两个药液的，须分开灌装。采血袋灌装的是不含腺嘌呤的 ACD-B 或 ACD-A 或 CP2D 抗凝剂，可参考本章第一节和第二节相关内容。

第四节　血液抗凝剂和（或）保存液生产过程中有关问题探讨

一、灭菌原理

灭菌原理是饱和蒸汽在密闭的锅内灭菌。高压蒸汽灭菌不是靠高压杀菌，而是靠饱和蒸汽在升高压力的情况下能相应地提高蒸汽温度。利用这个温度加热被灭菌的物品，使被灭菌的物品受热、受潮，使微生物蛋白质分子内氢键发生断裂，改变蛋白质分子构型，导致微生物死亡。研究表明，细菌芽孢，尤其是芽孢杆菌、梭状芽孢具有耐热性。耐热芽孢的破坏取决于在水分条件下芽孢的水合作用以及核酸及蛋白质的变性。因此，在蒸汽灭菌中使用饱和蒸汽是至关重要的。

二、灭菌达标的概念

按国家有关标准，含血液抗凝剂和（或）保存液的塑料血袋：是指可带有采血管和采血针、输血插口、抗凝剂和（或）保存液，以及转移管的袋式塑料容器和附属血袋（转移袋），是无菌产品。血袋生产过程强制实施 GMP，最终进行饱和蒸汽灭菌。所谓无菌产品，顾名思义应当是没有微生物污染的产品。但是，被称为无菌的一批产品中，有可能存在某种程度的污染。如果在工业上将无菌定义为绝对无微生物污染，那么这种绝对的标准，就无法用试验来确定，或用科学的方法来验证，从而使标准无法确立，因为标准至少需要三个条件——科学性、安全性和可行性。无菌检测不是也不可能拿一个批次的产品做百分之百的检查。这样，含有少量微生物污染的一批产品也就有可能"通过"无菌检查。

现代灭菌理论引入 Fo 值、无菌量化标准。就热力学灭菌而言，在较长一段时间内，均认为 Fo 值不低于 8min 是灭菌彻底与否的标准，目前已确定这种理解也是不全面的。1980 年以后，在英、美国家药典的规定中，长期以来有标准及手段共存的历史，即在阐述标准时，同时提到"对于水针剂而言，一个经生物指示剂验证的湿热灭菌程序，赋予灭菌中每一瓶产品总的标准灭菌时间 Fo 不低于 8min，通常即认为符合要求"。这种阐述方式容易使人产生误解，以至将 Fo 大于 8min 当成了灭菌的标准。然而，1995 年《美国药典》（USP 23 版）药品的灭菌及无菌保证中，不再有 Fo 大于 8min 的提法。现行的《欧洲药典》及《英国药典》均删除了"Fo 不低于 8min 即认为符合要求"，从而结束了标准与手段同时阐述的历史。

从国外药典的摘录中可以清楚地看出，"存活概率低于百万分之一"是国际公认的标准，它意指灭菌后产品达到的无菌状态。《欧洲药典》(1997 年版)中的无菌保证水平(SAL)系指一个灭菌工序赋予产品无菌保证的程度。一个灭菌过程的无菌保证水平用被灭菌批产品中的概率来表示。如 SAL 小于 10^{-6}，系指在 100 万瓶最终灭菌的产品中，有存活菌的产品数量不超过一个。《欧洲药典》(1997 年版)在无菌产品制备法中还有这样的论述："对最终灭菌产品(蒸汽灭菌法)来说，水针剂的标准灭菌条件是 121℃ 15 min。也可采用其他温度及时间参数，只要能有效地证明该过程在常规运行过程中始终赋予被灭菌品的灭菌效果在规定的限度内，即所采用的工艺和监控措施应能确保无菌保证水平小于 10^{-6}。"

三、灭菌条件(温度和时间)

用塑料袋装的血液抗凝剂和(或)保存液的灭菌温度不宜过高，因为产品中含有葡萄糖等。灭菌时温度过高易引起分解，使药液中 5-羟甲基糠醛含量升高。同时，灭菌温度越高，塑料袋膜的强度也越低，越容易破损，且塑料袋薄膜内的塑料成分析出也越多。因此，依据现代灭菌理论，只要产品生产过程各工序和监控措施能确保无菌保证水平小于 10^{-6}，宜尽量采用较低的灭菌温度。

塑料容器的制备工序和结构优于玻璃等其他硬质瓶状结构的容器，使产品灭菌前的微生物污染率可更好地控制在更低的范围内。上海塑料袋装大输液是自 20 世纪 70 年代开始生产，至今已有 50 年的历史，其不同规格的大袋装大输液的灭菌温度时间均为 110±1℃、30 min。不同规格的产品(500 mL、1 000 mL、2 000 mL)的灭菌过程只是升温的手段和时间不同，均是在保证每一袋产品达到所需的灭菌温度后开始计算灭菌时间。

随着科学技术的发展，厂方在物料采购、处理及生产的各个环节采取更为严密和必要的措施来降低污染。制袋、灌装、封口等环节严密控制在万级或局部百级的净化条件下进行；同时配制好的药液，在灌装前经过 $0.2\,\mu m$ 滤器过滤；而且每周进行 2 次微生物污染检测，每次检测取样 3 次(灌装第一袋、灌装中间、灌装最后各一袋)，控制污染菌落的指标为小于 10 cfu，检测结果污染菌落为 0~3 cfu。从而有效地保证了产品的无菌水平。对于产品最大规格为 100 mL 的血液抗凝剂和(或)保存液，也长期采用 110±1℃、30 min 灭菌条件，均使用安全。

四、抗凝剂和(或)保存液的塑料容器

抗凝剂和(或)保存液的塑料容器在灌装药液前是否应清洗？多数认为以不清洗为好。因为进行清洗要增加工序，要消耗大量的注射用水并有可能随水带入异物等。因此，就澄明度而言，国外由于生产设备先进、生产自动化程度高等，生产过程不需清洗，产品澄明度合格率很高。但是笔者感到这一问题还值得进一步讨论和试验。

众所周知，塑料容器的原材料是聚氯乙烯，其在造粒、吹塑、灭菌等加工过程中，由于受热而发生降解、交联，形成共轭双键，从而使其颜色变黄，强度下降并释放 HCl，使塑料成分中的增塑剂、稳定剂等析出。如在聚氯乙烯塑料吹膜过程中，模芯表面有时有明显粒状物积累；塑料容器的水浸液中，均可检测到塑料助剂或分解产物。这是否也可认为是一种"异物"呢？

曾研究不同灭菌方法对空塑料容器化学性能影响：辐照灭菌试验组、蒸汽灭菌试验组、环氧乙烷灭菌试验组及对照组，同时进行空塑料容器不同时间保存，在测试前 24 小时装水，试验结果表明：四组样品均引起 pH 值下降，只是下降的幅度不同。这是由于灭菌方法不同所引起的，但是下降的速度均趋向逐渐减小，保存至 4 个月后全部趋于稳定。这一结果是否可认为：

由于上述生产过程释放的 HCl 不能全部被塑料中的稳定剂吸收,使游离部分的 HCl 溶于水、引起 pH 值下降,而随着空塑料容器保存时间的延长,游离的 HCl 不断外逸挥发,使 pH 值下降、逐渐减小直至稳定。如此等等,空塑料容器在灌装血液抗凝剂和(或)保存液之前,如用注射用水清洗一下是否会更好呢? 特别是对于目前国内的生产条件,清洗对提高产品的澄明度合格率,肯定有明显的效果。至于用水清洗可能带入异物,这一分析除非用的不是注射用水,因为所有的抗凝剂和(或)保存液均用注射用水配制,岂不是都带入异物了吗?

五、有关霉菌问题

(1)霉菌是丝状真菌的俗称,意即为"发霉的真菌",它们往往形成分枝繁茂的丝状体。在潮湿的地方,很多物品上长出一些肉眼可见的绒毛状、絮状或蛛网状的菌落,那就是霉菌。

塑料血袋在 20 世纪 60 年代,开始少量生产试用后不久,即发现袋外表面有霉菌。随着产品生产规模的逐步扩大,保存期不断延长(最长 1 年),霉菌问题也日益严重。在通风不好、湿度较高的仓库内保存的塑料血袋,其外表面长霉比例竟高达 90% 以上。有些产品霉菌菌落较小,可能不慎被使用,所幸的是袋内药液质量尚好,而未发现输血反应。

众所周知,霉菌生长繁殖所必须具备的条件是营养、温度、湿度(有关霉菌生成和繁殖的详细情况参见本书第十章第六节《关于塑料血袋长霉的问题》)。

(2)袋表面水分:虽然塑料血袋在灭菌后,袋表面含有大量的冷凝水,即使经过烘干处理,袋内药液中的水分也仍然会透出,在袋表面冷凝、液化,不断积累,这是不可避免的,也是正常的。因此对装有药液的袋式容器来说,是不能用"烘干"的方法来阻断霉菌的生长繁殖的。产品外包装袋内含有一点水分也是很正常的。

(3)如何防止霉菌生长? 最好的方法是使产品的外表面不存在污染的霉菌孢子。目前大部分生产厂采用蒸汽加热,达 70℃ 以上,保持数小时,使产品外表面污染的霉菌孢子彻底被杀死。这就需要对加热的设备、产品的数量进行严密的工艺验证,以确保所需的温度和时间能彻底杀死霉菌孢子。必须保证每一袋产品都能达到规定的温度和时间,而且外包装良好、无渗漏,这样才能确保不会长霉。如能解决高温下塑料袋表面发生粘连的问题,就会避免因随后的操作而对血袋的外部带来二次污染而无须进行"二次灭菌"。另外,在塑料容器材料中加入新颖无毒防霉剂,可能是一种较好的避免长霉的途径。

(4)关于清洗和标签这两个因素对霉菌生长繁殖的影响:清洗自然是为了洗去产品表面被污染的药液(如灌装溢出的含葡萄糖的抗凝剂/红细胞保存液),这些药液是霉菌所需营养物质。清洗可非常明显地减少霉菌的繁殖。但是,要想彻底洗净产品表面被污染的营养物是很难的,清洗只能减少而不能洗净;另外在生产实践中发现,不同纸质的标签,对霉菌的生长繁殖有明显的影响。塑料材质的标签不容易长霉,这其中的主要影响因素到底是什么是值得认真研究的。

第五篇

塑料输血器材应用技术和质量检测

第十四章

应 用 技 术

第一节 采血（包含血液成分分离）

血液的采集是一项专门技术，其方法一般分重力采血和负压采血。前者为传统常用的方法，后者较复杂需要一定的仪器等。

一、重力采血（包含血液成分分离）

目前使用塑料血袋采血，一般均属于重力采血，即利用血液本身的重力（虹吸作用），使血液自动流入袋内。虹吸作用的大小，主要取决于静脉穿刺部位和血袋袋体之间的垂直距离，也部分取决于静脉压的大小。通常，在静脉穿刺后，即将血袋放置至少需低于静脉穿刺部位大约30 cm 的位置上。表面静脉血的回流，须用止血带在手臂上部扎紧来加以完全阻止，静脉内的血量和压力可在献血者捏紧拳头时得到增加。采血塑料血袋一般有单袋、单联袋、分离血液双联袋、采血双联袋、单采血浆双联袋、三联袋、四联袋等。

（一）单联袋使用方法

单袋和单联袋结构相似,前者不连采血器,一般用于机采原料血浆和机采血小板。单联袋上直接连有采血器,用于采集全血和输注全血。

单联袋采血步骤如下。

(1) 检查血袋内液体,确认其清晰、无异物、无渗漏后方能使用。

(2) 血袋平放于献血者手臂上端(见图14-1),在采血针下方用止血钳夹紧采血管。

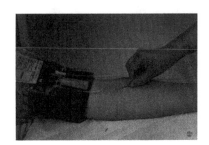

图14-1　采　血

图14-2　采血称量(采血称量仪)

(3) 去除采血针上的保护套,按常规方法穿刺静脉,放松止血钳,血液进入采血管,流入血袋。

(4) 摇动血袋,使血液与抗凝液混合均匀。

(5) 将采血袋置于采血称量仪上,再将血袋上采血管置于血液停止装置中(见图14-2)。现在采血称量仪已被采血自动控制器,又名自动采血混合仪取代。见图14-3。其外观小巧,当采血量达到预定值或预定时间时,有声、光双重报警提示。有些仪器还有自动管路夹、自动阻断管路,确保采液精准。

(6) 采血至规定的量,采血自动停止,用止血钳在采血针下方2~3cm处夹紧采血管,拔出采血针。

(7) 立即在止血钳下方,用小高频热合机封口采血管,并在热合面切断采血管;然后在采血管每一数字号码间进行热合,备作配血试验样品管(血样识别管),见图14-4。

图14-3　自动采血混合仪

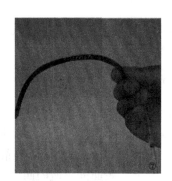

图14-4　血样识别管

（8）对血袋进行包装，送 4～6℃冷库保存。

（二）双联袋使用方法

双联袋按结构和用途不同可分为：分离血液双联袋（由一只采血袋和一只转移袋组成）、采血双联袋（由两只采血袋组成）和单采血浆双联袋（图 14-5、图 14-6、图 14-7）。

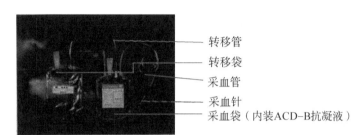

转移管
转移袋
采血管
采血针
采血袋（内装ACD-B抗凝液）

图 14-5 分离血液双联袋

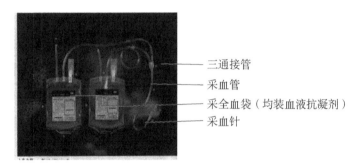

三通接管
采血管
采全血袋（均装血液抗凝剂）
采血针

图 14-6 采 血 双 联 袋

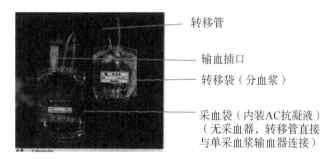

转移管

输血插口
转移袋（分血浆）

采血袋（内装AC抗凝液）
（无采血器，转移管直接
与单采血浆输血器连接）

图 14-7 单采血浆双联袋

1. **分离血液双联袋使用方法**

这样构型的双联袋可以有两种用途：一种是将全血分成两袋（特别适合小儿少量输注全血）；另一种是全血通过离心分成少浆红细胞和血浆两种血液成分。

（1）采血：采血方法与上述单联袋使用方法相同。

（2）分离全血成两袋的操作：摇动采血袋，使血液充分混匀；拔出转移管内阻塞件（或折断转移管内的内通管）；将采血袋内的全血挤向转移袋，至所需量的全血；对转移管进行热合、封口、切断，血袋外包装后，送 4～6℃冰库保存分离后全血 2 袋。

（3）分离血浆和少浆红细胞的操作。

采血袋和转移袋的标签面重叠,采血管自然盘卷,置袋侧或袋的上端(切勿放于袋表面),置离心杯、离心。

轻轻取出血袋(不得将血细胞和血浆的界面搅混),放入分血浆仪(又称压浆板)上,见图3-6。将转移管内的阻塞件拔出或折断内通管。

夹紧压浆板上的夹板,进行分血浆,至袋内红细胞层开始流出采血管,立即放松夹板。

热合封口采血管、切断、并进行外包装,送4~6℃冷库保存分离后的少浆红细胞和血浆。

2. 采血双联袋使用方法

(1) 采血方法与上述单联袋使用方法相同,当第一只采血袋采血至规定的量时,用止血钳在三通连接管下端夹紧该采血袋上的采血管,并拔出第二只采血袋采血管内的阻塞件,血液流入袋内,摇动血袋,完成第二只采血袋采血。

(2) 按单联袋采血方法进行后期操作即可。

3. 单采血浆双联袋的使用方法(人工操作)

单采血浆双联袋由一只装AC抗凝剂的塑料袋和一只转移袋组成,用于手工单采血浆,使用方法如下(见图14-8)。

(1) 检查血袋内液体确认其清晰、无异物、无渗漏方能使用。

(2) 用止血钳夹紧采血管。剪去封口,立即与单采血浆输血器上的采血管连接(应无菌操作)。

(3) 将单采血浆输血器上的穿刺器,插入盐水瓶,通入盐水、排气、关闭流量调节器。

(4) 血袋平放于献血者手臂上端,去除采血针上保护套,穿刺静脉,放松止血钳,血液流入采血袋内,摇动血袋,使血液和抗凝剂混合均匀。

(5) 将采血袋,置于自动采血混合仪上。再将采血管置于血流停止装置中。

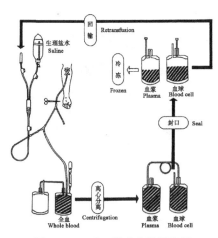

图14-8 手工单采血浆示意图

(6) 采血至规定的量,用止血钳夹紧三通接管下方采血管,放松流量调节器并调节流速,盐水进入静脉。

(7) 取下单采血浆双联袋进行离心,分离血浆后,将转移管封口、切断;分成两袋独立的采血袋(内存少浆红细胞)和转移袋(内存血浆)。

(8) 将单采输血器上的插袋针,插入采血袋输血插口内,进行血细胞回输(见图14-8)。

(9) 转移袋外包装后,送冰库低温保存血浆。

(三) 三联袋使用方法

三联袋由一只采血袋、一只红细胞保存液袋和一只转移袋组成(图14-9),其使用方法如下。

1. 采血

采血方法与单联袋使用方法相同;

2. 分离全血

(1) 摇动血袋,使血液与保存液混匀。

（2）将转移管内的阻塞件拔出（或折断内通管）。

（3）将采血袋内的全血，挤向转移袋，至所需量。

（4）封口、切断、包装送 4～6℃冰库保存（采血袋和转移袋均为全血）。

3. 分离血液成分（采血 200 mL 为例）

（1）采血袋与转移袋 1 转移袋 2 的标签面相对重叠，自然盘卷采血管，放置塑料血袋侧面或上端（切勿放于袋表面），置离心杯内离心。

图 14 - 9　三联袋

（2）轻轻取出血袋（不得将血细胞和血浆的界面搅混），将采血袋放入压浆板。

（3）拔出转移管内阻塞件（或折断内通管）。

（4）夹紧压浆板的夹板，将血浆压入转移袋 1 后，夹紧转移管 1。

（5）拔出转移袋 2 内的阻塞件（或折断内通管），将转移袋 2 内红细胞保存液压入采血袋。

（6）对转移管热合封口、切断，包装，4～6℃冰库保存（采血袋内为红细胞悬液）。

（7）转移袋 1 和转移袋 2 标签相对重叠、置离心杯离心。

（8）轻轻取出血袋（不得将血细胞和血浆的界面搅混），将转移袋 1 放入压浆板。

（9）松开转移管 1 上的夹子，将转移袋 1 上层血浆压入转移袋 2，并剩下 20～30 mL。转移袋 1 为浓缩血小板、血细胞，转移袋 2 内为血浆。

（10）转移管 1 和转移管 2，热合，封口，切断，包装，送 4～6℃冰库保存。

（四）四联袋使用方法

四联袋由一只采血袋和一只装红细胞保存液袋（转移袋 3）和两只转移袋组成，见图 14 - 10。

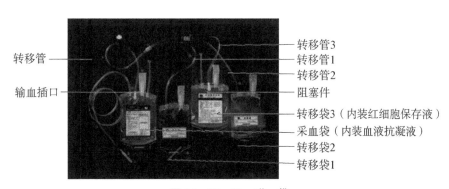

转移管

输血插口

转移管3
转移管1
转移管2
阻塞件
转移袋3（内装红细胞保存液）
采血袋（内装血液抗凝液）
转移袋2
转移袋1

图 14 - 10　四　联　袋

1. 采血

采血方法与单联袋使用方法相同；

2. 分离血液成分（以白膜法为例，采血 200 mL）

（1）采血袋和转移袋 1、转移袋 2、转移袋 3 互相重叠，采血管自然盘卷，放置袋侧面或袋的上端（切勿放于袋表面），离心。

（2）轻轻取出采血袋（不得将血细胞和血浆的界面搅混），放入压浆板。

（3）拔出转移管内的阻塞件，或折断内通管，将上层血浆压入转移袋2至离开白膜层（白）40～50 mL时，立即关闭转移管2夹子。

（4）松开转移管1夹子，将采血袋内白膜压入转移袋1、关闭转移管1夹子。

（5）将转移袋3内的红细胞保存液压入采血袋，对转移管热合封口，切断，包装，4～6℃冰库保存（采血袋内为红细胞悬液）。

（6）转移袋互相重叠，置离心杯，离心。

轻轻取出转移袋，不得将血细胞和血浆的界面搅混，将转移袋1放入压浆板，并松开转移管1上的止血钳或夹子，将转移袋1放入压浆板，上层30～40 mL混浊血浆压入转移袋3，对转移管3封口，切断，转移袋3内是浓缩血小板，送血小板保存库保存。

（7）转移袋1和转移袋2、重叠置离心杯内离心。

（8）转移袋2上层血浆压入转移袋1（称重55 g），热合封口转移管1和转移管2，转移袋1内为白细胞，转移袋2内为血浆。包装，封口，送冷库保存。

说明：图3-6的分离血浆方法是传统的手工操作方法：操作者通过一个压浆板、几把止血钳、一台电子秤和一台小高频热合机，分离血袋里已离心分层的红细胞和血浆、添加红细胞保存液、热合封管。这些操作均需手工一步一步地完成，在手工分离过程中，对离心后上清液的分离过程只能采取肉眼判断、尽可能移除血浆层、保留红细胞层、然后手工添加红细胞保存液；制作完毕，需要手工热合各袋上导管，血液制品的重量用电子秤称量。

近年来，随着我国医疗水平的不断发展和提高，成分血的分离和制备方法也在逐渐完善。全自动血液成分分离机逐渐代替手工操作法，并作为血站血液成分分离和制备的主要方法。全自动血液成分分离机有单机位和双机位（图14-11和14-12）。单机位是一台机器一次分离一套血袋，双机位是一台机器一次可分离两套血袋。全自动血液成分分离机集扫码录入、多个自动卡钳、光感识别、自动化挤压、称重秤、封口机和电脑自动化等为一体，将离心后的血袋各部位安装到机器的相应部位，通过机器的电脑数据控制血液分离流速，达到血浆量与红细胞量值的精确调节，各部位卡钳的分步嵌夹与挤压板分步挤压，光感识别血浆分离余量，自动完成血液保存液的添加，从而完成分离过程。机器软件强大的数字信息化功能，能实时记录追溯

图14-11 全自动血液成分分离机（单机位）

费森尤斯卡比 CompoMat G5

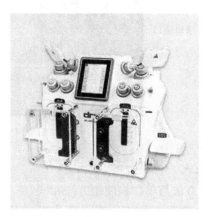

图14-12 全自动血液成分分离机（双机位）

德国 LMB Sepamatic - SL

到每一袋血液的分离时间、人员、分离方案、产品种类和重量等,还可将这些信息准确传输给相对应的部门,最大限度保证了血液信息的准确性、时效性,实现了血液成分制备的自动化、信息化、规范化和标准化。

二、负压采血

负压采血的优点在于可采用较小内径的采血针,能减轻献血者静脉穿刺时的痛感和恐惧心理,也有利于穿刺孔的愈合。

过去负压采血曾经应用于硬质玻璃瓶。在采血时用真空瓶或抽吸机间断抽吸瓶内的空气。该方法设备要求较高,技术复杂,且使用过程较难保证密封性,故少有应用。现今若使用现代柔软体的塑料输血器材可使用负压采血。

血液从人体静脉经采血针、采血管流入袋内的一些物理问题,应属于血流动力学范畴。血流动力学与一般的流体力学一样,其基本研究对象是流量、阻力和压力间的关系。通过下述试验可知不同直径采血针、不同压差和流速的关系。

(一)材料与方法

(1)负压盒(又称负压腔)、电动真空泵、压力表(负压表)等组成的负压采血器见图11-22。

(2)库血、葡萄糖、不同规格采血针、血袋。

(3)空血袋放置负压盒内,采血管穿过负压盒侧面小孔至盒外,并关闭负压盒,使其密封;将采血针与负压盒外的血袋(含100 mL库血或40%葡萄糖或水)连接,采血管上设有止血钳,负压盒与电动真空泵连接,压力表串联于负压盒和电动真空泵之间。

(4)打开真空泵开关,待所需压力恒定后,松开采血器上止血钳,液体开始流入负压盒内空袋中,立即记录时间。采集液体至100 mL止,读取所经过的时间。

(二)结果

当电动真空泵对负压盒进行抽空,盒内压力小于大气压(从−5~−17.5 kPa)时,100 mL液体流过时间,随着压力差加大而减少(流速与压力差成正比);当压力差保持不变时,100 mL液体流过时间随针管内径的加大而减少,流速与管径成正比;对不同黏度的液体,黏度与流速成反比。表14-1为不同针管规格、不同黏度、不同压差下采集100 mL液体所需时间(s)。

表14-1 不同针管、不同压差、不同黏度100 mL液体的流过时间(秒)

压差 kPa	12#(采血针)			14#(采血针)		
	水	糖	血	水	糖	血
5	97±2.3	128±5.6		68±1.3	84±5.0	
7.5	82±1.5	107±8.3		57±0.6	70±3.0	
10	70±0.9	89±2.0	120±0.5	52±2.3	61±1.2	78±0.8
12.5	64±0.6	78±1.5	107±1.5	46±1.2	53±0.0	64±1.1
15	58±0.0	71±1.5	92±2.1	40±0.5	47±0.5	59±0.5
17.5	50±0.8	66±2.0	84±1.6	38±0.6	43±1.2	53±1.1

（续表）

液 压差 kPa	16#（采血针）			18#（采血针）		
	水	糖	血	水	糖	血
5	57±1.2	72±3.0		47±1.0	62±3.1	
7.5	45±0.6	59±1.0		39±0.6	51±2.5	
10	41±0.6	49±1.2	59±0.5	35±1.0	44±1.5	47±0.5
12.5	37±1.0	46±0.0	54±0.7	31±0.6	38±1.0	45±0.7
15	33±0.5	43±1.5	48±0.8	28±0.6	35±1.0	40±0.5
17.5	31±0.6	39±0.6	43±0.4	25±0.6	32±0.6	36±0.0

其中：水 $n=4$；糖水 $n=4$；血 $n=5$。

对表 14-2 的 100 mL 液体（血）试验数值制图如下，见图 14-13。

表 14-2　不同规格采血针、不同压差对血流时间的影响　　　　　　　　（100 mL 血）

压差 P(kPa)	—10	—12.5	—15	—17.5
12# 针流过时间	120	107	92	84
14# 针流过时间	78	64	59	53
16# 针流过时间	59	54	48	43
18# 针流过时间	47	45	40	36

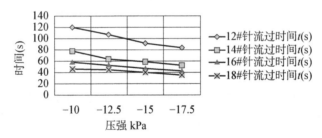

图 14-13　不同规格采血针、不同压差对血流时间的影响（100 mL 血）

（三）讨论

1. 采血过程中的血液流动方式

血液在血管内流动方式可分为层流和湍流两种。绝大多数情况下，这两种流动方式是并存的。在层流的情况下，液体的每个质点的流动方向都一致，且与血管的长轴平行；但各点的流速不相同。当血液流速加快到一定量后会发生湍流。

（1）根据流体力学中泊肃叶（Poiseuille）定律：流体在水平圆管中做层流运动时，其体积流量 Q 与管子两端的压强差（$P1-P2$）、管的半径 r、长度 L、以及流体的黏滞系数 η 有以下关系：$Q=\pi\times r^4(P1-P2)/(8\eta L)$，在管径 r 不变，长度 L 不变（即同规格针管、管路）和流体性质不变的情况下，可表述为：$Q=k\Delta P$。其中 $\Delta P=(P1-P2)$。由于流量 Q 与流过时间 T 成反比，故 $T=K/\Delta P$。

假设数据中最小流速时为层流状态,则压差×时间＝常数($T \times \triangle P = K$),用此 K 值计算其他压差下的流过时间,可得到 T_{ceng}(层流)的理论数据(见表 14 - 3)。

表 14 - 3　不同针管理论数据与试验数据(100 mL 血)

针管规格	12#针流过时间				14#针流过时间				16#针流过时间				18#针流过时间			
压差 P	10	12.5	15	17.5	10	12.5	15	17.5	10	12.5	15	17.5	10	12.5	15	17.5
T 试验数据	120	107	92	84	78	64	59	53	59	54	48	43	47	45	40	36
T_{ceng}(层流)	120	96	80	68.6	78	62.4	52	44.6	59	47.2	39.3	33.7	47	37.6	31.3	26.9
T_{tuan}(湍流)	111.1	99.4	90.7	84	70.1	62.7	57.2	53	56.9	50.9	46.5	43	47.6	42.6	38.9	36

(2) 当流速达到一定程度,产生湍流时,泊肃叶定律不适用,血流量不再是与血管两端的压力差成正比,而是与压力差的平方根成正比。在管径、长度不变的情况下,经验公式表达为:$Q = k_1 (\triangle P)^{1/2}$,其中 $\triangle P$ 为($P1 - P2$),由于 Q 与流过时间 T 成反比,故 $T = k_1 (\triangle P)^{-1/2}$。

假设最大流速时为湍流状态,则 $K_1 = (\triangle P)^{1/2} \times T$,再用此 K_1 计算其他压差下流过的时间,可得到 T_{tuan}(湍流)理论数据(见表 14 - 3)。

从理论数据与试验数据比较可以认为,T_{tuan} 的理论数据与试验数据较为接近,也就是说血液在采血管内的流动方式更接近湍流。

(3) 试验数据还表明 16# 采血针在 -10 kPa 压差下采集 200 mL 血液需 2 分钟(见图 14 - 13),与重力采血 200 mL 所需要的时间相接近,因此,可以认为 -10 kPa 压差相当于重力采血时的静脉压,该数值正好符合一般正常人的静脉压(75 mmHg)。

(4) 试验数据还进一步提示:14# 采血针在 -15 kPa 时,与 16 采血针在 -10 kPa 采血所需时间相同。因此,14#针在正常采血时(采用加静脉压 5 kPa 或负压 5 kPa),即可取代 16#采血针,同理 16#采血针可取代 18#采血针。

综上分析,采用压力差(本试验为负压)与流量的关系可在与重力采血相同的时间内用较细的规格的采血针对人体进行采血。

众所周知,用较细规格的采血针采血,其效果将减小献血者静脉穿刺时的痛感,并有利于穿刺伤口的愈合。这是十分值得重视的。过去使用玻璃瓶由于有较多的技术难题而很难实施负压采血;但目前已使用现代柔软的塑料输血器材,使负压采血变得切实可行。负压采血技术已经申请了专利(实用新型专利,ZL00249475.2)。

2. 负压采血方法

即上述试验方法(用采血器上采血针,直接穿刺献血者静脉即可),目前需要解决的是要试制一种新型负压盒,密封性好、且能自动打开/关闭,即可顺利应用。

第二节　输　　血

输血见图 14 - 14。

塑料袋输血十分简便,按常规输液法操作即可。输血过程中大气压力直接作用于袋壁,无

图 14 - 14 输血

须空气进入,血液受自身重力,即可进入患者体内。操作时应注意输血插口的结构和用法。输血插口由隔膜管和护套组成,隔膜管的结构形式大致相同,是一个直行短管,短管中间有一隔膜,自然地将血袋内外密闭分开,隔膜的厚度适宜,能够适合输血器的穿刺器刺破,隔膜在管内的深度和管的内径适宜,能够使得输血器穿刺器刺入并嵌合密封不漏液。隔膜管的护套有多种形式。其基本结构一般分两种类型,即薄膜式和管状式。如是薄膜式,则应将两层薄膜撕开或将薄膜盖拉开;如是管状式,则应使用旋转的方法,使隔膜管的管盖断开。无论隔膜管的护套是哪种形式,在护套打开后,隔膜管暴露,然后迅速将输血器上的穿刺器插入隔膜管内并刺穿管内的隔膜即可。此时应注意输血器上的穿刺器进入隔膜不能太深,以避免穿刺器尖端刺破塑料袋。

第三节 应用技术中有关问题讨论

一、系统保持密闭

采血过程中严禁外界空气进入塑料袋内。塑料血袋最大的特点是集采血器、输血插口于一体,组成一个完整的密闭系统,使采血、输血等操作过程可在一个密闭、无菌的环境内进行。但是,如果在采血、输血过程中操作不当,使外界空气进入袋内,则仍有可能引起细菌污染的风险。因此,在采血前,血袋必须平放于献血者肘关节穿刺部位上端,特别是在拔采血针的保护套时,采血针位置不可高于血袋的位置,使袋内抗凝液保持静止,或只允许抗凝液流出,绝不可使抗凝液回流。最好的方法是事先在采血针下方约 5 cm 处,用止血钳等夹子夹紧采血管,待取下采血针的保护套、穿刺静脉后,再将止血钳松开。

二、采血流速

用塑料袋采血的流速是否较用玻璃瓶采血慢? 这曾是一个有争议的问题,特别是在使用初期。采血者大多数认为"塑料袋采血流速太慢",且由于塑料血袋内空气很少,袋表面互相靠近,使采血流速不像玻璃瓶那样容易直接观察到。当采血针在静脉中的位置发生变化,采血流速变慢,又不能像玻璃瓶那样被采血者及时发现,也就不能立即采取纠正措施,使采血时间延长,并认为塑料袋采血流速慢。

为此进行了对比试验,其结果如表 14 - 4 所示。

表 14 - 4 200 mL 红细胞悬液流入不同容器的流速比较(单位:秒)

试验次数	第 1 次	第 2 次	第 3 次	第 4 次	第 5 次
塑料袋	57	54	53	55	56
玻璃瓶	71	73	70	69	65

注:塑料空袋与玻璃瓶均为直放,位差 60 cm。

试验结果表明,在相同条件下,红细胞悬液流入塑料袋的流速并不比玻璃瓶慢,相反还较玻璃瓶稍快。红细胞悬液流入玻璃瓶的流速之所以较慢,是由于玻璃瓶内充满空气,采血时玻璃瓶内空气必须通过塞有棉花的排气管排出,这时对流速产生的阻力较大;而红细胞悬液流入塑料袋时,袋的表面分开,会产生一定的阻力,但不需向外排气,阻力也就较小。以后通过较长时间的采血和观察记录,以及随着使用塑料袋采血技术的成熟,塑料袋采血在 1 分 50 秒左右完成的(200 mL)越来越多,主要原因是穿刺静脉技术的提高和观察塑料袋采血流速方法的掌握。"塑料袋采血慢"的问题也就自然地解决了。

三、血液凝块

塑料血袋在使用初期,临床反应最大的问题是输血时有血液凝块。特别是手术室抢救危重病人,输血时遇到血液凝块。血袋输血管被堵塞影响抢救时,医护人员就将血袋剪破并将血液倒入量筒快速输给患者。经调研分析,认为产生血液凝块的主要原因是使用塑料血袋时采血流速不易观察,而当采血流速变慢时,未能及时采取措施,使血液在采血管内滞留而产生凝块。同时,必须保证抗凝剂的用量及抗凝剂与血液充分混匀,这些问题如得以解决,血液凝块问题也就基本解决。输血过程如发现有血液凝块,可在采血袋输血插口同侧底部剪一个小孔作为新的悬挂孔眼(图 14 - 15),当血袋悬于新悬挂孔眼时,血液凝块就会垂直降至袋的左下角,而不会进入血袋右侧输血管。

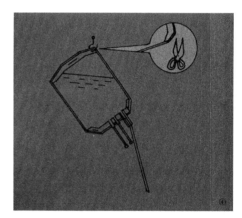

图 14 - 15　出现血液凝块剪一个新悬挂孔眼

第十五章

塑料输血器材质量控制

质量是一个永恒的主题。社会进步和科学技术的发展是无止境的，人们对质量的期望也是无止境的。质量已成为市场竞争的焦点，成为一个国家经济能否发展、一个企业能否在市场竞争中生存的一个决定性的因素，也是当前经济活动中的核心问题。

质量一般是指产品质量、工程质量、服务质量、管理质量等。ISO 定义为"反映实体满足明确和隐含需要的能力的特性总和"。强调"满足需要"，医疗器具质量直接关系到使用者的生命安全和健康。因此，国家药监部门采取包括产品的机械安全性、电器安全性、结构安全性、生物安全性、相容性等审查内容的产品市场准入审查、以企业质量认证为核心的生产企业资格审查和市场售后再评价作为主要目的的日常抽查监督。

质量认证的定义是：第三方依据程序对产品过程或服务符合规定要求给予书面保证。认证对象包括：产品、过程或服务。而认证的基础是标准（技术，管理—质量管理）。强制性国家标准必须执行，不符合强制性国家标准的产品禁止生产、销售和出口。有国家标准的产品，企业可向有关部门申请质量认证。

标准，是指农业、工业、服务业以及社会事业等领域需要统一的技术要求，是科学、技术、经验的综合成果。

标准与质量的关系密不可分，标准是产品质量的技术依据，质量是执行标准的必然结果，从一定意义上讲标准就是质量，没有标准就没有质量。标准化活动就是贯彻标准的实践，是确保产品质量的必要过程。标准的广泛应用，可以建立技术秩序，改进提高产品质量，促进更广泛的贸易和技术合作，从而产生良好的社会效益和经济效益。

血袋系统采集处理后的人体血液或血液成分最终进入人体血管，因此是临床使用较重要的医疗器械，其质量直接关系到广大患者的健康与安全。因其涉及面广，历年来一直被列为国家重点监管对象，在我国按照Ⅲ类高风险医疗器械管理。医疗器械标准是医疗器械监管的技术依据，是对医疗器械行业发展和监督管理具有重要影响力的技术文件，在指导医疗器械设计、生产、使用和服务监管等方面发挥重要作用。

本章主要介绍传统型血袋、紫外线透疗容器等所用原材料、产品的有关质量控制等方面的内容，其质量控制包括原材料的质量控制、塑料输血器材的过程质量控制以及成品质量控制等，本章将选取重点内容介绍相关的试验方法，并对塑料输血器材的国家或行业标准的构成及其质量控制关键点进行总结归纳，可作为研究或试生产等参考。

第一节　原材料的质量控制

一、医用级聚氯乙烯树脂

医用级聚氯乙烯树脂是重要的原材料。医用级聚氯乙烯树脂为上海氯碱化工股份有限公司于1997年试制成功。由于医用级树脂目前尚无国家标准,也未见国际标准,只有少数国外公司生产的医用级聚氯乙烯树脂产品介绍,据检索比利时苏威(SOLVAY)公司(是世界第三,欧洲第二的生产聚氯乙烯树脂的大公司)其技术水平属国际先进。上海氯碱化工股份有限公司等效采用比利时SOLVAY公司医用级聚氯乙烯树脂产品规格-SOLVIC 271GA(1998),制订了企业标准,其检验方法摘抄如下。

1. 外观的检验

在自然光线下,用目视观察检查。

2. 平均聚合度的测定

按《悬浮法通用型聚氯乙烯树脂》GB 5761—93中附录 A 进行。A3.2条修改为:每隔三个月用硝基苯进行校正。平均聚合度也可以按《食品包装用聚氯乙烯树脂 WS-1000S》Q/GHBA 7—1997中表2查出。

3. 表观密度的测定

方法1按《氯乙烯均聚物和共聚物树脂命名》GB/T 3402—82(89)中附录 A 规定进行。

方法2:按 Q/GBBA 7—1997中附录 A 规定进行。

4. 挥发物的测定

按 GB/T 2914 进行。其中在110±2℃烘箱中加热的时间为1小时,并按1小时的失重量计算结果。

5. 残留氯乙烯单体

国家标准 GB 4615—87《聚氯乙烯树脂中残留氯乙烯单体含量测定方法》最低检出量为 0.5 mg/kg,而 M-1000 医用级聚氯乙烯标准规定氯乙烯残留单体不得大于 0.4 μg/g,超出了 GB 4615—87 的最低检出量,该公司参照 ASTM D3749—93　ASTM D3749—2013《用气相色谱液顶部空间技术测定聚氯乙烯树脂中残余氯乙烯单体的标准试验方法》。

最新测试残留氯乙烯(RVCM)含量方法,验证确定了一种可测试残留氯乙烯含量在 0.1～0.5 μg/g 的试验方法,适用于医用聚氯乙烯树脂及其制品中残留氯乙烯单体的测定。

(1)原理:以气、固平衡为基础,在密闭的容器内,在 PVC 树脂玻璃化温度以上的环境下,试样中的 RVCM 和 PVC 树脂、空气建立起气体平衡,用顶空取样的气相色谱法测定氯乙烯含量。

(2)试剂及材料。

氯乙烯标准气:1 ug/g(以 N_2 为稀释气体),贮存在钢瓶内。

空气、氮气、氢气:纯度＞99.90%。

(3)样品的贮存和保管:把水分含量合格的试样,按批号装满于广口瓶内,密封保存,必须在24 h 内测定。

(4) 仪器:气相色谱仪(带有氢离子化鉴定器,大口径毛细管色谱柱)。

色谱条件 SE-30 色谱柱	0.53 mm×30 m
色谱柱温度	30℃
进样温度	100℃
N_2	35 mL/min
Air	500 mL/min
H_2	50 mL/min
恒温水浴:	(90±1)℃
医用注射器:	1 mL
微量注射器:	100 μL

样品瓶:(23.5±0.5)mL,使用温度＞150℃,耐压 0.05 MPa,带聚四氟乙烯衬垫的橡皮盖和铝质封口帽。

样品瓶封口机。

分析天平:分度值为 0.1 mg。

(5) 安全措施:氯乙烯是有害气体,故在配制样品和排放处理时,都要在通风橱内进行。

(6) 标准气样配制:从标准气钢瓶中引出 φ3.2 mm 不锈钢管,放入样品瓶底部,(以 500～1 000 mL/min)的速度对样品瓶充灌,此过程至少在 60 s 以上,充灌结束后迅速加盖,并用封口机将瓶口密封。然后用微量注射器针筒注入去离子水 100 μL 到样品瓶中,以确保瓶内气体的平衡。

(7) 试样分析:在分析天平上,准确称取两份已充分混合均匀的试样 1～4 g(准确到±0.01),置于样品瓶内,分别加二滴去离子水,并将瓶口密封,然后将试样和标准样品一起置 90±1℃的水浴中,至少 1 小时,但不得超过 5 小时。再依次从平衡后的标准样和试样瓶中,用注射器迅速抽取 1 mL 上部气体注入色谱仪进行分析。同时要确保有一个含量相近的标准样,并取相同量的气体,在同等仪器条件下进行分析。记录氯乙烯的峰面积。

(8) 计算:计算标准气 VCM 的响应因子

$$R_{fi} = \frac{A_i}{C_i}$$

式中,R_{fi}—标准气 VCM 的响应因子;

A_i—标准气 VCM 的峰面积;

C_i—标准气 VCM 浓度,μg/g。

计算出平均的 VCM 响应因子(从三份样品平均标准气中计算得到)后,根据 VCM 在 PVC 树脂中顶空方程式,VCM 在 PVC 树脂中的浓度符合下列公式:

$$C_{VCM} = \frac{A_B \times P_a \times M_V \times V_g}{R_f \times T_i \times m \times R} + K_P \times T_2$$

式中C_{VCM}—RVCM 在树脂中的浓度,μg/g

A_B—样品中 VCM 的峰面积;

P_a—大气压,mmHg;

M_V—VCM 相对原子质量(62.5 g/mol);

V_g—样品瓶内气体体积(扣除树脂体积,m/聚合物密度);

R_f—标准气压 VCM 的响应因子;

T_i—实验室温度,K;

m—样品质量,g;

R—气体常数(62 360 cm^3 · mm/mol);

K_P—亨利常数(PVC 均聚物在 90℃时,7.52×10^{-6} V μg/g/mmHg);

T_2—平衡温度(363°K)

当实验为下述条件时

大气压(750±10) mmHg　　　　　　(P_a=750);

M_V—取常数　　　　　　　　　　(M_V=62.5);

样品瓶容量(23±1) cm^3　　　　　(V_g=20.5);

实验室温度 22℃　　　　　　　　　(T_i=295);

R—取常数　　　　　　　　　　　(R=62 360);

样品是含水<1%的 PVC 均聚物　　(K_P=7.52×10^{-6});

平衡温度(90±1)℃　　　　　　　　(T_2=363)

上述顶空方程式可简化为下式:

$$C_{VCM}(\mu g/g) = \frac{2.54 \times A_B \times 0.020\,5}{R_f \times m} + 0.002\,4$$

以两次平行试验结果的算术平均值作为本试验的结果。

6. 聚氯乙烯树脂中甲苯含量的测定

(1) 方法原理:称取一定量的聚氯乙烯树脂放于密封瓶中,在 90℃条件下恒温 1 小时以上,使树脂吸附的甲苯达到气固平衡,取样进行色谱分析。

(2) 气相色谱仪(带 FID 检测器)。

(3) 试剂:甲苯(优级纯)。

(4) 标准样品配制:首先制作空白样品。取 100 g 聚氯乙烯树脂放在铝盘中铺平,在 100℃中恒温 3 天以上,至样品中不含甲苯为止。

在 23.5 mL 的瓶中称取 4 g±100 mg 的空白样品,加入微量甲苯配成标样,标样浓度为:

$$C_1 = \frac{m_1}{m_1 + m_2} \times 10^6$$

式中 C_1—标样浓度(μg/g);

　　m_1—加入的甲苯量(g);

　　m_2—空白样品的量(g)。

(5) 样品测试:称取 4 g±100 mg 样品于 23.5 mL 密闭瓶中,与标准样品瓶一起放入(90±1)℃烘箱内放置 1 小时以上,使瓶内甲苯达到气固平衡。取 0.5 mL 标准样品瓶内气体进行色谱仪分析,标样峰面积为 A_1。取 0.5 mL 样品瓶内气体进色谱仪分析,样品峰面积为 A_2。

样品中甲苯含量为:

$$C_2 = \frac{A_2 \times C_1}{A_1}$$

式中C_1—标样的甲苯浓度($\mu g/g$)；

$\quad\quad C_2$—样品中甲苯的含量($\mu g/g$)；

$\quad\quad A_1$—样品的峰面积；

$\quad\quad A_2$—标样的峰面积。

7. 聚氯乙烯树脂中腈基团含量的测定方法

(1) 方法原理：称取一定量的聚氯乙烯树脂放于密封瓶中，在 90℃条件下恒温 1 小时以上，取瓶内气体进色谱-质谱联用仪分析，测试聚氯乙烯树脂中是否含有腈基团。

(2) 仪器：色谱-质谱联用。

(3) 测试步骤：称取 8 g±100 mg 样品于 23.5 mL 密闭瓶中。放入(90±1)℃烘箱中恒温 1 小时以上，取瓶内气体 0.5 mL 进色谱-质谱联用仪分析，对得到的图谱进行检索，是否含有腈基团。

8. 技术指标中规定的其他检验项目

技术指标中规定的其他检验项目，均按有关的国家标准规定进行检验。

说明：本节医用级聚氯乙烯树脂的质量控制是摘抄了上海氯碱化工股份有限公司的企业标准，其等效采用比利时 SOLVAY 公司医用级聚氯乙烯树脂产品规格- SOLVIC 271GA (1998)，检验方法是 20 世纪末的，现在的检测方法有更新(见表 15-1)。

表 15-1　聚氯乙烯树脂部分项目的检测方法

项目	本节摘抄的上海氯碱厂方法	现行的国家标准
平均聚合度的测定	方法 1 按《悬浮法通用型聚氯乙烯树脂》GB 5761—93 中附录 A 进行。 方法 2 按《食品包装用聚氯乙烯树脂 WS-1000S》Q/GHBA 7—1997 中表 2 查出	GB/T 5761—2018《悬浮法通用型聚氯乙烯树脂》中附录 A
表观密度的测定	方法 1 按《氯乙烯均聚物和共聚物树脂命名》GB/T 3402—82(89)中附录 A 规定进行。 方法 2 按 Q/GBBA 7—1997 中附录 A 规定进行	GB/T 20022—2005《塑料　氯乙烯均聚和共聚树脂　表观密度的测定》
挥发物的测定	按 GB/T 2914 进行。其中在 110℃±2℃烘箱中加热的时间为 1 小时，并按 1 小时的失重量计算结果	GB/T 2914—2008《塑料　氯乙烯均聚和共聚树脂　挥发物(包括水)的测定》
残留氯乙烯单体	方法 1 国家标准 GB 4615—87《聚氯乙烯树脂中残留氯乙烯单体含量测定方法》。 方法 2 参照 ASTM D3749—93　ASTM D3749—2013《用气相色谱液顶部空间技术测定聚氯乙烯树脂中残余氯乙烯单体的标准试验方法》	GB/T 4615—2013《聚氯乙烯　残留氯乙烯单体的测定　气相色谱法》
聚氯乙烯树脂中甲苯含量的测定	有方法，但未提及引用的标准出处	HG/T 3943—2007 聚氯乙烯树脂　甲苯含量的测定
聚氯乙烯树脂中腈基团含量的测定	有方法，但未提及引用的标准出处	HG/T 3946—2007 聚氯乙烯树脂　腈基团含量的测定

二、聚氯乙烯塑料的质量控制

聚氯乙烯塑料的产品技术要求和检验方法按 GB 15593—1995《输血(液)器具用软聚氯乙烯塑料》规定进行。对检测方法的有关原理及新的改进提高做一些补充。本节主要介绍吸水率控制。

(一)吸水率

塑料薄膜浸入水中,水分子即进入薄膜,使其总量增加,因此用减重法可计算吸水率。当塑料薄膜浸入水中后,水分子即开始进入薄膜,它是一种扩散作用,扩散速度随温度升高而增加,同时进入薄膜的水分子也从塑料薄膜向水中扩散。但薄膜刚开始浸入水中时,进入薄膜的水分子较多,至浸水一定的时间后,进出薄膜的水分子大约相等,这时称为饱和吸水率(%),可以用减重法进行计算。但是减重法常常有较大的误差,有时甚至出现负值,分析其主要原因是有一些薄膜中的某些组分(增塑剂等)在水中有析出,因此测试吸水率时不能简单地用减重法计算。

(二)吸水率检测方法

用清洁锋利的小刀将待检薄膜(厚度为 0.4～0.45 mm 的样品),切成 2.5 cm×7.0 cm 边缘平整的小片,每一批被检样品取 5 片为试验组。另取 5 片为对照组,逐片用肥皂水、常水、蒸馏水冲洗,再用脱脂纱布擦去表面的水分和纤维。每片用分析天平精确称量并记录,试验组原重为 W,对照组(无须浸入水中)原重为 W_1。称重后将试验组逐片浸入 $50\pm0.5℃$ 的蒸馏水中(每片之间用不锈钢丝隔开)2 小时。然后移放置室温水内 5 分钟,逐片取出揩去表面的水分和纤维。每片在 $2'\pm20''$ 内精确称量并记录,为试验组吸水后总重($W_总$)。再将试样移入带盖的瓷盘内,与对照组同时放入 $80\pm1℃$ 恒温烘箱 2 小时。取出,冷却 30 分钟,精密称重,为试验组烘干后重 W_2。对照组烘干后重为(W_3),各数值均换算成原重的百分率计算吸水率。

$$吸水率 \% = \left(\frac{W_总}{W} + \frac{W_3}{W_1} - \frac{W_1}{W_1} - \frac{W_2}{W}\right) \times 100$$

(三)吸水率公式推导

塑料薄膜浸入水内后,薄膜中的助剂溶于水内的部分,称为水内析出物(Q)。它的数值不仅是被检样品的原重减去烘干后重($W-W_2$),还要考虑增塑剂的挥发。被检样品在烘干过程中,水分挥发的同时增塑剂也随着挥发(Q_1),而 Q_1 用对照样品测定之。因此计算公式可理解为:

增塑剂的挥发量:$Q_1\% = \left(\frac{W_1}{W_1} - \frac{W_3}{W_1}\right) \times 100$

水内析出物量:$Q\% = \left(\frac{W}{W} - \frac{W_2}{W}\right) \times 100 - Q_1\%$

$$吸水率 \% = \left(\frac{W_总}{W} - \frac{W}{W}\right) \times 100 + Q\%$$

上述公式经处理后即为:$吸水率 \% = \left(\frac{W_总}{W} + \frac{W_3}{W_1} - \frac{W_1}{W_1} - \frac{W_2}{W}\right) \times 100 = \left(\frac{W_总}{W} + \frac{W_3}{W_1} - \frac{W_2}{W} - 1\right) \times 100$

(四) 吸水率意义

在聚氯乙烯塑料配方研究中,吸水率的试验是很重要的。它不仅能反映对制品的透明度、保存溶液后浓度的变化,而且对了解样品在水内的析出以及在不同温度中可能存在的挥发等均有重要的参考意义。

吸水试验操作过程中应注意:称重时从取出试片、擦干、称重应在 2 分钟内完成;且每片之间称重操作及操作时间,应尽可能一致,以避免试片中的水分在空气中过多的挥发。同时还应避免纱布中纤维黏附在试片上等。

说明:吸水率检测方法最早收录在《中华人民共和国药典》(1977 年版)"输血输液用塑料容器检验法"的试验方法中。而之后修订的《中华人民共和国药典》删去了这方面的内容,为方便使用,在最新修订 GB/T 15593—2020《输血(液)器具用聚氯乙烯塑料》标准中,在规范性附录 C 中列出吸水率的测试方法。

第二节　过程控制中质量检测

一、低温跌落破坏率检测

样品准备:500 mL 塑料袋 50 个(N),每袋装蒸馏水 550 mL。将导管热合封口,水平放入低温冰箱,调节冰箱至设定温度。

低温跌落:当袋内水温与冰箱设定的温度平衡后,取出置 1 米垂直地面高度处,将袋以自由落体方式跌落于硬质、表面光滑的地面上(如磨光大理石面)。

检测:先检测有无破裂,破裂数为(n_1),然后待袋体温度至室温时,剪去导管封口,倒出袋内水,于导管端口通入 50 kPa 的压缩空气,浸入水中持续 15 秒,检查袋体、管端有无气体溢出,溢出数为(n_2)。破裂和气体溢出均计为低温跌落破坏。

$$低温跌落破坏率 \% = (n_1 + n_2) * 100/N$$

二、抗黏性试验

塑料空袋在高温下(如高压蒸汽灭菌)内表面相互粘连,冷却后很难用手拉开。目前较多采用对薄膜表面进行改性的技术,如吹塑制成条纹花,或压延成网格,也可在塑料配方中加入其他塑料或助剂,使薄膜表面形成雾状微细凹凸。由于制备工艺各有优劣,最终选择哪种工艺方法解决粘连问题应综合分析确定。判断黏性方法一般有:

1. 通气法

塑料薄膜制成公称容量为 200 mL 的空袋,袋内装 5 mL 空气,110℃蒸汽灭菌 30 秒,冷却后连接压力表。然后缓慢通入空气,观察袋内表面全部分开时的最大压力数。

2. 薄膜表面状况观测

剪取 2 cm×2 cm 薄膜,置倒置显微镜(薄膜内表面向上)调整焦距放大 40 倍,拍照,可较清晰观测到薄膜表面的凹凸状况。

三、低温断裂面扫描电镜观察

耐低温塑料断裂面扫描电镜观察。薄膜样品置－196℃液氮内,至试样温度与液氮温度平衡后折断,用电子显微镜观察断裂面变化。判定是韧性断裂还是脆性断裂?

四、紫外线透过率测试方法

目前主要有两种检测方法:紫外分光光度计测试和辐照仪＋辐照计测试。两种方法的测试透过率结果见表 15-2、表 15-3。

表 15-2　两种测试方法的透过率(%)

方法 波长(nm) 产品编号	Beckman 分光光度计			辛集辐照仪＋辐照计
	254	313	365	254
1　厚 0.38 mm	56.93	76.87	85.69	67
2　厚 0.10 mm	36.73	49.42	54.79	73
3　厚 0.10 mm	52.38	62.01	68.37	82
4　厚 0.32 mm	44.26	53.91	61.36	63
5　厚 0.045 mm	75.95	83.94	86.28	83

由表中的数据可得出 2 个结论:

(1) 辐照仪＋辐照计所测值高于分光光度计所测得值。

(2) 选取国内两家一次性使用紫外线透疗血液容器,产品 1 和产品 2,分别用两种方法测定,分光光度计法测 254 nm 的透光率值分别为 67.4% 和 49.3%,但用辐照仪＋辐照计法测定值大于 70%,分别为 72.5% 和 72.9% 分析如下:

1) 用分光光度计测试值显示的是指定波长的透过率值(波长误差≤ 2 nm)。用辐照仪＋辐照计测试值显示的是一个相对宽谱的透过率值,所示值与辐照计光源的发射波长范围、各波长强度以及辐照计能接受范围、各波长接受强度有关。如一般 254 nm 辐照计能接受的范围为 220～280 nm,高峰是 254 nm,所示值反映的是接收到的 220～280 nm 波长范围的透过率总值,而并非 254 nm 的透过率值。

2) 用辐照仪＋辐照计测试值兼顾了外部光源和辐照计、容器材料透光性几个因素,是一个综合值。而不是对容器材料特性的反映,因此不能直接控制容器的指标,如果用辐照仪＋辐照计的方法测试就必须先对辐照仪光源、辐照计进行定标。

3) 用分光光度计方法测试的透过率值更能准确反映容器的透光特性,作为一个优良的产品,应尽可能利用现代仪器测试获得准确测试值;而辐照仪＋辐照计的方法测试值与真实值有一定的距离。

分光光度计狭缝宽度一般在 0.01～2 mm 范围内变动。一般来说,狭缝越宽,发射光强度增加,发射光的波长范围增宽(一般在几个纳米间),使仪器单色器分辨率降低,吸收值偏低,透光率偏高,这是一个普遍存在的现象。任何一个测试仪器,任何一个测试样品,无论是液体还

表 15-3　两种测试方法的透光率

方法	Beckman 分光光度计																				上海用辐照仪+辐照计	
波长 / 产品	210 nm	220 nm	230 nm	240 nm	245 nm	250 nm	254 nm	260 nm	270 nm	280 nm	313 nm	325 nm	335 nm	345 nm	355 nm	365 nm	375 nm	385 nm	395 nm	400 nm	254 nm	365 nm
1号厚 0.34 mm	0.03	0.32	1.5	24.5	48.1	62.5	67.4	70.1	70.3	70.8	81.3					83.6					72.5	99.4
							68.2				82.0	83.3	84.2	84.7	85.1	85.4	85.5	86.1	86.4	86.7		
2号厚 0.11 mm	12.34	29.2	33.1	43.2	47.2	48.6	47.9	50.0	51.1	52.8	60.1					66.8					72.9	87.2
							55.6				58.8	60.9	62.4	63.6	64.8	65.8	66.6	67.7	68.7	69.1		
3号厚 0.09 mm	26.6	42.3	43.2	52.6	55.7	56.7	57.4	58.3	59.5	61.0	67.2										75.4	87.4
											66.6	68.2	69.3	70.0	71.1	72.4	73.1	73.9	74.4	74.7		
*3号厚　厚	0.00	0.00	0.02	0.14	0.37	0.54	0.55	0.48	0.35	0.39	1.17					2.04					1.2	56.1
中	0.16	0.32	0.91	4.76	7.44	8.26	8.34	8.39	7.96	8.39	15.5					23.0					37.7	68.9
薄	0.17	7.08	11.0	26.7	34.0	36.8	36.8	37.3	37.5	38.9	52.4	54.9	57.2	58.8	60.2	61.3	62.2	63.8	65.0	65.6	58.6	82.2

* 厚:1.49 mm　中:0.71 mm　薄:0.28 mm。

是固体都存在狭缝宽度对测试值的影响问题。然而一般地说，误差都在允许范围内，且很小。同理，用辐照仪＋辐照计测试其发射波长范围远远大于分光光度计，致使透光率明显增大，与特定波段的透光率真实值相去甚远。这也就是用辐照仪＋辐照计测试值大于分光光度计测试值的原因。

4）用2种方法测试透光率，不同材料的产品其变化值不一致，如：

产品1：增幅小（67.4％→73％）。主要是材料在220~240 nm波长范围透光率较低，该波段的能量当用辐照计测试时增幅较少。但由于在245~280 nm波段有高透光率，因此其总透光率值仍有73％。

产品2：增幅大（48％→73％）。由于在220~240 nm波长范围比产品1的透光率高，因此当用辐照计测试时该波段的能量增幅较多。尽管在254 nm处透光率比产品1低，但由于220~240 nm的增幅，使总透光率值与产品1相等。

综上所述，用分光光度计方法测试的透光率值更能准确反映容器的特性，应尽可能应用，使测试值更为准确。

容器的紫外线透过率大小与材料的固有特性有关，透过材料的光线一般分两种：

（1）与入射光方向相同的谓之透射光。

（2）与入射光方向偏离的谓之漫透射（见图15-1），一般普通的紫外分光光度计测得的是透射光 T_1％，对漫透射光则无法测量，必须用带积分球检测器的紫外分光光度计才能测量漫透射光 T_2％。图15-2和图15-3是用带积分球检测器紫外分光光度计测得的综合测量曲线，其包括漫透射和透射。塑料的漫透射光大小不一，与材料自身特性有关，有些材料漫透射光小于5％，有些则高达30％，（见图15-4、图15-5），材料的漫透射反映了材料的雾度。漫透射光较大，即透射光线中偏离入射光的较多，在治疗方面漫透射的作用是否与透射光相同尚待讨论，但在研究材料透光特性时最好加以测试。

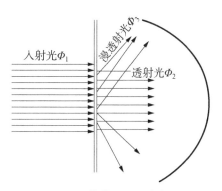

图15-1　薄膜　积分球检测器

$$透射率 = T_1\% = \frac{透射光\ \Phi_2}{入射光\ \Phi_1} \times 100，漫透射$$
$$率 = T_2\% = \frac{漫透射光\ \Phi_3}{入射光\ \Phi_1} \times 100$$

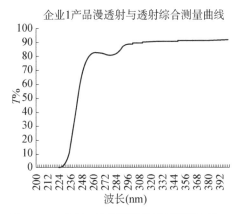

图15-2　产品$_1$综合测量曲线（漫透射 T_2＋透射 T_1）

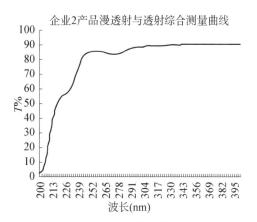

图15-3　产品$_2$综合测量曲线（漫透射 T_2＋透射 T_1）

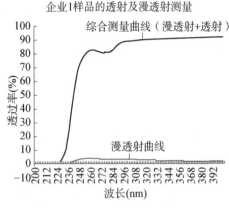

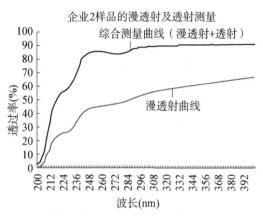

图 15-4　产品 1 漫透射小于 3%　　　图 15-5　产品 2 漫透射高达 30%

（3）行业标准 YY 0327—2002《一次性使用紫外线透疗血液容器》附录 A 规定了紫外线透过率试验方法，有两种方法。

方法一：分光光度计法（仲裁法）：原理是将血液容器辐照面置于带积分球检测器的紫外分光光度计光路的比色槽中，测试其透射率和漫透射率，将两者相加作为辐照面的紫外线透过率。仪器为带积分球的紫外分光光度计仪器应能调节波长 254 nm、297 nm、365 nm，测试相应波段的透过率。

方法二：辐照计法：原理是用血液容器辐照面在规定波长的紫外灯和辐照计之间进行遮挡，遮挡前、后的光照强度之比即为紫外线透过率。仪器为辐照计：应选用国家计量合格的产品，其峰值波长为标准所列的测试波长，波长范围应选择尽可能小；光源：按测试要求选取 UVC、UVB 或 UVA 的单灯置于合适的箱体中，也可直接用紫外线治疗仪。间距：辐照计探头与光源位置应固定，一般为 15 cm 左右。注意匹配：辐照计峰值波长应与光源波长值一致。

考虑到带积分球检测器的紫外分光光度计价格昂贵，而辐照计相对廉价易得，故标准中引入两种检测方法。用分光光度计测试值显示的是指定波长的透过率值（波长误差≤2 nm）。用辐照计测试值显示的是一个相对宽谱的透过率值，所示值与辐照计光源的发射波长范围、各波长强度以及辐照计接受范围、各波长接受强度有关。如一般 254 nm 辐照计接受范围为 220～280 nm，高峰是 254 nm，所示值反映的是接收到的 220～280 nm 波长范围的透过率总值，而并非 254 nm 的透过率值。另外分光光度计法也反映了材料的透射与漫透射关系。带积分球检测器的紫外分光光度计测得的透射率相当于普通紫外分光光度计测得的透光率值。

综上所述，用分光光度计方法测试的透过率值更能准确反映容器的特性，作为一个产品标准应该尽可能利用现代仪器测试准确值，并标准化。因此以分光光度计法作为仲裁法。

如果用普通的紫外分光光度计（即不带积分球的分光光度计）测得产品的透光率已能满足标准要求时，则可以不用带积分球的分光光度计测试，这是因为普通的紫外分光光度计测得的是透射率，当透射率已经符合标准，可忽略漫透射率。

第三节 血袋质量关键质控点

塑料血袋是随着临床输血技术的变革而不断发展的,塑料血袋在血液及血液成分的采集、贮存、处理、转移、分离和输注等环节均被广泛使用,其质量安全对于临床输血安全具有重要意义。

随着输血技术的进步,成分输血是现代输血的一种新理念。由过去的全血采血(全采)发展到现在的成分采血(单采),即在一个采血过程中,借助血细胞分离机和血袋系统(耗材)的配套使用,能将一个献血者采集的某一血液成分(如血小板、血浆或红细胞)从血液成分中分离出来,随后再将其他血液成分回输给捐献者体内。目前一些发达国家输全血的比例不到 5%,95% 以上是采用成分输血。成分输血开展程度已成为衡量一个国家、地区医疗技术水平高低的重要标志之一。

目前临床上使用的血液处理器械种类也越来越多,且结构各异。为规范行业生产,全国医用输液器具标准化技术委员会于 1992 年首次制订并于 1993 年 3 月 16 日发布了 GB 14232—1993《一次性使用塑料血袋》,等效采用了国际标准 ISO 3826,随后于 2004 年进行了修订,并更名标准名称为《人体血液及血液成分袋式塑料容器 第一部分:传统型血袋》,并陆续制订了 GB 14232《人体血液及血液成分袋式塑料容器》系列标准。GB 14232 系列标准无论从国内产品质量控制、临床安全输血还是与国际标准标准体系协调方面都具有十分重要的意义。GB 14232 基本对塑料血袋进行了有效归类,制定了以下四个部分:

第 1 部分:传统型血袋;

第 2 部分:用于标签和使用说明书的图形符号;

第 3 部分:含特殊组件的血袋系统;

第 4 部分:含特殊组件的单采血袋系统。

GB 14232.1 给出了传统型血袋性能要求和试验方法,GB 14232.3 给出了含特殊组件的血袋系统性能要求和试验方法,GB 14232.4 给出了含特殊组件的单采血袋系统性能要求和试验方法。传统型血袋是指自 20 世纪 50 年代以来国际通用的密闭、无菌一次性使用的塑料血袋类型,随着输血方式的改变,传统的单袋式血袋逐渐退出了市场,而由多个血袋组合而成、将分离处理等功能结合在一起的多联血袋逐渐成为采供血机构的主要使用产品。传统型血袋系统在发达国家的用量逐渐减少。随着输血技术的进步,输血过程中国际上已普遍开始强制附加去白细胞过滤器,而且随着具有更多功能的部件应运而生,预期带有去白细胞和带病毒灭活功能的带特殊组件的血袋将成为今后国内血袋的发展方向。特殊组件包括:防针刺保护装置、去白细胞滤器、无菌屏障滤器、采血前采样装置、红细胞贮存袋、血浆贮存袋、血小板贮存袋、多形核(如:干)细胞贮存袋、采血后采样装置、贮存液、抗凝剂和替代液的连接件。单采血袋系统用于采集成分血,并将其余血液成分回输给献血者,目前在成分血采集中使用广泛,其部件数量最多、结构最为复杂,实现血液成分分离的方式也各不相同,GB 14232.1 已不能涵盖这些部件的相关质量要求,因此于 2011 年发布了 GB 14232.3,2020 年制订了 GB 14232.4,该标准已于 2021 年 12 月 1 日发布,将于 2023 年 6 月 1 日实施。这些标准的制订是对血液成分质量的安全保证,同时也有效保障了献血者的人身安全。

GB 14232《人体血液及血液成分袋式塑料容器》系列标准中规定了物理、化学和生物学技

术要求,对血袋的质量及其使用效果具有十分重要的影响,各指标对控制血袋产品质量的意义及其技术要求及试验方法分析如下:

一、物理要求

(1)血袋空气含量:血袋内空气含量过高,将会产生的负面影响,一是在血液的转移、分离、处理等过程中与红细胞碰撞,增加红细胞的破损,加重溶血;二是如果贮存血液的血袋内气体过多,会使贮血室工作人员错误地判断该袋血液已被污染。检测时对于装有抗凝剂和(或)保存液的袋体可直接用刻度准确的注射器将气体抽出,直接读取空气含量;对于空袋可注入适量的去气泡水,再用刻度准确的注射器抽出袋内气体,直接读取空气含量。平均每个血袋内的空气含量不应超过 15 mL。

(2)血袋血样识别:管路上的字码组可以保证血液的可追溯。采血后将采样袋或充满血液的采血管路与血袋分离,送样检测。通过正常或矫正视力检查,采血管上应有字码组。

(3)血袋采集速度:采集速度过慢会使采集到的血液无法制备相应的血液成分。《血站技术操作规程》规定:200 mL 全血采集时间>5 min,或 400 mL 全血采集时间>10 min,所采集的全血不可用于制备血小板。200 mL 全血采集时间>7 min,或 400 mL 全血采集时间>13 min,所采集的全血不可用于制备新鲜冰冻血浆。从一个内装充足液体[温度为(37±2)℃,黏度(37℃时)为 $3.4×10^{-6}$ m^2/s]的贮液器中,在(23±5)℃、9.3 kPa 的压力下,通过一根与血袋顶部在同一静压面上的采血针,将液体充入被测血袋内,记录充入至公称容量的时间。采集时间应少于 8 min。

(4)血袋采血管和转移管:采血管和转移管能够保证血液在密闭状态下被引入血袋,从而保护献血者健康和保障所采集血液的质量;同时,采血管和转移管与袋体的连接处应有一定的强度以保证血袋整体在血液的采集、转移、贮存、处理等过程中的完整性。检测时模拟实际操作并分析,管路在正常使用时应与外界隔绝无破裂;以目力检测,管路应无裂纹、气泡、扭结或其他缺陷,连接处应密封;施加到管路上的 20 N 的拉力,持续 15 s,连接处应无泄漏。

(5)血袋采血针:采血针应与采血管为一体并有保护套,且防止贮存期内抗凝剂和(或)保养液由塑料血袋向外泄漏,是保持液体通道无菌、满足使用的基本要求。保护套应是一旦取下就留有打开过的痕迹,而且应制造成不能被替换,或是任何尝试打开的操作都明显可辨认,可以避免同一采血针插入不同献血者体内。同时采血针应具有一定的连接强度,以保障其在使用中的完整性。检测时模拟实际操作,并以正常或矫正视力观察;在采血针的各连接处施加 20 N 的静拉力,持续 15 s,观察各连接处应无液体外漏、保护套打开后明显可辨识、连接处无断裂和脱落。

(6)血袋输血插口:血袋产品应具有输血插口,且输血插口的隔膜刺穿后不能再密封,以保证输血的需要,并避免已污染的血液被再次使用。检测通过目力观察,应至少一个袋体具有输血插口,且有完整隔膜。输血插口与输血器穿刺器的配合应保证在正常输血(包括加压输血)时不发生泄漏。在加压排空试验过程中观察输血插口与穿刺器配合处,应无液体泄漏。穿刺器在刺穿隔膜前,应与输血插口的导套配合紧密,以保证血袋内的血液不会受到外界污染;同时输血插口的设计应能保证按照使用说明操作,穿刺器不应损坏所插入的血袋的塑料膜。检测时按照使用说明模拟操作,目力观察,刺穿前应紧密配合、未损坏血袋塑料膜。输血插口的保护装置用来保证在隔膜外、管腔内和保护装置内的空间的无菌,可以避免在穿刺时将此部分的微生物带入血袋内部。目力观察,应具有完整密闭的保护装置。

(7) 血袋悬挂:在血袋的处理、转移和输注等过程中,需要被悬挂,血袋的悬挂装置应在悬挂时保持完整性以满足临床使用。检测时在(23±5)℃条件下,对悬挂或固定装置施加沿输血插口轴向施加的 20 N 拉力 60 min,应不发生断裂。

(8) 血袋热稳定性:一些血液成分(特别是血浆)需要在低温的环境下保存,然后放入37℃水浴中解冻使用。血袋必须能耐受一定的低温环境,以保证在此过程中保持完整性。将塑料血袋充入符合 GB/T 6682 的水至公称容量的一半,缓慢冷冻至−80℃的低温环境,并贮存24 h,随后浸入(37±2)℃的水浴中 60 min,然后再恢复至室温。然后进行连接强度、悬挂、抗泄漏和微粒污染试验应全部通过。

(9) 血袋抗泄漏:血袋在使用时,会经受运输、贮存和处理等过程,特别是在进行血液成分分离时需要一次或两次高速离心;这些过程需要血袋具有充分的强度,以保持完整性。向血袋内充入符合 GB/T 6682 的水至公称容量,并将其密封。在 37℃ 5 000 g 条件下离心 10 min,塑料血袋应不产生泄漏。随后将塑料血袋放在两平板之间进行挤压,在(23±5)℃条件下,使内部压力升至高于大气压强 50 kPa,持续 10 min,目视观察,应不产生泄漏。

(10) 滤器密合性:滤器在使用中应保持密合性,以保证血液或血液成分在过滤过程中不会泄漏或受到外界污染。检测时封闭滤器一端,在另一端通入 50 kPa 的气体,浸入 20～30℃水中,持续 2 min,应无气泡从滤器冒出。

(11) 滤器连接牢固度:滤器需要一定的连接牢固度,以保证在使用过程中的完整性。在滤器的各连接处施加 15 N 静态轴向拉力,持续 15 s,应无断裂和脱落。

(12) 滤器微粒含量:在血液或血液成分流过滤器时,不能引入过多的微粒,以防这些微粒最终进入受血者。采用微粒检测仪法,用 200 mL 符合标准的试验液冲洗被测滤器,分三次取收集后的试验液,总取样量不少于 15 mL,使用带搅拌功能的微粒检测仪检测微粒,并在扣除本底后计算每 1 mL 所含微粒数。大于 25 μm 的微粒数应不超过 1 个/毫升,大于 10 μm 的微粒数应不超过 10 个/毫升,超过 5 μm 的微粒数应不超过 100 个/毫升。

(13) 滤器流量:血液和血液成分都有特定的保存温度,因此去除白细胞过程不能用时太长,以防影响血液或血液成分的质量。而滤器流量是保证滤器通畅性的重要指标。将去白细胞滤器连接到符合 GB 8369 要求的输血器上,在 1 m 静压、溶液温度(23±2)℃下,使用量筒测量 30 min,输送质量浓度 400 g/L 的葡萄糖水溶液的体积。30 min 输送体积应大于 700 mL。

二、化学要求

(一) 水溶出物

GB 14232 标准中同时给出了多种试验液的制备方法。因为血袋塑料和容器在以水作萃取剂时,其水溶出物析出量与浸提条件及试样状况有关。以下介绍了四种条件的水溶物试验结果。

根据"质量控制在源头"的总体思路,并依托试验结果,GB 14232.1 在标准附录 D 的表 D.1 中明确了不同条件下的样品浸提条件。其中第一种条件是在膜片上进行(膜片、121℃、30 min),验证表明这种条件下的结果最严,因此更适合于对原材料的进货检验,也适用于原材料厂粒料的出厂检验。第二种条件(空容器、121℃、30 min)的试验结果介于第一种条件和第三条件之间,适用于血袋厂的出厂检验和注册检验,这一条件要求实验室有专用的灭菌器。第三个条件(空容器、100℃、24 h)相对而言为最宽松,也易于操作。

1. 不同的样品制备条件下的实验结果的一致性验证

用于研究同规格空血袋容器在不同制备条件下试验结果是否具有差异?

(1) 方法:在同批、同规格空血袋容器上进行试验,各条件下三组按标准规定平行进行色泽、还原物质、酸碱度、蒸发残渣、紫外(UV)吸收、铵离子、氯离子、全部重金属等8项化学性能的检验(其中铵离子、氯离子、全部重金属、蒸发残渣仅做一组数据,酸碱度做二组数据)。如果从单个容器(如100 mL)获得的浸提液容量不能满足于所要求的检验,则将在同制备条件下的多个单个容器浸提液合并作为检验液。

(2) 实验条件。

观察项目:8个。

制备条件:4个。

条件一:袋内加入公称容量水、(121±2)℃、30 min、饱和蒸汽灭菌锅(121℃)。

条件二:袋内加入公称容量水、(100±2)℃、2 h、饱和蒸汽灭菌锅(100℃)。

条件三:袋内加入公称容量水、(70±2)℃、24 h、烘箱(70℃H),H 表示烘箱。

条件四:袋内加入公称容量水、(70±2)℃、24 h、水浴(70℃S),S 表示水浴。

袋体材料:3个

企业1的一种料——简称企业1-(1),将做重点讨论;

企业1的另一种料——简称企业1-(2);

企业2的一种料——简称企业2-(1)。

袋体规格:3个

400 mL、200 mL、100 mL(按上海市血液中心袋体规格要求)。

(3) 结果汇总。

见附件,表15-14 不同的样品制备条件下的实验结果的一致性验证。

(4) 结果分析。

总体影响:在8个项目观察中。

色泽、酸碱度、蒸发残渣、紫外(UV)吸收、氯离子、全部重金属6个项目随制备条件、材料、规格大小影响不明显,不做讨论。

铵离子随制备条件、材料、规格大小略有影响,但加入铵离子检测试剂后,检验液均有浊度,做一般讨论。

还原物质随制备条件、材料、规格大小区别较大,做重点讨论。

1) 对于同规格的容器,不同的制备条件比较。

还原物质值[如企业1-(1)],见表15-4。

表15-4 同规格不同制备条件的还原物质结果比较

	121℃ >	100℃ >	70℃S >	70℃H
400 mL 袋	0.56	0.13	0.13	0.03
200 mL 袋	0.93	0.39	0.18	0.08
100 mL 袋	0.93	0.41	0.19	0.14

最小值条件为 70℃H、400 mL 袋,最大值条件为 121℃、100 mL 袋,最大、最小差距为 0.9 左右。对于蒸汽灭菌的血袋,必须用 121℃,30 min 制备条件,而不能用 70℃、24 h,否则会使结果偏低。

铵离子均浅于标准,但浊度:70℃H<100℃<70℃S≈121℃。

2) 对于同规格容器,同一制备条件,不同材料比较(见表 15-5)。

表 15-5　同规格不同材料的还原物质结果比较

	企业 1-(1)	＜	企业 1-(2)	＜	企业 2-(1)
范围	0.03~0.93		0.27~1.24		0.54~1.33

2. 不同的样品状态条件下的试验结果的一致性验证

用于研究在空容器上和在薄片上进行试验的结果是否具有差异?

(1) 方法:在同批、同规格空血袋容器和薄片上进行验证,各条件下三组按标准规定平行进行色泽、还原物质、酸碱度、蒸发残渣、紫外吸收、铵离子、氯离子、全部重金属等 8 项化学性能的检验(其中铵离子、氯离子、全部重金属、蒸发残渣仅做一组数据,酸碱度做二组数据)。如果从单个容器(如 100 mL)获得的浸提液容量不能满足于所要求的检验,则将在同制备条件下的多个单个容器浸提液合并作为检验液。

(2) 实验条件。

观察项目:8 个。

制备条件:4 个。

条件一:袋体加入公称容量水、(121±2)℃、30 min、饱和蒸汽灭菌锅(121℃)。

条件二:薄片、1500 cm²/250 mL H₂O、1 cm×1 cm、(121±2)℃、30 min、饱和蒸汽灭菌锅(121℃、6∶1、1×1)。

条件三:袋体加入公称容量水、(100±2)℃、2 h、饱和蒸汽灭菌锅(100℃)。

条件四:薄片、1500 cm²/250 mL H₂O、1 cm×1 cm、(100±2)℃、2 h、饱和蒸汽灭菌锅(100℃、6∶1、1×1)。

袋体材料:3 个

企业 1 的一种料——简称企业 1-(1),将做重点讨论;

企业 1 的另一种料——简称企业 1-(2);

企业 2 的一种料——简称企业 2-(1)。

袋体规格:3 个

400 mL、200 mL、100 mL(按上海市血液中心袋体规格要求)。

(3) 结果汇总。

见附件,表 15-15 不同的样品状态条件下的试验结果的一致性验证。

(4) 结果分析。

总体影响:在 8 个项目观察中。

色泽、酸碱度、蒸发残渣、紫外(UV)吸收、氯离子、全部重金属 6 个项目随样品状态影响不明显,不做讨论。

铵离子随样品状态在浊度方面有影响,做一般讨论。

还原物质随样品状态区别较大,做重点讨论。

1) 各温度下袋体和薄片的检验液还原物质结果规律。

① 121℃时,400 mL 袋与 6:1 薄片结果近似,但都小于 200 mL 和 100 mL 的结果(见表 15-6)。

表 15-6 121℃下同一材料不同样品状态的还原物质结果比较

400 mL ≈	6:1 <	200 mL <	100 mL
0.56	0.6	0.93	0.93

② 100℃、70℃H、70℃S 时,400 mL 袋皆小于 6:1 薄片(见表 15-7)。

③ 100℃时,6:1 薄片与 200 mL、100 mL 袋结果近似,70℃H、70℃S 时,6:1 薄片的结果大于 200 mL、100 mL 袋(见表 15-7)。

表 15-7 100℃和 70℃下同一材料不同样品状态的还原物质结果比较

	400 mL <	6:1 ≈	200 mL ≈	100 mL
100℃	0.13	0.4	0.39	0.41

	400 mL <	200 mL <	100 mL <	6:1
70℃H	0.03	0.08	0.14	0.46
70℃S	0.13	0.18	0.19	0.46

2) 对于同样状态 6:1、1 cm×1 cm 薄片,温度不同有差异(见表 15-8)。

表 15-8 同一样品薄片不同温度下的还原物质结果比较

121℃	>	100℃
0.6		0.4

3) 对于同样状态 6:1、1 cm×1 cm 薄片,材料不同有差异(见表 15-9)。

表 15-9 不同样品薄片状态不同温度下的还原物质结果比较

	企业 1-(1) <	企业 1-(2) <	企业 2-(1)
121℃	0.6	0.91	1.19
100℃	0.4	0.47	0.7

4) 袋体和薄片在铵离子检测时有较大区别。

浊度因袋体和薄片有区别,在加入检测试剂后有很大不同,袋体为清、淡黄色,薄片为浊、淡黄色。

3. 不同规格的空容器的试验结果的一致性验证

用于研究在不同规格的空容器上进行试验的结果是否具有差异?

（1）方法：在同批、不同规格空血袋容器上进行试验，各条件下三组按标准规定平行进行色泽、还原物质、酸碱度、蒸发残渣、紫外（UV）吸收、铵离子、氯离子、全部重金属等8项化学性能的检验（其中铵离子、氯离子、全部重金属、蒸发残渣仅做一组数据，酸碱度做二组数据）。如果从单个容器（如100 mL）获得的浸提液容量不能满足于所要求的检验，则将在同制备条件下的多个单个容器浸提液合并作为检验液。

（2）实验条件

观察项目：8个。

制备条件：3个。

条件一：400 mL袋体加入公称容量水、（121±2）℃、30 min、饱和蒸汽灭菌锅（400 ml、121℃）。

条件二：200 mL袋体加入公称容量水、（121±2）℃、30 min、饱和蒸汽灭菌锅（200 ml、121℃）。

条件三：100 mL袋体加入公称容量水、（121±2）℃、30 min、饱和蒸汽灭菌锅（100 mL、121℃）。

袋体材料：3个。

企业1的一种料——简称企业1-(1)，将做重点讨论。

企业1的另一种料——简称企业1-(2)。

企业2的一种料——简称企业2-(1)。

袋体规格：3个。

400 mL、200 mL、100 mL（按上海市血液中心袋体规格要求）。

（3）结果汇总。

见附件，表15-16不同规格的空容器的试验结果的一致性验证。

（4）结果分析。

总体影响：在8个项目观察中，色泽、酸碱度、蒸发残渣、紫外（UV）吸收、氯离子、全部重金属6个项目随制备条件不同影响不明显，不做讨论。

铵离子在加入检测试剂后，均有浊度，但浊度大小受袋体规格影响不明显，不做讨论。

还原物质受袋体规格影响较大，做重点讨论。

1）同种温度下，还原物质值大规格袋小于小规格袋（表15-10）。

表 15-10　同种温度下不同规格袋的还原物质结果比较

	400 mL <	200 mL <	100 mL	备注
121℃	0.56	0.93	0.93	
100℃	0.13	0.39	0.41	
70℃H	0.03	0.08	0.14	见表15-14的企业1-(1)数据
70℃S	0.13	0.18	0.19	

这是因为单位表面浸润液体量400 mL袋＞200 mL袋＞100 mL袋，浸提液浓度400 mL袋＜200 mL袋＜100 mL袋，因此，还原物质值400 mL袋＜200 mL袋＜100 mL袋。

2) 不同材料的还原物质有差异:企业 1-(1)＜企业 1-(2)＜企业 2-(1)(见表 15-14)。

4. 薄片大小对试验结果的一致性验证

用于研究在不同大小的薄片上进行试验的结果是否具有差异?

(1) 方法:在同批、但不同大小的薄片上进行验证,各条件下三组按标准规定平行进行色泽、还原物质、酸碱度、蒸发残渣、紫外(UV)吸收、铵离子、氯离子、全部重金属等 8 项化学性能的检验(其中铵离子、氯离子、全部重金属、蒸发残渣仅做一组数据,酸碱度做二组数据)。

(2) 实验条件。

观察项目:8 个。

制备条件:3 个。

条件一:薄片、$1500\ cm^2/250\ mL\ H_2O$、$1\ cm×1\ cm$($6:1$、$1×1$)。

条件二:薄片、$1500\ cm^2/250\ mL\ H_2O$、$5\ cm×1\ cm$($6:1$、$5×1$)。

条件三:薄片、$1500\ cm^2/250\ mL\ H_2O$、$10\ cm×1\ cm$($6:1$、$10×1$)。

袋体材料:3 个。

企业 1 的一种料——简称企业 1-(1),将做重点讨论。

企业 1 的另一种料——简称企业 1-(2)。

企业 2 的一种料——简称企业 2-(1)。

温度:4 个。

($121±2$)℃、$30\ min$、饱和蒸汽灭菌锅(121℃)。

($100±2$)℃、$2\ h$、饱和蒸汽灭菌锅(100℃)。

($70±2$)℃、$24\ h$、烘箱(70℃H)。

($70±2$)℃、$24\ h$、水浴(70℃S)。

(3) 结果汇总。

见附件,表 15-17 薄片大小对试验结果的一致性验证。

(4) 结果分析。

总体影响:在 8 个项目观察中,色泽、酸碱度、蒸发残渣、紫外(UV)吸收、氯离子、全部重金属 6 个项目随制备条件影响不明显,不做讨论。

铵离子受制备条件影响不明显,加入检测试剂后,均为澄清、淡黄色,不做讨论。

还原物质受制备条件影响,做重点讨论。

1) 薄片面积大小对还原物质有影响,但规律不明显,有待进一步认证。

2) 还原物质与浸出面积有关:若剪取的面积一致,则与制备过程实际接触液体面积有关。这又取决于下列因素:

① 从理论上来讲,薄片越小,侧面积越大,浸出浓度越大,还原物质值越大[如企业 1-(1)、企业 2-(1),见表 15-11]。

表 15-11　相同面积不同薄片大小的还原物质结果比较

	121℃、$1\ cm×1\ cm$	121℃、$1\ cm×10\ cm$
企业 1-(1)	0.6	0.52
企业 2-(1)	1.19	1.04

② 受到各制备温度影响,温度越大,浸出物质越多,还原物质越大[如企业 1-(1)、企业 2-(1),见表 15-12]。

表 15-12 不同材料相同薄片大小的还原物质结果比较

	121℃、1 cm×1 cm	100℃、1 cm×1 cm	70℃H、1 cm×1 cm	70℃S、1 cm×1 cm
企业 1-(1)	0.6	0.4	0.46	0.46
企业 2-(1)	1.19	0.7	—	—

③ 与高分子材料高温下黏性有关并与薄片面积有关,有些材料本身黏性不大,薄片面积越大,越不易粘连,浸出面积越小,还原物质越小[如企业 1-(2)、121℃,见表 15-13]。

表 15-13 一种黏性小材料不同薄片状态下的还原物质结果比较

1 cm×1 cm	<	1 cm×5 cm	<	1 cm×10 cm
0.91		0.96		1.11

5. 归纳
(1) 还原物质计算公式:
还原物质:

$$V = \frac{V_0 - V_S}{C_0} \times C_S$$

V—消耗 0.01 mol/L 硫代硫酸钠溶液的体积(mL)
　　　或消耗 0.01 mol/L 高锰酸钾溶液的体积(mL)
V_0—空白液消耗滴定液硫代硫酸钠溶液的体积(mL)
V_S—检验液消耗滴定液硫代硫酸钠溶液的体积(mL)
C_S—滴定液硫代硫酸钠的实际浓度(mol/L)
C_0—标准中规定的硫代硫酸钠滴定浓度(0.01 mol/L)
　　　或标准中规定的高锰酸钾滴定浓度(0.01 mol/L)

(2) 上述四个试验还原物质数据总结如下:
1) 同种规格容器、不同温度影响:121℃>100℃>70℃S>70℃H。
2) 同种薄片面积、不同温度影响:121℃、100℃时 6:1 薄片≥400 mL 袋,近似 200 mL 袋。
3) 同材料、同温度下不同容器规格影响:100 mL 袋>200 mL 袋>400 mL 袋。
4) 同材料、同温度下薄片与容器影响:6:1 薄片≥400 mL 袋,制备温度越高数值越接近。
5) 同材料、不同薄片面积影响:差距不大,规律不明显。
6) 同规格、同温度、不同材料影响:企业 1-(1)<企业 1-(2)<企业 2-(1)。
7) 在四项制备条件下,还原物质最小值条件为 70℃烘箱、400 mL 袋,最大值条件为 121℃、100 mL 袋,相差 0.9。因此,同种规格容器,四种条件不能互代。
(3) 关于铵离子。
多项实验证实,薄片和袋体检验液在加入检测试剂后浊度不一样。薄片状为澄清、淡黄色液;袋体状为白浊、淡黄色液。浊度按温度不同略有不同:70℃H<100℃<70℃S<121℃。

附件：

表 15-14　不同的样品制备条件下的实验结果的一致性验证

样品	测试项目	121*400袋	100*400袋	70H*400袋	70S*400袋	121*200袋	100*200袋	70H*200袋	70S*200袋	121*100袋	100*100袋	70H*100袋	70S*100袋	标准
企业1-(1)	还原物质	0.56	0.13	0.03	0.13	0.93	0.39	0.08	0.18	0.93	0.41	0.14	0.19	1.5
	酸碱度	0.04	0.08	0.08	0.08	0.08	0.08	0.08	0.08	0.12	0.08	0.08	0.08	0.4
		0.04	0.04	0.04	0.04	0.04	0.04	0.04	0.04	0.04	0.04	0.04	0.04	0.8
	蒸发残渣	2.2	未检出	未检出	未检出	未检出	未检出	2.2	未检出	未检出	0.4	未检出	/	5 mg/100 mL
	紫外线(UV)吸收	0.017	0.024	0.025	0.014	0.029	0.032	0.029	0.045	0.038	0.038	0.037	0.008	0.2
	铵离子	浅标准,浊	浅标准,微浊	浅标准,浊	浅标准,浊	浅标准,浊	浅标准,微浊	浅标准,清	浅标准,浊	浅标准,浊	浅标准,微浊	浅标准,微浊	浅标准,浊	0.8 mg/L
	氯离子	浅标准	浅标准	浅标准	浅标准	浅标准	浅标准	浅标准	浅标准	浅标准	浅标准	浅标准	浅标准	4 mg/L
	全部重金属	浅标准	浅标准	浅标准	浅标准	浅标准	浅标准	浅标准	浅标准	浅标准	浅标准	浅标准	浅标准	1.6 mg/L
	色泽	无色	无色	无色	无色	无色	无色	无色	无色	无色	无色	无色	无色	无色
企业2-(1)	还原物质	0.79	/	/	/	1.2	0.44	0.4	0.56	1.33	/	/	/	1.5
	酸碱度	0.08	/	/	/	0.08	0.08	0.08	0.08	0.08	/	/	/	0.4
		0.04	/	/	/	0.04	0.04	0.04	0.04	0.04	/	/	/	0.8
	蒸发残渣	/	/	/	/	/	/	/	/	/	/	/	/	5 mg/100 mL
	紫外线(UV)吸收	0.013	/	/	/	0.021	0.015	0.024	0.12	0.042	/	/	/	0.2
	铵离子	浅标准,浊	/	/	/	浅标准,浊	浅标准,微微浊	浅标准,浊	浅标准,微浊	浅标准,浊	/	/	/	0.8 mg/L
	氯离子	浅标准	/	/	/	浅标准	浅标准	浅标准	浅标准	浅标准	/	/	/	4 mg/L
	全部重金属	浅标准	/	/	/	浅标准	浅标准	浅标准	浅标准	浅标准	/	/	/	1.6 mg/L
	色泽	无色	/	/	/	无色	无色	无色	无色	无色	/	/	/	无色

样品	测试项目	121*400袋	100*400袋	70H*400袋	70S*400袋	121*200袋	100*200袋	70H*200袋	70S*200袋	121*100袋	100*100袋	70H*100袋	70S*100袋	标准
企业1-(2)	还原物质	0.71	/	/	/	1.06	0.48	0.4	0.27	1.24	/	/	/	1.5
	酸碱度	0.08	/	/	/	0.08	0.08	0.08	0.08	0.04	/	/	/	0.4
		0.04	/	/	/	0.04	0.04	0.04	0.04	0.04	/	/	/	0.8
	蒸发残渣	/	/	/	/	/	/	/	/	/	/	/	/	5 mg/100 mL
	紫外线(UV)吸收	0.032	/	/	/	0.04	0.047	0.055	0.023	0.053	/	/	/	0.2
	铵离子	浅标准、浊	/	/	/	浅标准、浊	浅标准、微微浊	浅标准、微微浊	浅标准、微微浊	浅标准、浊	/	/	/	0.8 mg/L
	氯离子	浅标准	/	/	/	浅标准	浅标准	浅标准	浅标准	浅标准	/	/	/	4 mg/L
	全部重金属	浅标准	/	/	/	浅标准	浅标准	浅标准	浅标准	浅标准	/	/	/	1.6 mg/L
	色泽	无色	/	/	/	无色	无色	无色	无色	无色	/	/	/	无色

表 15-15　不同的样品状态条件下的试验结果的一致性验证

样品	测试项目	121*1:1片	100*1:1片	121*400袋	100*400袋	121*200袋	100*200袋	121*100袋	100*100袋	标准
企业1-(1)	还原物质	0.6	0.4	0.56	0.13	0.93	0.39	0.93	0.41	1.5
	酸碱度	0.06	0.08	0.04	0.08	0.08	0.08	0.12	0.08	0.4
		0.05	0.04	0.04	0.04	0.04	0.04	0.04	0.04	0.8
	蒸发残渣	0.5	1.8	未检出	未检出	未检出	未检出	未检出	未检出	5 mg/100 mL
	紫外线(UV)吸收	0.086	0.103	0.017	0.024	0.029	0.032	0.038	0.038	0.2
	铵离子	浅标准、清	浅标准、清	浅标准、浊	浅标准、微浊	浅标准、浊	浅标准、微浊	浅标准、微浊	浅标准、微浊	0.8 mg/L
	氯离子	浅标准	浅标准	浅标准	浅标准	浅标准	浅标准	浅标准	浅标准	4 mg/L
	全部重金属	浅标准	浅标准	浅标准	浅标准	浅标准	浅标准	浅标准	浅标准	1.6 mg/L
	色泽	无色	无色	无色	无色	无色	无色	无色	无色	无色

（续表）

样品	测试项目	121＊1:1片	100＊1:1片	121＊400袋	100＊400袋	121＊200袋	100＊200袋	121＊100袋	100＊100袋	标准
企业 2-(1)	还原物质	1.19	0.7	0.79	/	1.2	0.44	1.33	/	1.5
	酸碱度	0.1	0.12	0.08	/	0.08	0.08	0.08	/	0.4
		0.04	0.04	0.04	/	0.04	0.04	0.04	/	0.8
	蒸发残渣	/	未检出	/	/	/	/	/	/	5 mg/100 mL
	紫外线（UV）吸收	0.039	0.14	0.013	/	0.021	0.015	0.042	/	0.2
	铵离子	浅标准,清	浅标准,清	浅标准,浊	/	浅标准,浊	浅标准,微微浊	浅标准,浊	/	0.8 mg/L
	氯离子	浅标准	浅标准	浅标准	/	浅标准	浅标准	浅标准	/	4 mg/L
	全部重金属	浅标准	浅标准	浅标准	/	浅标准	浅标准	浅标准	/	1.6 mg/L
	色泽	无色	无色	无色	/	无色	无色	无色	/	无色
企业 1-(2)	还原物质	0.91	0.47	0.71	/	1.06	0.48	1.24	/	1.5
	酸碱度	0.08	0.08	0.08	/	0.08	0.08	0.04	/	0.4
		0.04	0.04	0.04	/	0.04	0.04	0.04	/	0.8
	蒸发残渣	/	/	/	/	/	/	/	/	5 mg/100 mL
	紫外线（UV）吸收	0.13	0.056	0.032	/	0.04	0.047	0.053	/	0.2
	铵离子	浅标准,清	浅标准,浊	浅标准,浊	/	浅标准,浊	浅标准,微微浊	浅标准,浊	/	0.8 mg/L
	氯离子	浅标准	浅标准	浅标准	/	浅标准	浅标准	浅标准	/	4 mg/L
	全部重金属	浅标准	浅标准	浅标准	/	浅标准	浅标准	浅标准	/	1.6 mg/L
	色泽	无色	无色	无色	/	无色	无色	无色	/	无色

表 15-16　不同规格的空容器的试验结果的一致性验证

样品	测试项目	条件一 121*400袋	条件二 121*200袋	条件三 121*100袋	标准
企业 1-(1)	还原物质	0.56	0.93	0.93	1.5
	酸碱度	0.04	0.08	0.12	0.4
		0.04	0.04	0.04	0.8
	蒸发残渣	2.2	未检出	未检出	5 mg/100 mL
	紫外线（UV）吸收	0.017	0.029	0.038	0.2
	铵离子	浅标准、浊	浅标准、浊	浅标准、浊	0.8 mg/L
	氯离子	浅标准	浅标准	浅标准	4 mg/L
	全部重金属	浅标准	浅标准	浅标准	1.6 mg/L
	色泽	无色	无色	无色	无色
企业 2-(1)	还原物质	0.79	1.2	1.33	1.5
	酸碱度	0.08	0.08	0.08	0.4
		0.04	0.04	0.04	0.8
	蒸发残渣	/	/	/	5 mg/100 mL
	紫外线（UV）吸收	0.013	0.021	0.042	0.2
	铵离子	浅标准、浊	浅标准、浊	浅标准、浊	0.8 mg/L
	氯离子	浅标准	浅标准	浅标准	4 mg/L
	全部重金属	浅标准	浅标准	浅标准	1.6 mg/L
	色泽	无色	无色	无色	无色

（续表）

样品	测试项目	条件一 121*400袋	条件二 121*200袋	条件三 121*100袋	标准
企业 1-(2)	还原物质	0.71	1.06	1.24	1.5
	酸碱度	0.08	0.08	0.04	0.4
		0.04	0.04	0.04	0.8
	蒸发残渣	/	/	/	5 mg/100 mL
	紫外线（UV）吸收	0.032	0.04	0.053	0.2
	铵离子	浅标准、浊	浅标准、浊	浅标准、浊	0.8 mg/L
	氯离子	浅标准	浅标准	浅标准	4 mg/L
	全部重金属	浅标准	浅标准	浅标准	1.6 mg/L
	色泽	无色	无色	无色	无色

表 15－17 薄片大小对试验结果的一致性验证

样品	测试项目	121*6:1 1*1片	121*6:1 5*1片	121*6:1 10*1片	100*6:1 1*1片	100*6:1 5*1片	100*6:1 10*1片	70H*6:1 1*1片	70H*6:1 5*1片	70H*6:1 10*1片	70S*6:1 1*1片	70S*6:1 5*1片	70S*6:1 10*1片	标准
企业 1-(1)	还原物质	0.6	0.68	0.52	0.4	0.47	0.48	0.46	0.55	0.54	0.46	0.59	0.56	1.5
	酸碱度	0.06	0.075	0.08	0.08	0.08	0.08	0.08	0.08	0.08	0.08	0.08	0.08	0.4
		0.05	0.05	0.06	0.04	0.04	0.04	0.04	0.04	0.04	0.04	0.04	0.04	0.8
	蒸发残渣	0.5	未检出	0.4	1.8	0.6	1	4.4	/	2.4	3.4	4.2	2.2	5 mg/100 mL
	紫外线（UV）吸收	0.086	0.092	0.096	0.103	0.094	0.088	0.091	0.097	0.077	0.094	0.08	0.089	0.2
	铵离子	浅标准、清	浅标准、清	浅标准、清	浅标准、清	浅标准、清	浅标准、清	浅标准、清	浅标准、清	浅标准、清	浅标准、清	浅标准、清	浅标准、清	0.8 mg/L
	氯离子	浅标准	浅标准	浅标准	浅标准	浅标准	浅标准	浅标准	浅标准	浅标准	浅标准	浅标准	浅标准	4 mg/L
	全部重金属	浅标准	浅标准	浅标准	浅标准	浅标准	浅标准	浅标准	浅标准	浅标准	浅标准	浅标准	浅标准	1.6 mg/L
	色泽	无色	无色	无色	无色	无色	无色	无色	无色	无色	无色	无色	无色	无色

（续表）

样品	测试项目	121*6:1 1*1片	121*6:1 5*1片	121*6:1 10*1片	100*6:1 1*1片	100*6:1 5*1片	100*6:1 10*1片	70H*6:1 1*1片	70H*6:1 5*1片	70H*6:1 10*1片	70S*6:1 1*1片	70S*6:1 5*1片	70S*6:1 10*1片	标准
企业 2-(1)	还原物质	1.19	0.79	1.04	0.7	/	/	/	/	/	/	/	/	1.5
	酸碱度	0.1	0.08	0.08	0.12	/	/	/	/	/	/	/	/	0.4
		0.04	0.04	0.04	0.04	/	/	/	/	/	/	/	/	0.8
	蒸发残渣	/	/	/	未检出	/	/	/	/	/	/	/	/	5 mg/100 mL
	紫外线（UV）吸收	0.039	0.038	0.04	0.14	/	/	/	/	/	/	/	/	0.2
	铵离子	浅标准,清	浅标准,清	浅标准,清	浅标准,清	/	/	/	/	/	/	/	/	0.8 mg/L
	氯离子	浅标准	浅标准	浅标准	浅标准	/	/	/	/	/	/	/	/	4 mg/L
	全部重金属	浅标准	浅标准	浅标准	浅标准	/	/	/	/	/	/	/	/	1.6 mg/L
	色泽	无色	无色	无色	无色	/	/	/	/	/	/	/	/	无色
企业 1-(2)	还原物质	0.91	0.96	1.11	0.47	/	/	/	/	/	/	/	/	1.5
	酸碱度	0.08	0.06	0.08	0.08	/	/	/	/	/	/	/	/	0.4
		0.04	0.04	0.055	0.04	/	/	/	/	/	/	/	/	0.8
	蒸发残渣	/	/	/	/	/	/	/	/	/	/	/	/	5 mg/100 mL
	紫外线（UV）吸收	0.13	0.132	0.137	0.056	/	/	/	/	/	/	/	/	0.2
	铵离子	浅标准,清	浅标准,清	浅标准,清	浅标准,清	/	/	/	/	/	/	/	/	0.8 mg/L
	氯离子	浅标准	浅标准	浅标准	浅标准	/	/	/	/	/	/	/	/	4 mg/L
	全部重金属	浅标准	浅标准	浅标准	浅标准	/	/	/	/	/	/	/	/	1.6 mg/L
	色泽	无色	无色	无色	无色	/	/	/	/	/	/	/	/	无色

（二）溶出物试验及分析

1. 试验液制备

试验液制备有关问题探讨：试样灭菌、温度、碎片、与水如何接触、霉菌、饱和析出率、国内不同地区温度差异、保存不同的溶液对薄膜的影响、灭菌后薄膜的收缩、不同季节地区使用时注意事项、DEHP 在血液中的测定、高温下溶液呈乳光、膜片间有无粘连等。

（1）定义。

萃取溶剂简称萃取剂，是指一种专用于测试塑料的液体。按有关标准规定使用萃取剂品种。

萃取溶液：用于生物、化学/物理反应萃取后的试验溶液。

试样：浸入萃取剂的那部分塑料。

空白样品：试验时不加入试样的萃取剂，用于与试验溶液比较。

（2）试样表面积。

试样的厚度一定时（一般小于 0.5 mm），试样的表面积与萃取剂的比例是决定试验溶液浓度的主要因素之一。国家标准规定其比例为 6：1，（注射用水为萃取剂），即试样的表面积为 1 500 cm² 加注射用水 250 mL；如用乙醇水溶液作萃取剂时，标准中规定加入的萃溶剂为塑料袋公称容量的一半。

（3）公称容量。

尽管在血袋国家标准中要求产品上给出公称容量的标志，但各企业对公称容量的理解还不甚统一，如：

1）有认为袋体的采血量为公称容量，有认为采血量＋抗凝剂量为公称容量，这就带来新的问题，同样的袋体大小因抗凝剂品种不同公称容量会有不同，因为同样采 400 mL 的全血加 ACD－B 方抗凝剂为 100 mL，则公称容量为 500 mL；加 CP2D 方抗凝剂为 56 mL，则公称容量为 456 mL。当然企业会依据抗凝剂品种适当调整袋体大小。

2）血袋的规格尺寸，一般是参考玻璃采血瓶的规格尺寸而制订的，其容量为采血量＋抗凝液量＋10％的空间，血袋的容量也应为采血量＋抗凝液量（无须 10％的空间）。国家标准对血袋有"推荐"性的尺寸。

3）由于血袋柔软，制作过程规格会有些变化，而且各制造厂家也不是严格按血袋标准推荐尺寸生产。

4）有的厂家除小规格（50 mL 以下）外，采血袋和转移袋的规格是有区别的，即采血袋的计量是采血量＋抗凝液量（400 mL 的采血袋实际上等于 500 mL）。所以按公称容量对塑料血袋制备试验溶液时，其萃取剂与面积的比例，会有较大的差别。如表 15－18。

表 15－18　血袋按公称容量加入萃取剂

(1) 按采血量作为公称容量(mL) (2) 按(采血量＋抗凝液量)作为公称容量(mL)	按公称容量的一半加入萃取剂量(mL)	袋(内侧宽×内侧高)(cm)*	袋表面积(cm²)	萃取剂与袋内表面积之比(mL/cm²)**
(1) 400 mL 血袋(指采血量) (2) 400 mL 血液＋100 mL 抗凝液＝500 mL	(1) 200 (2) 250	12×17.3	415.2	(1) 1：2.07 (2) 1：1.66

(续表)

(1) 按采血量作为公称容量(mL) (2) 按(采血量+抗凝液量)作为公称容量(mL)	按公称容量的一半加入萃取剂量(mL)	袋(内侧宽×内侧高)(cm)	袋表面积(cm²)	萃取剂与袋内表面积之比(mL/cm²)
(1) 200 mL 血袋(指采血量) (2) 200 mL 血液+50 mL 抗凝液=250 mL	(1) 100 (2) 125	11×14	308.0	(1) 1∶3.08 (2) 1∶2.46

注: *:袋体内侧宽×内侧高,各企业不一样;* *:比值也因各企业袋体大小不一,会有区别。

表 15-18 提示:以公称容量加萃取剂时,采用小规格(公称容量小)的袋,萃取剂与袋内表面积之比(mL/cm²)会大一些(1∶3.08 或 1∶2.46),试验溶液的浓度和检出值比起大规格袋将明显升高;因对公称容量的理解不同,同样容积大小的袋体加入萃取剂的量也有不同,试验溶液的浓度和检出值也将不同,因此在进行配方研究,制备试验溶液时,试样与萃取剂的比例,以计算实际面积为好。

若以同样的萃取剂与袋内表面积之比(mL/cm²)加入萃取剂,则相同材料的各袋体试验溶液的浓度和检出值将比较接近,不同材料的试验溶液检出值可相互比较,从而选出较好材料。表 15-19 列出的是以 500 mL 袋体,袋内表面为 444 cm²(2×内侧高×内侧宽),加萃取剂 250 mL,计算得出萃取溶剂量 V 与袋内表面积 S 之比(mL/cm²)为 1∶1.78,其他袋体根据以下公式计算出加入的萃取剂量:

$$V(mL) = 袋内表面积\ S(cm^2)/1.78$$

表 15-19　以萃取剂量与袋内表面积之比为 1∶1.78 计算各袋体应加的萃取剂量

规格 (mL)	(内侧宽×内侧高) cm/cm² *	表面积 S cm²	萃取剂 mL	萃取溶剂量 V 与袋内表面积 S 之比(mL/cm²)
500	12×18.5=222	444	250	1∶1.78* *
400	12×17.3=207.6	415.2	233	以公式 $V=S/1.78$ 计算出
300	12×15=180	360	202	
200	11×14=154	308	173	
100	9×11=99	198	111	

注: *:袋体内侧宽×内侧高,各企业不一样;

　　* *:比值 1∶1.78 是以 500 mL 袋加 250 mL 萃取剂量计算出,也可根据检测溶度需求放大或减小。

(4) 试样。

1) 膜片:厚度小于 0.5 mm 以下,一般剪成 1 cm×1 cm 大小,总表面积为 1500 cm²(包括膜片的两个表面),加注射用水 250 mL,其与水的比例为 6∶1(侧面积可忽略不计),膜片在水中加温过程基本上互相不粘连,但冷却后,粘成一团。

2) 未灭菌空容器:采用未灭菌的空容器作试样,比采用装有保存液、抗凝剂等药液的已灭菌容器作试样的试验结果更合理和具有可比性。因为枸橼酸盐等抗凝剂或保养液会吸附于血袋袋体中,试验前并不能完全将其去除。其残留会对试验结果(特别是还原物质)带来干扰,甚至导致得到不合格结论。对此国家标准明确,对于蒸汽灭菌的血袋要在未灭菌的空容器上进行。

3）国家标准还规定："若使用热以外的灭菌方法，如 γ 射线、环氧乙烷、电子束灭菌，应用灭过菌的空血袋制备试验液"这样的规定既符合实际使用，也是更为严格的方法。因为上述灭菌法中，除环氧乙烷灭菌后，对产品的理化性能基本没有损伤外，其他的均有一定影响，如 γ 射线辐照后产品颜色变黄，pH 变化值有较大的下降，且其数值随辐照剂量的加大而增加等（如经水洗后再灭菌作试样，薄膜表面受辐照影响而降解的产物即溶于水而被洗去），因此直接用灭菌的产品作试样是合理的。

2. 萃取溶剂（水）的 pH 值

pH 值是表示溶液酸碱度的一种方法，凡溶液中氢离子浓度在 $1 \times 10^{-1} \sim 1 \times 10^{-14}$ mol/L 均可以用 pH 值表示。它的定义为：$pH = -Log[H^+]$。

pH 的最高值和最低值在理论上并无限制，但在习惯上以 0～14 为适用范围。在约 25℃ 时水溶液的 pH 值等于 7 时为中性，小于 7 时为酸性，大于 7 时为碱性。每升溶液中有 1 摩尔氢离子时 pH＝0，每升溶液中有 1 摩尔氢氧离子时 pH＝14（因为水溶液中，氢离子浓度与氢氧离子浓度的乘积为常数，即 $[H^+][OH^-] = 10^{-14}$，当 $[OH^-] = 1$ 时，则 $[H^+] = 10^{-14}/[OH^-] = 10^{-14}/1 = 10^{-14}$，则 $pH = -Log[H^+] = -Log10^{-14} = 14$。

pH 测定常用电位法，或酸碱滴定法、比色法等。严格地说，应用电位法测量出来的不是溶液中的氢离子浓度，而是它的平均活度。但在分析化学领域里用 $pH = -Log[H^+]$ 式表示是允许的，因为，它所引起的误差在许可范围以内，在配方研究阶段用电位法测定还是比较方便的。

输血用聚氯乙烯膜片作试样时，大多数品种的水浸液其 pH 值是下降的。因为聚氯乙烯树脂在光、热、射线的作用下，释放出 HCl 溶于水，使溶液中的氢离子浓度增加，pH 值下降，而当同一个样品（释放出的 HCl 量相同）试验时，pH 的变化值又与试验用水自身 pH 值的大小有关，如试验用水 pH 接近中性，则试验液 pH 值变化就较大，如试验用水 pH 偏离中性较多，试验液的 pH 值变化也就较小，见表 15-20，故 1977 版《中华人民共和国药典》附录第 65 页规定"加入 pH 值为 5.5～6.5 的注射用水"。其原因是与塑料中含有的两性金属皂类稳定剂（如锌、铝）能调节 pH 有关，参考本书第六章第二节三中的（二）稳定剂。

表 15-20　同一种试样，用不同 pH 值的注射用水制备试验液，测定 pH 值结果

试验用水 pH ＼ 试验次数	1	2	3	4	平均
	每次测定：以 3～5 袋的 pH 值下降平均数作为结果				
5.00	0.05	0.01	0.04	0.04	0.04
6.00	0.42	0.65	0.57	0.66	0.58
7.00	0.77	1.00	0.91	1.05	0.93

3. 萃取温度

参见表 15-21。

表 15-21 国家标准及部分国家药典萃取温度

标准	中国 GB 14232.1—2004/ISO 3826-1:2003	ISO 3826 1993	USP XXII	Ep-81	DIN-68361-83	欧洲药典	WHO 76 487	日本厚生省66号修改	瑞士意大利
温度	120℃±2℃	121℃±1℃	70℃	110℃	120℃	110℃	110℃	120℃	110℃
时间	30 min	20 min	24 h	30 min	30 min	30 min	30 min	30 min	30 min

(1) 美国材料协会(ASTM)规定的塑料萃取条件。

27℃±1℃　　　　120 h

50℃±2℃　　　　72 h

70℃±2℃　　　　24 h

121℃±2℃　　　2 h

(2) 国家标准(采用国际标准)。

121℃±2℃　　　30 min

100℃±2℃　　　2 h

70℃±2℃　　　　(24±2)h

(3) 中国医学科学院生物医学工程所引用的国外资料。

50℃±2℃　　　　72 h

70℃±2℃　　　　24 h

121℃±2℃　　　1 h

(4) 讨论。

1) 关于塑料血袋的灭菌温度,在本书第十三章第四节《血液抗凝剂/或保存液的生产过程有关问题探讨》灭菌中已有初步讨论,本节主要涉及"萃取条件"。对每一试验液来说,其萃取浓度应该由塑料中某一成分在某一溶剂中的溶解度来决定,而不同的温度只决定其溶解的速度,也就是说,温度越高,溶解速度越快,所需的时间越短。但温度的升高是受塑料的质量限制的,如普通聚氯乙烯当温度上升到100℃以上时即开始降解变质。为此,认为塑料血袋萃取温度不宜过高。

2) 表 15-21 中列出国家标准、国际标准及国外部分发达国家药典中有关萃取温度的规定,萃取温度基本有三类:①121℃;②110℃;③70℃;萃取时间也有三类:①30 min;②20 min;③萃取温度为 70℃时较特殊,为 24 h。

3) 规定萃取条件的依据是否按生产工艺制订?国内大输液(塑料袋)灭菌参数是 110℃±2℃,30 min,国内血袋灭菌参数是 110℃±2℃,30 min 或 112~118℃,30 min 等;输液器环氧乙烷灭菌参数是 45～55℃,5~10 h 等。国外各个国家塑料血袋灭菌参数不甚相同,从110℃,30 min 至 120℃,30 min 不等,大多数国家为 110℃,30 min。看来工艺过程参数不是主要依据,但却是重要参考。

4) 是否按被析出物达饱和状态来规定呢?笔者认为这是一种方法,但也比较复杂。例如薄膜的吸水率就是这样设定的,其条件是配方中所含有的成分已确定,而且是以水为萃取溶剂。如原上海 4 号配方塑料薄膜,在室温浸入水中 4～5 天,吸水率达饱和状态。若将水的温度提高到 50℃,则 2 h 就可达饱和状态。于是测定吸水率的方法就可规定为:"50℃水温,浸泡 2 h"。但如塑料配方中改变稳定剂(或其他助剂),这种稳定剂溶解度又很大,有可能十分缓慢地从塑料薄膜中全部溶解出来,这时饱和吸水率就不能用 50℃水温、浸泡 2 h 进行试验,而必须用新的方法验证,建立新的方法进行试验。又因为塑料配方中的成分与萃取溶剂(水、乙醇、枸橼酸盐、血液、血液成分等)及萃取条件之间的联系是非常密切而又十分复杂的,所以应尽可能模拟实际状况,分别作系列验证以更好地建立试验方法。

三、血袋的微生物不透过性试验

取数只空血袋在无菌条件下加入培养基(如酪蛋白胨大豆粉肉汤培养基)至公称容量,密封。将血袋或血袋的适宜部分浸入试验菌悬液(如枯草杆菌变种 NCTC 10073,菌含量约 10^6 CFU/mL)中至少 30 min。取出后用无菌水清洗,将血袋置于适合试验菌生长的温度(如枯草杆菌需 37℃)下培养至少 7 天。

以相同方式制备 1 个血袋,向其内装液接种 1 mL 试验菌悬液用作阳性对照,也可以将培养基注入血袋后穿刺血袋的特定区域,再将血袋浸入试验菌液内用作阳性对照。

检查内装液是否有微生物生长,阳性对照应呈现混浊,试验样品应不混浊。

第四节　塑料血袋长期保存后的质量检测

塑料血袋,不仅要检测其"新"状态时的性能,更重要的是还应检测在各种不同条件下,长期保存后的性能是否有变化。

一、长期保存试验

其方法是首先制订研究计划,包括样品的数量、包装方法、保存条件及保存地区、检测项目(包括称重)、检测数量(一般 3 袋)、保存时间、记录表格等。

试验条件和试验期可参考如下:

(1) 室温保存:至少保存 2 年,一般每 3 个月取样检测一次。

(2) 40℃±2℃:保存 2 个月,每 1 个月取样检测一次,根据经验,40℃保存 2 个月,约相当于一般室温保存 5 年。

(3) 潮湿保存:6 个月,本试验样品置恒温恒湿箱或浴室内,温度 30～35℃,湿度 95％～100％(浴室保存的温度和湿度应每天做记录)每月取样检测一次。

(4) 冰冻保存:样品必须外包纸盒,避免互相碰撞,置－20～－40℃低温冰箱,静止保存 7～10 天,取出样品置室温,静止融化,于第二天进行检测。

(5) 运输震荡试验:将样品置客车、卡车、火车等运输工具上,经不同地区、温度、气候,运输 2 000～3 000 km 后进行各项性能检测。

二、霉菌试验

塑料输血(液)袋在保存过程中,发现袋表面、塑料管有不同程度的霉菌,且随保存时间的延长,长霉现象也日益严重。据有关资料介绍霉菌可水解酯类化合物(增塑剂等)成为短链化合物及有机酸,并对这些水解产物加以利用,同时影响塑料薄膜的物理性能。袋外表面有霉菌,虽然对袋内药液未发现有影响,但是袋外表面的霉菌对采血特别是手术室会造成严重的污染。目前大多数生产企业均在生产过程中采取措施,使长霉问题基本上有所解决,但解决仍不彻底,长霉现象仍时有发生。关于如何进一步解决长霉问题在本书第十章第六节《关于塑料血袋长霉的问题》已有初步讨论,本节主要介绍霉菌的检测方法。

(一)无机盐琼脂玻璃培养皿法

1. 培养基制备

(1)成分:

硝酸铵(NH_4NO_3)	1.5 g
磷酸二氢钾(KH_2PO_4)	1.0 g
硫酸镁($MgSO_4 \cdot 7H_2O$)	0.5 g
氯化钾(KCl)	0.25 g
硫酸亚铁($FeSO_4 \cdot 7H_2O$)	0.002 g
蒸馏水(H_2O)	1 000 ml
琼脂	20～25 mg

(2)琼脂的冲洗与熔化。

琼脂是由海藻获得的碳水化合物,常被认为是一种较纯粹的固体化材料,尽管也含有少量营养物,可使霉菌作有限度的生长,但比例很小,实际上可以忽略。从市场上购得的琼脂是一种浅褐色的条状物,或者是一种细末状带灰色的粉末。条状琼脂制成的培养基,透明度较好,但不易熔化并要经过长期(2～3天)冲洗,将可溶性的杂质冲去,而粉状琼脂极易溶解,制备非常简单。

条状琼脂冲洗方法:按配方中规定的量,称取琼脂,放入大规格的烧杯内,将水管插入烧杯底部,用双层纱布扎紧烧杯口,然后微开水源开关,冲洗2～3天,再经蒸馏水洗涤1次后,即用双层纱布将水分绞干,加热熔化、过滤加入无机盐,并补充水分,使成1 000 ml,校正pH值至6.8,分装后经121℃灭菌30 min。

2. 试样准备

将被试薄膜或试片切成3 cm×3 cm大小,用肥皂擦洗,清水洗,再用蒸馏水洗,进入无菌室后试样表面再用75%乙醇溶液擦洗。

3. 霉菌孢子悬液的制备

(1)添加湿润剂无菌水的配制。

取20 ml蒸馏水加入0.02～0.03%的吐温-80(聚羟基乙烯油酸山梨醇酐)或吐温-60(聚氧乙烯山梨醇酐单硬脂酸酯)作为湿润剂,装入50 ml的三角烧瓶中,同时在烧瓶中放入清洁的玻璃小珠数个,烧瓶口塞棉花塞后进行湿热灭菌(121℃)30 min。

(2)单一孢子悬液的制备。

在无菌条件下,按每毫升$3×10^6$～$5×10^6$霉菌,分别接种在10 ml无菌水(试管)内,由于各种霉菌所产生的孢子数不等,相应的接种环数也有不同,一般在10 ml无菌水内的各种霉菌的用环量近似值见表15-22。

表 15-22　10 ml 无菌水内的各种霉菌的用环量近似值

名称	环量	名称	环量	名称	环量	名称	环量
黄曲霉	5环	黑曲霉	5环	杂色曲霉	5环	枝芽霉	6环
枯青霉	2环	园弧青霉	3环	拟青霉	2环	木弧青霉	1环
球毛壳霉	5~20环						

洗下并激烈振动每一根试管,使霉菌孢子彻底分散,随后用清洁的纱布过滤,并在显微镜下进行计数。方法是用细胞计数器分别读取 5 个中格内孢子的平均数,孢子的平均数×250×1000 即为每立方毫米内的孢子数,每种孢子悬液的浓度应为每毫升 $3×10^6 \sim 5×10^6$。

(3) 混合孢子悬液的制备。

将数种等量的单一霉菌孢子悬液装入 150~200 ml 已灭菌的三角烧瓶中,并充分振动混匀。在进行试验中,孢子悬液应随用随配。不得使用制备后超过 24 h 以上的霉菌孢子悬液。

4. 实验操作

在无菌室将熔化的无机盐琼脂培养基倒入玻璃培养皿内(20~25 ml)冷凝后,用清洁镊子将准备好的试样,平放并贴在无机盐琼脂平板培养基中央,然后将混合孢子悬液用喉头喷雾器喷在试样的表面,将玻璃培养皿盖好,置 28~30℃培养箱内培养。每一试样接种 3~5 只培养皿,同时做一阴性对照。

5. 试验期限及试验结果判定

(1) 试验期限为 28 天,每 7 天观察一次。

(2) 试验结果等级判定如下表 15-23。

表 15-23　试样霉菌生长结果

霉菌生长状况	等级	判定
试样表面及边缘看不到菌丝发育	0	没有长霉
试样边缘 1 mm 范围内有微弱菌丝发育	1	极轻微长霉
试样边缘 3 mm 范围内有微弱菌丝发育 试样表面霉菌分布的面积不超过总面积的 1/3	2	轻微长霉
试样表面霉菌分布的面积不超过总面积的 2/3	3	中等量长霉
试样表面几乎被霉菌全部覆盖	4	严重长霉

(二) 悬挂试验

本法适用于血袋或其他塑料空袋。按部颁标准 JB 840-66《电工产品霉菌试验方法》进行。将产品挂于恒温室并含有大量霉菌孢子的培养房内,培养 30~40 天。每 10 天观察一次袋表面是否长霉及长霉的状况。

(三) 霉菌菌种保存

霉菌菌种的长期保存需反复移植。菌种的移植必须在无菌室或无菌箱内进行。用于保存菌种的培养基有蔡氏、马铃薯、麦芽汁等斜面培养基。移植时试管的管口应通过火焰加热。加热时试管应置火焰中心并与之垂直,然后将试管移到火焰的边缘。接种针需预先在火焰上灼烧灭菌。灭菌时,接种针直竖在火焰上,灼烧至红色,再放置在75‰乙醇中冷却,再将其放在火焰上,将接种针上的乙醇残液烘干。然后用灭菌后的接种针从原菌株管中接取霉菌孢子移植到新鲜的斜面培养基上,在28~30℃温箱内培养7~10天,再在4~8℃的冷库中保存。每隔3个月移植一次,并定期进行镜检及外观检测,以鉴别菌种,如发现有杂菌污染,必须重新分离、纯化后方可使用或保存。

(四)玻璃载片标本的制备

制片剂:如用水作为制片剂,因水蒸发较快,并常使菌丝由于水的渗透而发生膨胀,因而有较大的缺点。目前常用的制片剂是乳酸苯酚溶液,其成分有:

苯酚(结晶)	10 g
乳酸(糖浆状,比重1.2)	10 g
甘油	20 g
蒸馏水	10 g

将苯酚加在水中加热至溶解,然后加入乳酸及甘油。其折射率为1.45。

将一小滴制片剂放在清洁的玻璃载片中央,用无菌接种针由培养物上挑取极少量的典型霉菌,放在该液体的滴中,并用两根接种针极小心地将霉菌拉开,直到它全部被打湿,然后盖上盖玻片,并尽可能地避免气泡盖入。

(五)保存及制备霉菌孢子悬液所需的培养基

1. 蔡氏培养基

成分:
硝酸钠	NaNO$_3$	3.0 g
磷酸氢二钾	K$_2$HPO$_4$	1.0 g
硫酸镁	MgSO$_4$·7H$_2$O	0.5 g
硫酸亚铁	FeSO$_4$·7H$_2$O	0.01 g
氯化钾	KCl	0.5 g
琼脂		20 g
蒸馏水	H$_2$O	1 000 ml

pH:6.8

配制:将磷酸盐先溶解于水中,其他盐类溶解于另一水中,然后混合加水至1 000 ml。将琼脂加热熔化后,加入蔗糖20 g溶解过滤,校正pH值后分装于清洁试管中(每管4~5 ml)。塞紧棉花塞,在121℃蒸汽灭菌30 min,然后将试管放置在与水平面倾斜(约15°)的台面上,冷凝后即可使用。

2. 马铃薯琼脂培养基

将无伤痕的马铃薯用水洗净,去皮去芽眼,切成约10 mm小块。取马铃薯块200 g加水一升,煮沸一小时,立即用纱布滤去马铃薯块,补充水量至一升,加葡萄糖20 g,琼脂20 g。加热使琼脂熔化,分装至试管进行蒸汽121℃,30 min灭菌,制成斜面,待用。

3. 麦芽汁培养基

将麦芽汁稀释到比重为1.05,取1 000 ml加入琼脂20 g加热熔化,蒸汽灭菌(0.75 kg/cm^2)20 min。由于麦芽汁呈显著酸性反应,故灭菌时间不能太长。

需要注意的是,GB 14232标准中货架寿命的概念与血袋产品的有效期的概念是不同的。

标准中对货架寿命的定义是"灭菌和有效期之间的时间段",并规定超过有效期后塑料血袋不得用于采血。这是对采血有效期的描述,而不是产品采血后血袋的贮存有效期。目前部分血袋产品的有效期国内一般规定为 2 年,国外规定为 3 年。而血浆的有效期为 4~5 年。因此,实际使用过程中,分离的血液成分的有效期会超过血袋的有效期,在临床使用过程中存在一定的争议。因此血袋生产企业应明确二者之间的区别,加强产品质量稳定性的相关研究,确保满足临床血液及血液成分储存的要求。

塑料血袋从研究成功到生产使用已有半个世纪,随着技术的发展,国内市场产品形式不断丰富,产品的设计和构型不断改进提高,其性能也不断完善。但质量的提高是无止境的,产品的检验方法、聚氯乙烯新配方、血袋新材料的研究都已经取得初步成果,非 DEHP 增塑的聚氯乙烯材料,热塑性弹性体(TPE)、热塑性聚氨酯(TPU)新产品也已投入临床应用。GB 14232 系列标准自 1993 年发布以来,历经两次修订,目前已基本与 ISO 3826 系列标准同步且技术内容等同,确保了产品在安全性和有效性方面达到要求。这些举措都将为促进我国输血事业发展、保障人民的生命及健康提供有力的技术支撑!

参 考 文 献

[1] Lelbo JP. Effect of freezing on marrow stem cell suspensions inter actions of cooling and warming rates in the prosence of PVP suerose of glyceral [J]. Cryobiology, 1970,6:315.

[2] Valeri CR. The relation between response to hypotonic strees and the ^{51}Cr recovery in vivo of preserved platelets [J]. Transfusion, 1974,14:331.

[3] 佐古英. フタル酸エステルを含有しない医疗用ポリ盐用ポリ盐化用ビニル(MEDIDEX)[J]. Plastics, 1978,(3):75 - 82.

[4] 上海市合成树脂研究所. 塑料工业[M]. 北京:石油化学工业出版社,1978:45.

[5] 顾庆超. 化学用表[M]. 南京:江苏科学技术出版社,1979:2,3,83,139.

[6] 高峰,柏乃庆,徐家善. 血小板液态保存[J]. 国外医学:输血及血液学分册,1982,2:67 - 70.

[7] 巫金东,等. 氟塑料的性能及其在液氮阀密封中的应用[J]. 低温工程,1982,4:17.

[8] 马恩. 低温保存外周血造血干细胞技术及对急性放射病治疗效果[J]. 国外军事医学参考资料(放射医学),1982,4:136.

[9] 陈厚初,吴校歧,石人优,等. 人骨髓细胞 4℃ 保存和临床应用[J]. 上海医学,1983,6:331 - 335.

[10] Snyder EL, et al. Extender storage of platelets in a new plastic container. II. In vivo response to infusion of plateletsstored for 5 days [J]. Transfusion, 1985,25:209.

[11] 柏乃庆. 人体保存[M]. 上海:上海科学技术出版社,1985:72 - 76,100 - 102.

[12] 山西省化工研究所. 塑料橡胶加工助剂[M]. 北京:化学工业出版社,1985.

[13] Pietersz RNL. et al. Preparation of leukocyte-poor platelet concentrates from buffy coats. II. Lack of effect on storage of different plastics [J]. Vox Sang, 1987,53:208.

[14] 何馥瑛,钱宝根,冯志雄,等. 聚氯乙烯输血输液器材辐射灭菌技术研究[J]. 核技术,1987,(7):9 - 14.

[15] 庞学然,陆琳,周瑶,等. [60]Co - γ 射线对聚氯乙烯输血(液)袋灭菌效应的研究[J]. 中国输血杂志,1988,1(3):112 - 115.

[16] 郎洁先,金来凤,陈瑶华,等. 聚氯乙烯输血(液)袋辐射灭菌后的理化性能研究[J]. 中华血液学杂志,1988,9(6):346 - 348.

[17] 吕世光. 塑料助剂手册[M]. 北京:中国轻工业出版社,1988.

[18] 范建军,林建华. EVA 在 PVC 电缆料中应用的研究[J]. 中国塑料,1989,3(1):31 - 36.

[19] 肖星甫. 成份输血(第六讲)[J]. 中国输血杂志,1989,2(2):97 - 99.

[20] Mcgann LE. 渗透性和非渗透性低温保护剂的作用[M]//低温医学进展. 陈炳坤,刘乃奎译. 佳木斯医学院,1989,51 - 54.

[21] Shimizu T, et al. A new polyvinyl chloride blood bag plsstized with less-leschable pHthalate ester analogue,di-n-de-cyl phtholate for storage of platelets [J]. Transfusion, 1989,29:292.

[22] 马盈三,谷金河. 几种 PVC 稳定剂的氧化光降解稳定作用及其协同效应[J]. 中国塑料,1989,3(1):41 - 47.

[23] Adren G, et al. Ultraviolet irradiation of platelet concentrates; feasibility in transfusion practice [J]. Transfusion, 1990,30(5):401 - 406.

[24] Capon SM, et al. Effective ultraviolet irradiation of platelet concentrates in Teflon bags [J]. Transfusion, 1990,30(8):678-681.

[25] 河岛道雄,等.成份采血由来10单位浓厚血小板保存用 bag の检讨[J].日本输血学会杂志,1991,34:236.

[26] 田村容子,等.新规可塑剂を含なポリ盐化ビニル制バッゲによるヒト血小板の保存[J].日本输血学会杂志,1991,34:238.

[27] 石川善英,等.ジコー放电处理バッゲの实用化の检讨[J].日本输血学会杂志,1991,34:235.

[28] 佐藤畅,等.血液保存バッゲ容积に关ゐ为检讨[J].日本输血学会杂志,1991,34:234.

[29] Holme S, et al. Platelet storage lesion in second generation containers:correlation with platelet ATP levels [J]. Vox Sang, 1987,53:214.

[30] 高桥恒夫,等.血小板输血たおける同种免疫防止对策[J].血液事业,1992,15:455.

[31] 西村元子,等.紫外线の血液バッゲ透过性と浓厚血小板制剂中のリニパ球不活化效果[J].日本输血杂志,1992,38:47.

[32] Gazda RF.超高分子量聚氯乙烯[J].吴文庆译.国外塑料,1992,2:29-32.

[33] 姜跃琴,郎洁先,金来凤,等.医用深低温保存袋的破损研究[J].中国输血杂志,1992,5(3):123-126.

[34] 郎洁先,金来凤,柏乃庆,等.医用深低温保存袋的研究[J].上海医学,1992,15(10):559-562.

[35] 王桂恒.高分子材料成型加工原理[M].北京:化学工业出版社,1992:312.

[36] 刘嘉馨.血小板贮存袋研究进展[J].国外医学输血及血液学分册,1993,16(4):226-230.

[37] 王憬惺.光化学、光生物学和输血医学[J].中国输血杂志,1993,6(4):227-231.

[38] 李桂英,唐燕萍,郎洁先,等.SX9207 塑料血袋保存血小板的临床应用[J].上海医学,1993,16(12):729-730.

[39] 潘丽华,郎洁先,金来凤,等.塑料血袋烯烃类配件用粘合剂的研究[J].中国粘结剂,1993,2(5):16-17.

[40] 朱桂香,黄志明,包永忠,等.高聚合度 PVC 的合成[J].聚氯乙烯,1994,2:8-13.

[41] 姜跃琴,潘丽华,金来凤,等.SX9207 血小板袋的研究[J].上海医学,1994,17(2):83-86.

[42] 斯钦达莱,华幼卿.高分子量 PVC 树脂增塑、填充体系的物理力学性能研究[J].中国塑料,1994,8(1):37-43.

[43] 谢如峰,许亚勇,徐澄清,等.白细胞过滤器及其临床应用[J].中国输血杂志,1995,8(2):102-104.

[44] 姜跃琴,郎洁先,潘丽华,等.SX9207 血小板袋保存血小板体外效果观察[J].中国输血杂志,1995,8(2):69-71.

[45] 郎洁先,姜跃琴,范慧珠,等.一次性使用光量子血疗袋的研究[J].上海医学,1995,18(6):366-368.

[46] 蔡永源.聚氯乙烯共混改性技术的发展[J].聚氯乙烯,1985,5:51-57.

[47] 许长青.合成树脂及塑料手册[M].北京:化学工业出版社,1996:18.

[48] 姜跃琴,郎洁先,苗惠英,等.一次性使用光量子血疗袋的透光率研究[J].中国输血杂志,1996,9(1):10-13.

[49] 傅长明.国外塑料改性材料的发展[J].国外塑料,1996,2:23-31.

[50] 魏雅洁,白晓鹏,姜洋,等.高聚合度 PVC 及其弹性体的加工性能[J].聚氯乙烯,1997,4:50-53.

[51] 窦强,郑昌仁,田春霞,等.不饱和极性单体对 HPVC/PP 共混物相容性影响[J].塑料科技,1997,1:1-5.

[52] 郎洁先,金来凤,李桂英,等.塑料输血用具大面积推广应用研究[J].医学研究通讯,1997,26(3):32-33.

[53] 姜跃琴.医用耐寒弹性聚氯乙烯塑料的研究及应用:上海市血液中心鉴定会资料[C].上海:1997.

[54] 姜跃琴,吴倬慧,陈军,等.加工助剂对医用 PVC 塑料耐寒性能的影响[J].塑料科技,1998,1,29-32.

[55] 杜仕国,高欣宝,宣兆龙.高分子合金的反应性增容技术与应用[J].中国塑料,1999,13(7):7-11.

[56] 余皎.我国聚烯烃发展现状及供应预测[J].中国塑料,1999,13(7):3-8.

[57] 谢如峰,许亚勇,黄宇闻,等.去白细胞输血过滤器在血浆病毒灭活中的应用[J].中国生物制品血杂志,1999,9(4):238-239.

[58] 姜跃琴,潘丽华,陈军,等.医用耐寒弹性聚氯乙烯塑料的研究及应用[J].中国输血杂志,2000,13(4):234-237.

[59] 何争春,温柏平,金银慧,等.血浆置换治疗慢性 ITP 疗效观察及实验分析[J].中国输血杂志,2000,13(3):177-178.

[60] 吴平,田青.医疗器械灭菌过程的确认和常规控制中的微生物检验[J].中国医疗器械信息,2002,8(5):12－14.

[61] 姜跃琴,姚蓝,王养敬,等.离心式机械单采血浆管路、贮存袋的研究[J].上海生物医学工程,2002,23(4):55－60.

[62] 姬荣琴,杨明,张洋,等.乙烯共聚物弹性体在PP/LLDPE共聚物中的增韧作用[J].塑料科技,2003,159(1):22－25.

[63] 孙立梅,陈占勋.高聚合度聚氯乙烯树脂及其加工、改性的研究进展[J].聚氯乙烯,2003,1:1－6.

[64] 沈伟,曹常在,向欣芳,等.中国一次性医用塑料制品市场概况[J].中国塑料,2005,19(2):4－7.

[65] 杨文玲,刘军,陆宽正,等.Amicus和CS－3000Plus机采血小板效果的比较[J].临床输血与检验,2006,8(1):44－45.

[66] 温柏平.血细胞分离机:原理及临床应用[M].北京:人民卫生出版社,2007.

[67] 肖琴,陈卫东.MCSPlus与TrimaAccel红细胞采集系统的比较[J].武汉大学学报,2008,29(3):349－352.

[68] 陈国正.高聚合度聚氯乙烯树脂的开发[J].中国氯碱,2008,(6):17－20.

[69] 邱榕曦,张雅妮,孙琦,等.Amicus与CS－3000血细胞分离机采集外周血造血干细胞效果比较[J].临床输血与检验,2011,13(2):168－170.

[70] 周文玲,郝一文.三种不同型号的血细胞分离机在采集外周血单个核细胞中的应用分析[J].中国实验血液学杂志,2014,22(4):1103－1108.

[71] 苏旸,蔡天智.2016年医用高分子制品贸易现状及发展趋势[J].中国医疗器械信息,2017,23(5):19－23.

[72] 钱开诚,许晨,于一民,等.用AGN保存浓缩血小板悬液的效果观察[J].中国输血杂志,1991,4(4):163－167.

[73] 高峰.必须重视血液细菌污染的预防和控制[J].中国输血杂志,2004,17(4):221－222.

[74] 王新雨,赵公芝,胡开瑞.血液和血液成分的细菌污染现状及对策[J].中国输血杂志,2000,13(3):212－213.

[75] 孙红霞,王建卫.介绍一次性袋采样装置的塑料血袋[J].中国实用医药,2008,3(27):215－216.

[76] 张红卫,张传兴,沈云青,等.一次性塑料血袋临床应用效果观察[J].山东医药,2013,53(34):23.

[77] 刘维红,樊红.安全式采样血袋在血液采集及留样中的应用体会[J].中国误诊学杂志,2007,7(4):896.

[78] 杨勇,冉红芹,温书连,等.血液留样取样器:CN 202078316 U[P/OL].2011－12－21[2021－04－01].http://pss-system.cnipa.gov.cn/sipopublicsearch/patentsearch/searchHomeIndex-searchHomeIndex.shtml.

[79] 王明静,王建卫,李未扬,等.安全留样血袋:ZL200620010248.7[P/OL].2007－10－17[2021－03－25].http://pss-system.cnipa.gov.cn/sipopublicsearch/patentsearch/searchHomeIndex-searchHomeIndex.shtml.

[80] 杨建,曹金美,历吉霞,等.安全留样采血装置:CN101564301A[P/OL].2009－10－28[2021－03－25].http://pss-system.cnipa.gov.cn/sipopublicsearch/patentsearch/searchHomeIndex-searchHomeIndex.shtml.

[81] 李勤,刘太平.一种采血针防针刺保护装置及采用其的血液采集装置:CN 203776911 U[P/OL].2014－08－20[2021－04－01].http://pss-system.cnipa.gov.cn/sipopublicsearch/patentsearch/searchHomeIndex-searchHomeIndex.shtml.

[82] 刘琴玲.一种用于采血针的防针刺保护装置:CN 205612477 U[P/OL].2016－10－05[2021－03－24]http://pss-system.cnipa.gov.cn/sipopublicsearch/patentsearch/searchHomeIndex-searchHomeIndex.shtml.

[83] 李云.一次成型具有上下进出导管的血袋:ZL200820153906.7[P/OL].2009－09－16[2021－04－15].http://pss-system.cnipa.gov.cn/sipopublicsearch/patentsearch/searchHomeIndex-searchHomeIndex.shtml.

[84] 李勤,刘太平.一种顶底双通血袋结构:CN 204910103 U[P/OL].2015－12－30[2021－04－02].http://pss-system.cnipa.gov.cn/sipopublicsearch/patentsearch/searchHomeIndex-searchHomeIndex.shtml.

[85] 阎兵,邹元国,谈维.应用顶底袋保留白膜法制备浓缩血小板[J].临床输血与检验,2014,16(2):182－185.

[86] 余凤秀,周载鑫,沈秋,等.两种血袋白膜法制备浓缩血小板质量研究[J].实用临床医药杂志,2020,24(22):87－89,92.

［87］孟德颖，王鹏，李川. 一种新型血小板保存袋：CN 204072765 U［P/OL］. 2015 - 01 - 07［2021 - 04 - 02］. http://pss-system. cnipa. gov. cn/sipopublicsearch/patentsearch/searchHomeIndex-searchHomeIndex. shtml.

［88］王芹，吴唯，唐艳芳. 高透氧性聚氯乙烯材料及其制备方法：CN 104045935 A［P/OL］. 2014 - 09 - 17［2021 - 04 - 15］. http://pss-system. cnipa. gov. cn/sipopublicsearch/patentsearch/searchHomeIndex-searchHomeIndex. shtml.

［89］唐艳芳，虞志成，徐晓辉，等. 一种高透氧型血小板贮存医用 PVC 材料及其制备方法：CN 104371210 B［P/OL］. 2016 - 09 - 07［2021 - 04 - 15］. http://pss-system. cnipa. gov. cn/sipopublicsearch/patentsearch/searchHomeIndex-searchHomeIndex. shtml.

［90］李云. 软质血液成分去白细胞过滤装置：ZL200820153904. 8［P/OL］. 2009 - 07 - 15［2021 - 04 - 25］. http://pss-system. cnipa. gov. cn/sipopublicsearch/patentsearch/searchHomeIndex-searchHomeIndex. shtml.

［91］李云，钱伟良，许斌，等. 软包装血液成分过滤装置及其加工方法：ZL200610028380. 5［P/OL］. 2009 - 05 - 27［2021 - 04 - 21］. http://pss-system. cnipa. gov. cn/sipopublicsearch/patentsearch/searchHomeIndex-searchHomeIndex. shtml.

［92］谢如峰，刘嬿，陆瑶，等. 去白细胞血小板过滤装置及使用的去白细胞过滤部件：ZL200620042964. 3［P/OL］. 2008 - 03 - 19［2021 - 04 - 25］. http://pss-system. cnipa. gov. cn/sipopublicsearch/patentsearch/searchHomeIndex-searchHomeIndex. shtml.

［93］许亚勇，黄宇闻，张钦辉，等. 血浆病毒灭活的方法及其装置：ZL98121328. 6［P/OL］. 2003 - 07 - 02［2021 - 04 - 21］. http://pss-system. cnipa. gov. cn/sipopublicsearch/patentsearch/searchHomeIndex-searchHomeIndex. shtml.

［94］黄宇闻，孙健芳，谢如峰，等. 医用病毒灭活箱：ZL200520048073. 4［P/OL］. 2007 - 02 - 21［2021 - 04 - 25］. http://pss-system. cnipa. gov. cn/sipopublicsearch/patentsearch/searchHomeIndex-searchHomeIndex. shtml.

［95］郎洁先，姜跃琴，程端平，等. 聚氯乙烯医用袋和/或医用导管：ZL93102095. 6［P］. 1998 - 01 - 14.

［96］姜跃琴，姚兰，郎洁先. 医用聚氯乙烯塑料及其制品：ZL03142093. 1［P］. 2009 - 04 - 08.

［97］徐研诺. 论 PVC - DEHP 组合在医疗器械中的正确使用［J］. 中国医疗器械信息，2013，19(3)：34 - 38.

［98］李玉，江智霞，王汇平，等. 一次性医疗用品中 DEHP 的安全性评价［J］. 护理研究，2013，27(10)：3203 - 3204.

［99］张莉，郑键，韩银，等. 医用聚氯乙烯医疗器械产品增塑剂(TOTM)安全性分析［J］. 塑料工业，2017，45(3)：138 - 141.

［100］Ge DF, Sun LH, Wen XJ. Discrimination of myocardial infraction using orthogonal ECG and fuzzy weighted method：2010 International Conference on System in Medicine and Biology［C］. 2010：55 - 60.

［101］黄元礼，王安琪，柯林楠，等. PVC 一次性输液器中 DEHP 和 TOTM 增塑剂溶出量对比［J］. 北京生物医学工程，2015，34(2)：161 - 165，174.

［102］王景春，汪洋. TOTM 增塑剂在 PVC 医用制品中的研究进展［J］. 中国医疗器械信息，2016，22(12)：124 - 126.

［103］钟伟勤，刘群，褚杰. 非邻苯类医用软聚氯乙烯塑料及其制备方法：CN 101215398 A［P/OL］. 2008 - 07 - 09［2021 - 04 - 16］. http://pss-system. cnipa. gov. cn/sipopublicsearch/patentsearch/searchHomeIndex-searchHomeIndex. shtml.

［104］夏小乐，夏袖民，张增英. 一种血袋专用的非邻苯类增塑的软氯乙烯塑料：CN 101787168 A［P/OL］. 2010 - 07 - 28［2021 - 03 - 30］. http://pss-system. cnipa. gov. cn/sipopublicsearch/patentsearch/searchHomeIndex-searchHomeIndex. shtml.

［105］唐艳芳，薛建民，王芹. 聚氯乙烯/聚氨酯弹性体医用材料及其制备方法：CN 104371211 A［P/OL］. 2015 - 02 - 25［2021 - 04 - 15］. http://pss-system. cnipa. gov. cn/sipopublicsearch/patentsearch/searchHomeIndex-searchHomeIndex. shtml.

［106］王志范，吕汝举，齐文浩，等. 一种医用高分子材料：CN 1618859 A［P/OL］. 2005 - 05 - 25［2021 - 03 - 25］. http://pss-system. cnipa. gov. cn/sipopublicsearch/patentsearch/searchHomeIndex-searchHome

Index. shtml.

[107] 余海斌,顾林,崔斌,等. 医疗输注器械用聚乳酸基聚氨酯弹性体材料及其制备方法：CN 105175676 B [P/OL]. 2018 - 01 - 02〔2021 - 03 - 30〕. http://pss-system. cnipa. gov. cn/sipopublicsearch/ patentsearch/searchHomeIndex-searchHomeIndex. shtml.

[108] 刘焕君. 一种输血器用聚丙烯改性材料及其制备方法：CN 105419092 A〔P/OL〕. 2016 - 03 - 23〔2021 - 03 - 30〕. http://pss-system. cnipa. gov. cn/sipopublicsearch/patentsearch/searchHomeIndex-searchHome Index. shtml.

[109] 李军生,周富莲,曲选金. 一种安全输液器：ZL200620049304. 8〔P/OL〕. 2008 - 01 - 30〔2021 - 04 - 07〕. http://pss-system. cnipa. gov. cn/sipopublicsearch/patentsearch/searchHomeIndex-searchHome Index. shtml.

[110] 马之骁,田学飞,苏超,等. 一种安全输液器：CN 104138621 B〔P/OL〕. 2016 - 04 - 20〔2021 - 03 - 25〕. http://pss-system. cnipa. gov. cn/sipopublicsearch/patentsearch/searchHomeIndex-searchHome Index. shtml.

[111] 周俊峰. 一次性使用避光输液器：ZL01261772. 5〔P/OL〕. 2002 - 09 - 04〔2021 - 03 - 25〕. http://pss-system. cnipa. gov. cn/sipopublicsearch/patentsearch/searchHomeIndex-searchHomeIndex. shtml.

[112] 周俊峰,张迎春,王志范. 医用避光塑料：ZL01114992. 2〔P/OL〕. 2004 - 08 - 18〔2021 - 03 - 25〕. http://pss-system. cnipa. gov. cn/sipopublicsearch/patentsearch/searchHomeIndex-searchHomeIndex. shtml.

[113] 徐永伟,穆肖斌,钟伟勤,等. 可避光医用软聚氯乙烯塑料及其制备方法：CN 101724211 A〔P/OL〕. 2010 - 06 - 09〔2021 - 04 - 19〕. http://pss-system. cnipa. gov. cn/sipopublicsearch/patentsearch/search HomeIndex-searchHomeIndex. shtml.

[114] 徐龙平,陆峰,韩梁. 一种适用于宽波避光的透明医用 PVC 材料及其制备方法：CN105237903 A〔P/ OL〕. 2016 - 01 - 13〔2021 - 04 - 19〕. http://pss-system. cnipa. gov. cn/sipopublicsearch/patentsearch/ searchHomeIndex-searchHomeIndex. shtml.

[115] 刘乔. 避光医用聚氯乙烯塑料的制备：CN108070174 A〔P/OL〕. 2018 - 05 - 25〔2021 - 04 - 19〕. http://pss-system. cnipa. gov. cn/sipopublicsearch/patentsearch/searchHomeIndex-searchHomeIndex. shtml.

[116] 夏欣瑞,李君,于红春,等 避光输液器：CN201441708 U〔P/OL〕. 2010 - 04 - 28〔2021 - 03 - 25〕. http:// pss-system. cnipa. gov. cn/sipopublicsearch/patentsearch/searchHomeIndex-searchHomeIndex. shtml.

[117] 朱学刚,陈俊. 复合避光医用管材：CN201410135 Y〔P/OL〕. 2010 - 02 - 24〔2021 - 04 - 19〕. http:// pss-system. cnipa. gov. cn/sipopublicsearch/patentsearch/searchHomeIndex-searchHomeIndex. shtml.

[118] 张维鑫,周紫英,刘华龙,等 一种用于避光输液器的导管：CN103861191 A〔P/OL〕. 2014 - 06 - 18〔2021 - 05 - 19〕. http://pss-system. cnipa. gov. cn/sipopublicsearch/patentsearch/searchHomeIndex-search HomeIndex. shtml.

[119] 许丽. 一种输液器：CN202777279 U〔P/OL〕. 2013 - 03 - 13〔2021 - 04 - 19〕. http://pss-system. cnipa. gov. cn/sipopublicsearch/patentsearch/searchHomeIndex-searchHomeIndex. shtml.

[120] 夏新瑞,邢玉珊,李勇,等. 多层复合型避光输液器：CN201862043 U〔P/OL〕. 2011 - 06 - 15〔2021 - 03 - 25〕. http://pss-system. cnipa. gov. cn/sipopublicsearch/patentsearch/searchHomeIndex-searchHomeIndex. shtml.

[121] 胡以文,王剑锋,陈俊. 一种安全型复合避光医用管材：CN203954267 U〔P/OL〕. 2014 - 11 - 26〔2021 - 04 - 19〕. http://pss-system. cnipa. gov. cn/sipopublicsearch/patentsearch/searchHomeIndex-search HomeIndex. shtml.

[122] 王佳英,时文凯,陈明. 输血/输液器：ZL99239603. 4〔P〕. 2000 - 08 - 02.

[123] 张维鑫,李军生. 输血器/输液器：ZL200720077236. 8〔P/OL〕. 2008 - 10 - 01〔2021 - 03 - 29〕. http:// pss-system. cnipa. gov. cn/sipopublicsearch/patentsearch/searchHomeIndex-searchHomeIndex. shtml.

[124] 刘凤燕. 新型输血输液器：ZL200920019953. 7〔P/OL〕. 2010 - 01 - 06〔2021 - 03 - 30〕. http://pss-system. cnipa. gov. cn/sipopublicsearch/patentsearch/searchHomeIndex-searchHomeIndex. shtml.

[125] 刘春雨,刘春华. 一种输液输血器：CN204468861 U〔P/OL〕. 2015 - 07 - 15〔2021 - 03 - 30〕. http://

pss-system. cnipa. gov. cn/sipopublicsearch/patentsearch/searchHomeIndex-searchHomeIndex. shtml.

[126] 周富莲,曲选金,李军生.一次性使用安全输血器:ZL200620049306.7[P/OL].2008 - 01 - 30[2021 - 03 - 29]. http://pss-system. cnipa. gov. cn/sipopublicsearch/patentsearch/searchHomeIndex-search HomeIndex. shtml.

[127] 邹小明.安全式一次性使用输血器:CN205386266 U [P/OL].2016 - 07 - 20[2021 - 03 - 29]. http:// pss-system. cnipa. gov. cn/sipopublicsearch/patentsearch/searchHomeIndex-searchHomeIndex. shtml.

[128] 黄中兰,蒲华蓉.一种精密输血器:CN203885926 U [P/OL].2014 - 10 - 22[2021 - 03 - 30]. http:// pss-system. cnipa. gov. cn/sipopublicsearch/patentsearch/searchHomeIndex-searchHomeIndex. shtml.

[129] 刘婵媛,何红燕.一种精确输血器:CN212575371 U [P/OL].2021 - 02 - 23[2021 - 03 - 30]. http:// pss-system. cnipa. gov. cn/sipopublicsearch/patentsearch/searchHomeIndex-searchHomeIndex. shtml.

[130] 周海燕,瞿海红,叶钰芳.一种新生儿专用输血器:CN211863467 U [P/OL].2020 - 11 - 06[2021 - 03 - 30]. http://pss-system. cnipa. gov. cn/sipopublicsearch/patentsearch/searchHomeIndex-searchHome Index. shtml.

[131] 贺芳,谭银奇.一种婴幼儿专用输血器:CN211357121 U [P/OL].2020 - 08 - 28[2021 - 03 - 29]. http:// pss-system. cnipa. gov. cn/sipopublicsearch/patentsearch/searchHomeIndex-searchHomeIndex. shtml.

[132] 李飞,杨周伟.多功能采输血器:CN204072883 U [P/OL].2015 - 01 - 07[2021 - 04 - 02]. http://pss-system. cnipa. gov. cn/sipopublicsearch/patentsearch/searchHomeIndex-searchHomeIndex. shtml.

[133] 杨爱莲,杨宝成.多功能采输血器:CN102430161 A [P/OL].2012 - 05 - 02[2021 - 03 - 30]. http:// pss-system. cnipa. gov. cn/sipopublicsearch/patentsearch/searchHomeIndex-searchHomeIndex. shtml.

[134] 晏绍军,陈俊,朱学刚.一种复合管材输血器:CN102085400 A [P/OL].2011 - 06 - 08[2021 - 03 - 30]. http://pss-system. cnipa. gov. cn/sipopublicsearch/patentsearch/searchHomeIndex-searchHome Index. shtml.

[135] 吴志敏.输血管:N201783082 U [P/OL].2011 - 04 - 06[2021 - 03 - 30]. http://pss-system. cnipa. gov. cn/sipopublicsearch/patentsearch/searchHomeIndex-searchHomeIndex. shtml.

[136] 林建勤.用全自动血液成分与手工操作法制备去白细胞悬浮红细胞及血浆的探讨[J].当代医药论丛, 2018,16(21):12 - 14.

[137] 程素华.全自动血液分离机在成分制备中的应用[J].长江大学学报,2016,13(12):77 - 78.

[138] 郎洁先,金来凤,陈瑶华,等.塑料输血液袋:87106027.2 [P].1991 - 01 - 06.

[139] 郎洁先,姜跃琴,张钦辉,等.盛装血液制品用的塑料容器及其应用:ZL92104250.7 [P].1999 - 12 - 17.

[140] 郎洁先,潘丽华,姜跃琴,等.机采浆输血器:ZL98223902.5 [P].1999 - 10 - 23.

[141] 李瑞,郎洁先,王廷全,等.一次性病毒灭活剂反应器:ZL00249045.5 [P].2001 - 08 - 01.

[142] 郎洁先,陈行,姜跃琴,等.负压采血器:ZL00249475.2 [P].2001 - 06 - 23.

[143] 姜跃琴,郎洁先,王庭全.血制品光化反应容器:ZL00127967.X [P].2004 - 06 - 30.

[144] 姜跃琴,郎洁先,王庭全.血小板保存袋及其制作方法:ZL 00125633.5 [P].2004 - 04 - 28.

[145] 姜跃琴,郎洁先,王庭全.医用深低温保存容器:ZL00259570.2 [P].2002 - 02 - 20.

[146] 姜跃琴,潘丽华,姚懿杨,等.密闭式无菌穿刺器:ZL200620048769.1 [P].2007 - 12 - 12.

[147] 姜跃琴,倪云根,潘丽华,等.一种耐高温高透光率光化学反应容器的制造方法:ZL 200610119383.X [P].2010 - 01 - 20.

[148] 姜跃琴,王曼丽,姚懿杨,等.一次性使用的避光式光敏剂储存释放件及其制造方法:ZL 200810035491.8 [P].2012 - 05 - 23.

[149] 郎洁先,潘丽华,姜跃琴,等.一次性使用塑料血袋:GB14232 - 93 [S].北京.中国标准出版社,1993.

[150] 俞美玲,施嬿平,郎洁先,等.输血(液)器具用软聚氯乙烯塑料:GB15593 - 1995 [S].北京.中国标准出版社,1995.

[151] 姜跃琴,郎洁先.一次性使用紫外线透疗血液容器:YY0327 - 2002 [S].北京.中国标准出版社,2002.

[152] 姜跃琴,张强,王养敬,等.一次性使用机用采血器:YY0328 - 2002 [S].北京.中国标准出版社,2002.

[153] 潘丽华,由少华,孙健芳,等.一次性使用离心式血浆分离器 第1部分:分离杯:YY0326.1 - 2002 [S].北京.中国标准出版社,2002.

[154] 姜跃琴,施嬔平,姚兰,等.一次性使用离心式血浆分离器 第2部分:血浆管路:YY0326.2-2002 [S].北京.中国标准出版社,2002.

[155] 吴平,秦冬立,由少华,等.人体血液及血液成分袋式塑料容器 第1部分:传统型血袋:GB14232.1-2004 [S].北京.中国标准出版社,2004.

[156] 由少华,姜跃琴,陈晓通,等.一次性使用离心式血浆分离器 第3部分:血浆袋:YY0326.3-2005 [S].北京.中国标准出版社,2005.

[157] 姜跃琴,由少华,姚兰,等.一次性使用离心杯式血液成分分离器:YY0584-2005 [S].北京.中国标准出版社,2005.

[158] 杨勇,由少华,周颖燕,等.一次性使用离心袋式血液成分分离器:YY0613-2007 [S].北京.中国标准出版社,2007.

[159] 黄斌,许亚勇,钱毅,等.一次性使用去白细胞滤器:YY0329-2009 [S].北京.中国标准出版社,2009.

[160] 姜跃琴,许亚勇,黄宇闻,等.一次性使用血液及血液成分病毒灭活器材 第1部分:亚甲蓝病毒灭活器材:YY0765.1-2009 [S].北京.中国标准出版社,2009.

[161] 吴平,姜跃琴,由少华,等.人体血液及血液成分袋式塑料容器 第3部分:含特殊组件血袋系统:GB14232.3-2011 [S].北京.中国标准出版社,2011.

[162] 吴平,姜跃琴,刘成虎.人体血液及血液成分袋式塑料容器 第2部分:用于标签和使用说明书的图形符号:GB14232.2-2015 [S].北京.中国标准出版社,2016.

[163] 刘嘉馨,王虹,胡政芳,等.血小板袋贮存性能 第2部分:血小板保存评价指南:YY/T 1286.2-2016. [S].北京.中国标准出版社,2017.

[164] 姜跃琴,张克,黄宇闻,等.医用血浆病毒灭活箱 YY/T1510-2017 [S].北京.中国标准出版社,2017.

[165] 施燕平,钟伟勤,张洪辉,等.医用输液、输血器具用聚氯乙烯粒料:YY/T 1628-2019 [S].北京.中国标准出版社,2019.

[166] 钟伟勤,姜跃琴,路中伟,等.输血(液)器具用软聚氯乙烯塑料:GB/T15593-2020 [S].北京.中国标准出版社,2020.

[167] 万敏,张丽梅,于浩,等.人体血液及血液成分袋式塑料容器 第1部分:传统型血袋:GB 14232.1-2020 [S].北京.中国标准出版社,2020.

[168] 贾彧飞,卢文博,高亦岑,等.一次性使用输血器 第1部分:重力输血式:GB 8369.1-2019 [S].北京.中国标准出版社,2019.

[169] 卢文博,洪梅,王辞海,等.一次性使用输血器 第2部分:压力输血设备用:GB 8369.2-2020 [S].北京.中国标准出版社,2020.

[170] 万敏,姜跃琴,杨勇,等.人体血液及血液成分袋式塑料容器 第4部分:含特殊组件的单采血袋系统:GB 14232.4-2021 [S].北京.中国标准出版社,2021.

后　记

　　1967 年塑料输血器材大协作研究成功以后，笔者亲自主持了将成果改进提高，并转化为生产力的工作，见证了我国塑料输血器材的发展，特别是发展初期的全过程。退休以后在心底一直有一个心愿，那就是努力挖掘我脑海中的记忆和工作记录，编写一本反映我国塑料输血器材发展史的书，以向后人展现每个参与者为之奋斗的精神和才能，现在经过一些同事和后生的帮助，以结合自身的工作经历和文献查新，又增加了许多新的内容，书稿终于得以完成。这令我感到无比欣慰，尽管其中还不乏遗憾。

　　塑料输血器材研究成功，国家级鉴定会结束，大协作组即自动解散。从此，我们自行组织示范性应用，但起初大多数医院并不欢迎。1970 年春节后，由苗惠英带领，周水娟、余国定等参与去上海市第一人民医院血库宣传应用塑料血袋，得到了该院的大力支持。从少量开始，使推广应用获得成功，终于一炮打响。一年采血 8 025 人次，临床医生反映使用方便安全，没有发生一例因细菌污染引起的输血反应。应该讲，我国塑料血袋的推广应用，始于上海市第一人民医院。

　　随着形势的好转，特别是在当时我们血站宋阁东书记的领导下，塑料血袋的应用也很快进入轨道。从 1971 年到 1980 年，从一家医院，扩大到全市 160 多个医疗单位，再从华东地区辐射到全国，用户日益增多，产品供不应求，终于把传统使用的玻璃血瓶、乳胶输血器送进了历史博物馆，使国内的塑料输血器材面貌焕然一新。后上任的张钦辉主任、陈进佩书记、王庭全经理、柏乃庆副主任等对该项工作都非常重视，给予大力支持。把我们组从独立小组并入血液研究所编制，并分配大学生、中专生、操作工，使其成为一个科室。在增加人力的同时给予配置设备，并把塑料输血器材的改进提高，新材料、新品种的研究也提到议事日程。

　　为了建立新材料、新品种、高端仪器检测试验手段，一个符合 GMP 管理的生产车间，解决灭菌、灭霉菌等工艺难点，姜跃琴、潘丽华、张立、姚兰和赵勃等先后组织攻关、倾心研究。我永远不会忘记同事们奋斗在一个个天空布满星辰的夜晚，永远不会忘记为了克服仪器缺少的困境，即使即将生产，姜跃琴仍深更半夜坚守在测试血小板保存试验的岗位上。正由于她坚持不懈的努力，取得了卓有成就的业绩，获得了多项发明和实用新型专利，并撰写了多个国家标准和行业标准！

　　当时由于我国工业生产的基础薄弱。能生产医用 PVC 塑料的单位少之又少，一切全靠自己摸索。为了开发塑料输血器材挤出工艺、热合工艺、黏合工艺，李桂英、杨荣华、王佳英、张国祯等同事呕心沥血、日以继夜地坚守在三班制的岗位上，他们认真观察和记录挤出机每一段温度的升降和相互关联、冷却水的质量和温度、最为重要的螺杆转速、牵引速度，并在每一次交班前后,仔细讨论分析,直到我们最终挤出了塑料膜厚薄均匀,导管直径、壁厚等符合生产要求的制品,为扩大生产打下了基础;他们中的王佳英还是各项试生产,无论数量或质量上的能手,也获得了输血/输液器实用新型专利。

为了扩大生产,满足日益增长的市场需求,在陶芷芬主任的带领下,在陈瑶华、陈玲漪、金亚芳、徐玉玲、石志成、王松才等人的艰辛奋斗下,扩大了生产能力,使日产量由原来的数百袋上升到数千乃至数万袋。为了保证产品的使用安全,降低生产过程中的微生物污染,他们非常认真地清洗管路、配制锅、过滤器等,尽可能减少药液中的原始污染菌,最难的是灭菌工艺的开发和控制,为充分保证产品灭菌后的无菌水平以及使用性能不受破坏,要在 70~80℃下逐只将灭菌过程中被粘连的血袋的上下两层拉开而不使其发生粘连。如果塑料袋降温过低,则很难拉开,这种方法用当今的眼光看很不科学,但在当时是没有办法的办法。多年以后,因有了姜跃琴等研制成的新型塑料血袋配方,才能较好地解决血袋表面的粘连问题。

一个新型产品的问世,一定会遇到与之相关的设备问题。董学鹏、沈金惠、王祖英等后勤师傅制成了全国第一台钳式小高频热合机、采血自动称量仪、分血浆夹(压浆板)等生产设备,合作建成了具有 70 万套/年生产能力的专用生产设备。他们还给灭菌锅装上钢化玻璃观察窗,在玻璃上涂一层肥皂,就可以在整个灭菌过程中清晰观察到塑料袋受热受压时产生的所有变化等。实践出真知,老师傅们都成了发明家。

当时的卫生部钱信忠部长对我们的开发研制工作给予了高度评价,他曾说:"你们这里有很多无名英雄。"我总把李桂英、苗惠英称之为无名英雄,她们在我心里确实无愧于这一称号!

李桂英积极参与下厂,在一次进行原材料配方试验中,不幸右手被拽入了高温高压机器中,手指被压成了血饼,她满眶泪水,强忍疼痛,没有一句怨言。她的手尽管在六院陈中伟教授、九院张涤生教授的精心治疗下痊愈,但还是留下了后疾,一遇天冷,伤手不仅红肿,还流血、流脓。尽管这样,她还是坚守在穿金属棒的岗位上,工作质量之好、速度之快,堪比能手。可谁又知道她由于右手不方便会借用自己的腹部顶,因此在她肚皮部位的衣服上留下了许多在穿金属棒时被顶穿的小孔。张钦辉主任了解情况后立即决定将她调至中心担任办公室主任。以后李桂英在新的岗位上发挥了重要作用,取得了卓有成就的业绩。

苗慧英是我们血液中心最早参加这一工作的,数十年如一日,工作积极主动,哪里有困难就往哪里去,解决了推广使用中的疑难问题。她骑着自行车去医院血库、病房,解决临床使用中遇到的各种问题,获得使用单位的一致好评。后来,她到远离单位地处吴江的联营厂蹲点,各方面条件都很艰苦,住在很旧、周围杂草丛生、蚊蝇成群的小房里,她日夜与厂方研究,改造旧房,安装设备,并手把手地指导他们使用,直至他们能独力生产输血器材。待条件好一些,她又筹备建设符合 GMP 质量标准的新厂房,她就是这样不停地带队前行。到后来,我们的新材料、新品种取得了可喜的成绩后,她却已到了退休年龄。她就是这样一个付出很多却得到很少的人。

我本人也融入到这一项光荣而伟大的事业中。在这一过程中,得到了各协作单位对我们的大力支持。我虽不是领导,但我从心底里感谢那些热情帮助过我们的老师和朋友们。如当时的红军塑料厂余先常科长、上海塑料制品二厂龚作名科长、上海注射针一厂吴歇钦科长,特别是上海化工厂、上海康德莱集团,他们对我们都总是有求必应。

上海化工厂是最早的配方研究协作单位,也是我们学习高分子化学最好的老师。在共同的研究中,我们与他们结下了深厚的友谊,以至于在大生产中他们是如此地重视:每一批生产要备七种原辅料,每一种又有很多批次,每一批次都要进行质量检查,检查合格后上报化工局,然后由化工局主持召开有用户参加的专题会,大家意见一致了,再宣布生产日程,并要求用户参加。厂方还规定从开始生产到结束,每一班都要有工程师一级的技术人员跟班巡视,他们一致认为,血袋是保存鲜血的工具,更密切关系到人民的身体健康,要选用最好的原料供应生产。总工程师冯兴根、二车间主任赵以真、电工俞师傅共同帮助,日夜加班,为我们修理严重受损的挤出机,冯总还为我们精心设计花纹薄膜的模具,还提议与我一同向上海市领导写汇报,要求大力支持,等等。

上海康德莱集团是我们所有各类配件的研制和供应者,从 20 世纪 70 年代开始,全部零部件,逐步转到他们厂,这是因为那时他们还是刚开办的小厂(现在已发展成现代化大集团),对我们的工作非常重视,工作方法特别好,厂长张宪淼亲力亲为,他常常加夜班,倾心研究,反复试验,一直到我们对配件满意为止。他们的技术科吴歇钦工程师说:我厂为你们设计的新配件所开制的模具都堆成了小山。

在与这些厂的共同合作中,我与张立常十分愉快地并肩而行。

在本书的编写过程中,承蒙杨成民教授非常热情的指导,并认真阅读审核,提出了 11 个必须修改的重要问题。杨成民教授是我国输血界的老领导、老专家,是我国输血器材研究、改进、推广应用的鼻祖。他智慧过人,组织领导能力特强,在当时那么多协作单位、数百人参与的塑料输血器材研究中,人人都能听命在他周围,艰苦奋斗,可想而知有多么的不容易。

在本书的编写过程中,还受到柏乃庆教授的大力鼓励和王佳英的热情帮助,特别是还得到了山东省医疗器械和药品包装检验研究院的施燕平院长、万敏副院长和吴平研究员的热情支持和帮助,在此向他们致以最诚挚的谢意。正是由于他们的无私帮助,使我们得以梦想成真。

郎洁先

2022 年 1 月